普通高等教育"十三五"规划教材
电气工程及其自动化专业精品教材

计算机仿真技术与 CAD
——基于 MATLAB 的电气工程

李国勇　主　编
曲兵妮　副主编

电子工业出版社
Publishing House of Electronics Industry
北京·BEIJING

内容简介

本书结合电气类课程的教学特点，系统介绍了当前国际上最流行的面向工程与科学计算的高级语言 MATLAB 及其动态仿真集成环境 Simulink，并以 MATLAB/Simulink 为平台，详细地阐述了 MATLAB 语言在电力电子变流技术、直流调速系统、交流调速系统和电力系统等方面的应用。本书取材先进实用，讲解深入浅出，各章均有大量的例题，并提供了相应的仿真程序，便于读者掌握和巩固所学知识。

本书可作为高等院校电气类专业本科生和研究生教材，也可作为从事电气工程及相关专业技术人员的参考用书。

未经许可，不得以任何方式复制或抄袭本书之部分或全部内容。
版权所有，侵权必究。

图书在版编目（CIP）数据

计算机仿真技术与 CAD：基于 MATLAB 的电气工程 / 李国勇主编. —北京：电子工业出版社，2017.4
ISBN 978-7-121-30972-4

Ⅰ.①计⋯ Ⅱ.①李⋯ Ⅲ.①电工技术－Matlab 软件－高等学校－教材 Ⅳ.①TM-39

中国版本图书馆 CIP 数据核字（2017）第 032943 号

责任编辑：韩同平　　特约编辑：李佩乾　李宪强　宋 薇
印　　刷：北京盛通商印快线网络科技有限公司
装　　订：北京盛通商印快线网络科技有限公司
出版发行：电子工业出版社
　　　　　北京市海淀区万寿路 173 信箱　邮编：100036
开　　本：787×109　1/16　印张：18　字数：576 千字
版　　次：2017 年 4 月第 1 版
印　　次：2021 年 1 月第 4 次印刷
定　　价：45.90 元

凡所购买电子工业出版社图书有缺损问题，请向购买书店调换。若书店售缺，请与本社发行部联系，联系及邮购电话：(010) 88254888，88258888。
质量投诉请发邮件至 zlts@phei.com.cn，盗版侵权举报请发邮件至 dbqq@phei.com.cn。
本书咨询联系方式：88254113。

前　言

　　计算机仿真技术类课程是电气类专业的一门主干课程。根据高等学校电气类专业发展与教学改革的需要，为构建"课程设置合理、内容先进、体系科学"的电气类专业课程体系，对本教材进行了编写。本次编写在对电气类专业课程体系和教学内容进行深入研究的基础上，充分考虑电气类专业教学计划的需要，能满足多学科交叉背景学生的教学需求，体现宽口径专业教育思想，反映先进的技术水平，强调教学实践的重要性，有利于学生自主学习和动手实践能力的培养。本教材适应新形式下计算机仿真技术类课程教学，并适用于不同层次院校的选学需要，同时也符合电气类专业培养目标、反映电气类专业教育改革方向、满足电气类专业教学需要。

　　本书在叙述 MATLAB 通用功能时，对内容是精心挑选的，但在书后的索引中罗列了通用功能的几乎全部指令，以备读者查阅需要。面对 MATLAB 6.x/7.x/8.x/9.x 部分功能的较大变化，本书撰写了 MATLAB 6.x/7.x 和 MATLAB 8.x/9.x 几种不同经典版本的内容，以满足不同读者的需求。因为随着 MATLAB 的迅速变化，尽管目前最新版本 MATLAB 9.x 与版本 MATLAB 7.5（R2007b）相比，其内容急剧扩充，但就本教材所涉及的内容而言，它们并无本质变化。另外，最新版本安装程序大，且运行速度慢，尤其是启动初始化时特慢。而 MATLAB 6.5 占用空间小，启动速度快，运行时间短，且功能已满足一般使用者和教学大纲的要求，故它仍为当前较为流行的教学版本。

　　本教材适用学时数为 32~48（2~3 学分），各章节编排具有相对的独立性，便于教师与学生取舍，便于不同层次院校的不同专业选用，以适应不同教学学时的需要。教材内容完善、新颖、有利于学生能力的培养。

　　本书由李国勇主编，曲兵妮副主编。全书共十章和两个附录，其中第 1~6 章由李国勇编写；第 7 章由曲兵妮编写；第 8 章由智泽英编写；第 9 章由任俊杰编写；第 10 章由潘峰编写。参加本书编写的还有研究生王浩然、郭鹤翔、刘旭强、荆雪君和王世伟，他们分别参与了第 8 章和第 10 章的调试工作。全书由李国勇教授整理定稿。李虹教授主审了全书，提出了许多宝贵的意见和建议，在此深表谢意。

　　本书可作为高等院校电气类专业本科生和研究生教材。鉴于本书的通用性和实用性较强，故也可作为从事电气工程及相关专业的教学、研究、设计人员和工程技术人员的参考用书。

　　由于作者水平有限，书中仍难免有遗漏与不当之处，故恳请有关专家、同行和广大读者批评指正（tygdlgy@163.com）。

编　者

目 录

- 第1章 MATLAB 语言简介 .... (1)
  - 1.1 MATLAB 的功能特点 .... (1)
  - 1.2 MATLAB 的操作界面 .... (3)
  - 1.3 MATLAB 的工作窗口 .... (4)
  - 1.4 MATLAB 的文件管理 .... (4)
  - 1.5 MATLAB 的帮助系统 .... (6)
  - 小结 .... (8)
  - 思考题 .... (8)
- 第2章 MATLAB 基本操作 .... (9)
  - 2.1 MATLAB 的语言结构 .... (9)
  - 2.2 MATLAB 的窗口命令 .... (10)
    - 2.2.1 窗口命令的执行及回调 .... (10)
    - 2.2.2 窗口变量的处理 .... (11)
    - 2.2.3 窗口命令的属性 .... (12)
    - 2.2.4 数值结果显示格式 .... (13)
    - 2.2.5 基本输入输出函数 .... (13)
    - 2.2.6 外部程序调用 .... (14)
  - 2.3 MATLAB 的数值运算 .... (15)
    - 2.3.1 矩阵运算 .... (15)
    - 2.3.2 向量运算 .... (20)
    - 2.3.3 关系和逻辑运算 .... (22)
    - 2.3.4 多项式运算 .... (23)
  - 2.4 MATLAB 的符号运算 .... (25)
    - 2.4.1 符号表达式的生成 .... (26)
    - 2.4.2 符号表达式的基本运算 .... (27)
    - 2.4.3 符号表达式的微积分 .... (29)
    - 2.4.4 符号表达式的积分变换 .... (32)
    - 2.4.5 符号表达式的求解 .... (33)
  - 小结 .... (35)
  - 习题 .... (35)
- 第3章 MATLAB 程序设计 .... (37)
  - 3.1 MATLAB 的 M 文件 .... (37)
    - 3.1.1 文本文件 .... (37)
    - 3.1.2 函数文件 .... (38)
  - 3.2 MATLAB 的程序结构 .... (39)
    - 3.2.1 循环语句 .... (39)
    - 3.2.2 控制语句 .... (40)
    - 3.2.3 转移语句 .... (41)
  - 小结 .... (43)
  - 习题 .... (43)
- 第4章 MATLAB 图形处理 .... (44)
  - 4.1 二维图形 .... (44)
    - 4.1.1 二维图形的绘制 .... (44)
    - 4.1.2 二维图形的修饰 .... (46)
    - 4.1.3 二维特殊图形 .... (47)
    - 4.1.4 二维函数图形 .... (48)
  - 4.2 三维图形 .... (49)
    - 4.2.1 三维图形的绘制 .... (50)
    - 4.2.2 三维图形的修饰 .... (51)
    - 4.2.3 三维特殊图形 .... (54)
    - 4.2.4 三维函数图形 .... (54)
  - 4.3 四维图形 .... (55)
  - 4.4 图像与动画 .... (56)
    - 4.4.1 图像处理 .... (56)
    - 4.4.2 声音处理 .... (58)
    - 4.4.3 动画处理 .... (59)
  - 小结 .... (60)
  - 习题 .... (60)
- 第5章 MATLAB 高级操作 .... (61)
  - 5.1 MATLAB 的矩阵处理 .... (61)
    - 5.1.1 矩阵行列式 .... (61)
    - 5.1.2 矩阵的特殊值 .... (61)
    - 5.1.3 矩阵的三角分解 .... (62)
    - 5.1.4 矩阵的奇异值分解 .... (63)
    - 5.1.5 矩阵的范数 .... (64)
    - 5.1.6 矩阵的特征值与特征向量 .... (64)
    - 5.1.7 矩阵的特征多项式、特征方程和特征根 .... (65)
  - 5.2 MATLAB 的数据处理 .... (65)
    - 5.2.1 数据插值 .... (66)
    - 5.2.2 曲线拟合 .... (67)
    - 5.2.3 数据分析 .... (68)
  - 5.3 MATLAB 的方程求解 .... (70)
    - 5.3.1 代数方程求解 .... (70)

5.3.2　微分方程求解…………………（72）
　5.4　MATLAB 的函数运算…………………（73）
　　5.4.1　函数极值……………………（73）
　　5.4.2　函数积分……………………（74）
　5.5　MATLAB 的文件 I/O…………………（75）
　　5.5.1　处理二进制文件……………（76）
　　5.5.2　处理文本文件………………（78）
　5.6　MATLAB 的图形界面…………………（80）
　　5.6.1　启动 GUI Builder…………（80）
　　5.6.2　对象设计编辑器……………（81）
　5.7　MATLAB 编译器………………………（81）
　　5.7.1　创建 MEX 文件……………（82）
　　5.7.2　创建 EXE 文件……………（84）
　小结………………………………………（85）
　习题………………………………………（85）

第 6 章　Simulink 动态仿真集成环境……（87）
　6.1　Simulink 简介…………………………（87）
　　6.1.1　Simulink 的启动……………（87）
　　6.1.2　Simulink 库浏览窗口的功能菜单……（87）
　　6.1.3　仿真模块集…………………（88）
　6.2　模型的构造……………………………（106）
　　6.2.1　模型编辑窗口………………（106）
　　6.2.2　对象的选定…………………（108）
　　6.2.3　模块的操作…………………（108）
　　6.2.4　模块间的连接线……………（109）
　　6.2.5　模型的保存…………………（110）
　　6.2.6　模块名字的处理……………（111）
　　6.2.7　模块内部参数的修改………（111）
　　6.2.8　模块的标量扩展……………（112）
　6.3　连续系统的数字仿真…………………（112）
　　6.3.1　利用 Simulink 菜单命令进行
　　　　　仿真…………………………（113）
　　6.3.2　利用 MATLAB 指令操作方式
　　　　　进行仿真……………………（122）
　　6.3.3　模块参数的动态交换………（124）
　　6.3.4　Simulink 调试器……………（126）
　6.4　离散系统的数字仿真…………………（127）
　6.5　仿真系统的线性化模型………………（129）
　6.6　创建子系统……………………………（131）
　6.7　封装编辑器……………………………（133）
　　6.7.1　参数(Parameters)页面……（134）
　　6.7.2　图标(Icon)页面……………（135）
　　6.7.3　初始化(Initialization)页面…（137）
　　6.7.4　描述(Documentation)页面…（137）
　　6.7.5　功能按钮……………………（137）
　6.8　条件子系统……………………………（139）
　小结………………………………………（144）
　习题………………………………………（144）

第 7 章　MATLAB 在电力电子变流中的
　　　　应用………………………………（146）
　7.1　电力电子器件模型……………………（146）
　　7.1.1　二极管………………………（146）
　　7.1.2　晶闸管………………………（147）
　　7.1.3　门极可关断晶闸管…………（148）
　　7.1.4　绝缘栅门双极晶体三极管…（149）
　7.2　整流电路………………………………（150）
　　7.2.1　单相半波可控整流电路……（150）
　　7.2.2　三相桥式全控整流电路……（152）
　7.3　逆变电路………………………………（155）
　　7.3.1　单相全桥逆变电路…………（155）
　　7.3.2　三相电压型桥式逆变电路…（156）
　7.4　直流-直流变流电路……………………（158）
　　7.4.1　降压式(Buck)斩波器………（159）
　　7.4.2　升降压式(Buck-Boost)斩波器……（160）
　7.5　交流-交流变流电路……………………（161）
　　7.5.1　单相交流调压电路…………（161）
　　7.5.2　三相交流调压电路…………（163）
　小结………………………………………（165）
　习题………………………………………（165）

第 8 章　MATLAB 在直流调速系统中的
　　　　应用………………………………（166）
　8.1　开环直流调速系统仿真………………（166）
　　8.1.1　晶闸管直流开环调速系统模型…（166）
　　8.1.2　晶闸管直流开环调速系统参数
　　　　　设置…………………………（167）
　　8.1.3　晶闸管直流开环调速系统仿真和
　　　　　系统分析……………………（169）
　8.2　转速闭环控制的直流调速系统仿真…（170）
　　8.2.1　ASR 采用比例调节器………（170）
　　8.2.2　ASR 采用比例-积分调节器…（172）
　　8.2.3　带电流截止负反馈的转速闭环
　　　　　调速系统……………………（173）
　8.3　转速电流双闭环直流调速系统仿真…（174）
　　8.3.1　双闭环直流调速系统仿真模型…（174）

8.3.2 双闭环直流调速系统仿真结果及
分析 ……………………………… (176)
8.4 可逆直流调速系统仿真 ……………… (177)
8.4.1 直流 PWM 可逆调速系统 ……… (177)
8.4.2 α=β 配合控制的直流 V-M
系统仿真 ………………………… (181)
8.4.3 逻辑无环流直流 V-M 系统仿真 …… (185)
小结 ……………………………………… (187)
习题 ……………………………………… (188)

第 9 章 MATLAB 在交流调速系统中的
应用 ………………………………… (189)

9.1 转速闭环控制的交流异步电动机变压
调速系统 ………………………………… (189)
9.1.1 基本原理 ……………………… (189)
9.1.2 系统仿真模型与参数设置 ……… (189)
9.1.3 仿真结果分析 ………………… (192)
9.2 转速开环的交流异步电动机恒压频
比控制调速系统 ………………………… (193)
9.2.1 基本原理 ……………………… (193)
9.2.2 系统仿真模型与参数设置 ……… (194)
9.2.3 仿真结果分析 ………………… (196)
9.3 转速闭环转差频率控制的变压变频
调速系统 ………………………………… (196)
9.3.1 基本原理 ……………………… (196)
9.3.2 系统仿真模型与参数设置 ……… (197)
9.3.3 仿真结果分析 ………………… (198)
9.4 转速闭环、磁链开环控制的异步电动机
矢量控制调速系统 ……………………… (199)
9.4.1 基本原理 ……………………… (199)
9.4.2 系统仿真模型与参数设置 ……… (199)
9.4.3 仿真结果分析 ………………… (204)
9.5 异步电动机直接转矩控制调速
系统 ……………………………………… (205)
9.5.1 基本原理 ……………………… (205)
9.5.2 系统仿真模型与参数设置 ……… (206)
9.5.3 仿真结果分析 ………………… (210)
9.6 转速闭环、磁链闭环控制的异步电动机
矢量控制调速系统 ……………………… (211)
9.6.1 基本原理 ……………………… (211)
9.6.2 系统仿真模型与参数设置 ……… (212)
9.6.3 仿真结果分析 ………………… (215)
小结 ……………………………………… (215)
习题 ……………………………………… (216)

第 10 章 MATLAB 在电力系统中的
应用 ………………………………… (217)

10.1 电力系统潮流计算 …………………… (217)
10.1.1 简单电力系统潮流计算仿真模型
构建 …………………………… (217)
10.1.2 模型参数的设置 ……………… (217)
10.1.3 仿真分析结果 ………………… (220)
10.2 电力系统故障分析 …………………… (220)
10.2.1 无穷大功率电源供电系统三相短路
仿真实例 ……………………… (220)
10.2.2 同步发电机突然短路的暂态过程
仿真实例 ……………………… (222)
10.2.3 小电流接地系统单相故障仿真
实例 …………………………… (224)
10.3 电力系统稳定性分析 ………………… (227)
10.3.1 简单电力系统的暂态稳定性
仿真实例 ……………………… (227)
10.3.2 简单电力系统的静态稳定性
仿真实例 ……………………… (229)
10.4 电力系统继电保护 …………………… (231)
10.4.1 电网相间短路的方向电流保护及
仿真 …………………………… (231)
10.4.2 电网的距离保护及仿真 ……… (237)
10.4.3 输电线路的纵联保护与仿真 …… (243)
10.4.4 自动重合闸与仿真 …………… (246)
10.4.5 电力变压器的继电保护仿真 …… (249)
10.4.6 发电机的继电保护与仿真 …… (252)
10.5 高压直流输电及柔性输电 …………… (256)
10.5.1 高压直流输电系统 …………… (256)
10.5.2 静止无功补偿器 ……………… (260)
小结 ……………………………………… (262)
习题 ……………………………………… (262)

附录 A MATLAB 函数一览表 ………… (264)
附录 B MATLAB 函数分类索引 ………… (275)
参考文献 …………………………………… (280)

第 1 章　MATLAB 语言简介

　　MATLAB 是由美国 MathWorks 公司发布的主要面对科学计算、可视化以及交互式程序设计的高科技计算环境。它的应用范围非常广，包括工程计算、系统设计、数值分析、信号和图像处理、通信、测试和测量、财务与金融分析以及计算生物学等众多应用领域。附加的工具箱扩展了 MATLAB 环境，以解决这些应用领域内特定类型的问题。

1.1　MATLAB 的功能特点

　　在科学研究和工程应用中，为了克服一般语言对大量的数学运算，尤其当涉及矩阵运算时，编程难、调试麻烦等困难，美国 MathWorks 公司于 1967 年构思并开发了"Matrix Laboratory"（缩写 MATLAB，即矩阵实验室）软件包，经过不断更新和扩充，该公司于 1984 年推出了正式版的 MATLAB 1.0。特别是 1992 年推出了具有划时代意义的 MATLAB 4.0 版，并于 1993 年推出了其微机版，以配合与当时日益流行的 Microsoft Windows 一起使用。到 2017 年为止先后推出了微机版的 MATLAB 4.x～MATLAB 9.x，使之应用范围越来越广。欲查看 MATLAB 版本更新一览表请扫描右边二维码 1。

　　用 MATLAB 编程运算与人进行科学计算的思路和表达方式完全一致，使用 MATLAB 进行数学运算就像在草稿纸上演算数学题一样方便，因此，在某种意义上说，MATLAB 既像一种万能的、科学的数学运算"演算纸"，又像一种万能的计算器一样方便快捷。MATLAB 大大降低了对使用者的数学基础和计算机语言知识的要求，即使用户不懂 C 或 FORTRAN 这样的程序设计语言，也可使用 MATLAB 轻易的再现 C 或 FORTRAN 语言几乎全部的功能，设计出功能强大、界面优美、稳定可靠的高质量程序来，而且编程效率和计算效率极高。

　　尽管 MATLAB 开始并不是为电气工程者们编写的，但以它"语言"化的数值计算、强大的矩阵处理及绘图功能、灵活的可扩充性和产业化的开发思路很快就为电气工程界研究人员所瞩目。目前，在电气装置、电力系统、自动控制、图像处理、信号分析、语音处理、振动理论、优化设计、时序分析、工程计算、运输网络、财务与金融分析、生物医学工程和系统建模等领域，由著名专家与学者以 MATLAB 为基础开发的实用工具箱极大地丰富了 MATLAB 的内容。

　　MATLAB 包括拥有数百个内部函数的主包和几十种工具箱（或模块集）。工具箱又可以分为功能性工具箱和学科性工具箱。功能性工具箱用来扩充 MATLAB 的符号计算，可视化建模仿真，文字处理及实时控制等功能。学科性工具箱是专业性比较强的工具箱，如电力系统工具箱(Powersys Toolbox)、控制系统工具箱(Control System Toolbox)、信号处理工具箱(Signal Processing Toolbox)和动态仿真工具箱(Simulink Toolbox)等。开放性使 MATLAB 广受用户欢迎，除内部函数外，所有 MATLAB 主包文件和各种工具箱都是可读可修改的文件，用户通过对源程序的修改或加入自己编写的程序构造新的专用工具箱。较为常见的 MATLAB 工具箱主要有：

（1）Aerospace Toolbox——航空航天工具箱；

（2）Bioinformatics Toolbox——生物信息工具箱；

（3）Communications System Toolbox——通信系统工具箱；

（4）Computer Vision System Toolbox——计算机视觉系统工具箱；

(5) Control System Toolbox——控制系统工具箱；
(6) Curve Fitting Toolbox——曲线拟合工具箱；
(7) Data Acquisition Toolbox——数据采集工具箱；
(8) Database Toolbox——数据库工具箱；
(9) Datafeed Toolbox——数据传递专线工具箱；
(10) DSP System Toolbox——DSP 系统工具箱；
(11) Econometrics Toolbox——经济计量工具箱；
(12) Filter Design Toolbox——滤波器设计工具箱；
(13) Financial Instruments Toolbox——金融工具箱；
(14) Financial Toolbox——财务工具箱；
(15) Fixed-Point Blockset——定点运算模块集；
(16) Fuzzy Logic Toolbox——模糊逻辑工具箱；
(17) Gauges Blockset——仪表模块集；
(18) Genetic Algorithm and Direct Search Toolbox——遗传算法与直接搜索工具箱；
(19) Global Optimization Toolbox——全局优化工具箱；
(20) Higher-Order Spectral Analysis Toolbox——高阶谱分析工具箱；
(21) Image Acquisition Toolbox——图像采集工具箱；
(22) Image Processing Toolbox——图像处理工具箱；
(23) Instrument Control Toolbox——仪器控制工具箱；
(24) LMI Control Toolbox——线性矩阵不等式工具箱；
(25) LTE System Toolbox——LTE 系统工具箱；
(26) Mapping Toolbox——绘图工具箱；
(27) Model Predictive Control Toolbox——模型预测控制工具箱；
(28) Model-Based Calibration Toolbox——基于模型的标定工具箱；
(29) Neural Network Toolbox——神经网络工具箱；
(30) OPC Toolbox——OPC 开发工具箱；
(31) Optimization Toolbox——优化工具箱；
(32) Parallel Computing Toolbox——并行计算工具箱；
(33) Partial Differential Equation Toolbox——偏微分方程工具箱；
(34) Phased Array System Toolbox——相控阵系统工具箱；
(35) Powersys Toolbox——电力系统工具箱；
(36) Robust Control Toolbox——鲁棒控制工具箱；
(37) Signal Processing Toolbox——信号处理工具箱；
(38) Simulink Toolbox——动态仿真工具箱；
(39) Spline Toolbox——样条工具箱；
(40) Statistics Toolbox——统计工具箱；
(41) Symbolic Math Toolbox——符号数学工具箱；
(42) System Identification Toolbox——系统辨识工具箱；
(43) Trading Toolbox——贸易工具箱；
(44) Vehicle Network Toolbox——运输网络工具箱；
(45) Wavelet Toolbox——小波工具箱；
(46) μ-Analysis and Synthesis Toolbox——μ 分析和综合工具箱。

模型输入与仿真环境 Simulink 更使 MATLAB 为电气工程系统的仿真与 CAD 中的应用打开了崭新的局面,并使得 MATLAB 目前已经成为国际上最流行的电气工程系统计算机辅助设计的软件工具。MATLAB 不仅流行于电气工程系统,在控制系统、通信工程、图像处理、信号分析、语音处理、雷达工程、数学计算、生物医学工程、金融统计和计算机技术等各行各业中都有极广泛的应用。

1.2 MATLAB 的操作界面

一台计算机上可以同时安装多种 MATLAB 版本,各种版本之间相互独立运行互不干扰。使用 Windows XP 系统的用户需要安装 MATLAB 6.5 及以上的版本,否则不能正常使用。MATLAB 7.6(R2008a)以上的版本基本都兼容 Windows 7 及以上系统。高版本的 MATLAB 同时支持 32 和 64 位操作系统,安装包 win32 和 win64 两个文件夹分别与之对应。

目前几种较为常用的 MATLAB 版本启动后的操作界面如图 1-1 所示。

(a) MATLAB 6.5　　　　　　　　　　(b) MATLAB 7.5(R2007b)

(c) MATLAB 8.5(R2015a)　　　　　　　　(d) MATLAB 9.1(R2016b)

图 1-1　MATLAB 操作界面

由图 1-1 可知,MATLAB 各种版本的操作界面略有不同。MATLAB 6.5 以前版本的操作界面通常由工作窗口、功能菜单和工具栏等组成。在 MATLAB 6.5 和 MATLAB 7.x 操作界面的左下角新增加了开始(Start)按钮。而在 MATLAB 8.x/9.x 操作界面中,又新设置了主页(HOME)、绘图(PLOTS)和应用程序(APPS)等 3 个页面,同时取消了左下角的开始按钮并将其主要操作命令合并到应用程序(APPS)页面中。其中主页(HOME)中包含一些常用的功能菜单和快捷按钮;绘图(PLOTS)页面中包含所有绘图函数;应用程序(APPS)页面包含常用工具箱中的各种交互操作界面命令,其更加方便、实用和灵活。

由于最新版的新增功能大多对于本课程涉及的内容没有太大影响，再加上最新版本安装程序大、启动和运行速度较慢。另外，尽管 MATLAB 新版本的内容和功能有所增加，但其使用方法基本同前。特别指出的是，MATLAB 8.3(R2014a)和 MATLAB 9.1(R2016b)等虽已将主操作界面汉化，并支持中文，便于读者自学，但其大多数子操作界面和子菜单仍为英文，且主要功能的使用方法仍同 MATLAB 7.x。故本书仍以目前流行的经典版本 MATLAB 7.5(R2007b)为基础来进行叙述，但增加了新版本与以前版本有较大变化且涉及本课程内容的部分，使得本书所述内容对使用最新版本的用户仍可完全适用，同时也兼顾了当前仍在较低配置计算机上使用较低版本 MATLAB 6.5 的用户。

1.3 MATLAB 的工作窗口

由图 1-1 所示 MATLAB 的操作界面可知，在默认状态下，MATLAB 通常包含以下几个工作窗口。

① 命令窗口(Command Window)

MATLAB 的命令窗口位于 MATLAB 操作界面的右方(如 MATLAB6.x/7.x)或中间(如 MATLAB8.x/9.x)，它是 MATLAB 的主要操作窗口，MATLAB 的大部分操作命令和结果都需要在此窗口中进行操作和显示。

MATLAB 命令窗口中的">>"标志为 MATLAB 的命令提示符，"|"标志为输入字符提示符。命令窗口中最上面的提示行是显示有关 MATLAB 的信息介绍和帮助等命令的。

② 历史命令(Command History)窗口

在默认状态下，该命令窗口出现在 MATLAB 操作界面的左下方或右下方。这个窗口记录用户已经操作过的各种命令，用户可以对这些历史信息进行编辑、复制和剪切等操作。

③ 当前工作目录(Current Directory)窗口

在默认状态下，该窗口出现在 MATLAB 操作界面的左上方的前台或左方。在这个窗口中，用户可以设置 MATLAB 的当前工作目录，并展示目录中的 M 文件等。同时，用户可以对这些 M 文件进行编辑等操作。

④ 工作空间(Workspace)浏览器窗口

在默认状态下，该窗口出现在 MATLAB 操作界面的左上方的后台或右上方。在这个窗口中，用户可以查看工作空间中所有变量的类别、名称和大小。用户可以在这个窗口中观察、编辑和提取这些变量。

1.4 MATLAB 的文件管理

1. 开始按钮

开始按钮(Start)位于 MATLAB 6.5 和 MATLAB 7.x 操作界面的左下角，单击这个按钮后，会出现 MATLAB 的操作菜单。这个菜单上半部分的选项包含 MATLAB 的各种交互操作命令，下半部分的选项的主要功能是窗口设置、访问 MATLAB 公司的网页和查看帮助文件等。

但在 MATLAB 8.x/9.x 操作界面中，取消了左下角的开始按钮(Start)，并将其主要操作命令合并到应用程序(APPS)页面中。

2. 功能菜单

为了更好地利用 MATLAB，在其操作界面中设置了以下多个功能菜单。

● File 文件操作菜单

New	新建 M 文件、图形、模型和图形用户界面
Open	打开.m,.fig,.mat,.mdl,.cdr 等文件
Close Command Window	关闭命令窗口
Import Data	从其他文件导入数据
Save Workspace As	保存工作空间数据到相应的路径文件窗口中
Set Path	设置工作路径
Preferences	设置命令窗口的属性
Page Setup	页面设置
Print	设置打印机属性
Print Selection	选择打印
Exit MATLAB	退出 MATLAB 操作界面

● Edit 编辑菜单

Undo	撤销上一步操作
Redo	重新执行上一步操作
Cut	剪切
Copy	复制
Paste	粘贴
Paste Special	粘贴特定内容
Select All	全部选定
Delete	删除所选对象
Find	查找所需对象
Find Files	查找所需文件
Clear Command Window	清除命令窗口的内容
Clear Command History	清除历史窗口的内容
Clear Workspace	清除工作区的内容

● Debug 调试菜单

Open M-Files when Debugging	调试时打开 M 文件
Step	单步调试
Step In	单步调试进入子函数
Step Out	单步调试跳出子函数
Continue	连续执行到下一断点
Clear Breakpoints in All Files	清除所有文件中的断点
Stop if Errors/Warnings	出错或报警时停止运行
Exit Debug Mode	退出调试模式

● Desktop 桌面菜单

Unlock Command Window	命令窗口设为当前全屏活动窗口
Desktop Layout	桌面设计
Save Layout	保存桌面设计
Organize Layouts	组织桌面设计
Command Window	显示命令窗口
Command History	显示历史窗口
Current Directory	显示当前工作目录
Workspace	显示工作空间
Help	帮助窗口

Profiler	轮廓图窗口
Toolbar	显示/隐藏工具栏
Shortcuts Toolbar	显示/隐藏快捷工具栏
Titles	显示/隐藏标题

● Window 窗口菜单

Close All Documents	关闭所有文档
Command Window	选定命令窗口为当前活动窗口
Command History	选定历史窗口为当前活动窗口
Current Directory	选定当前工作目录为当前活动窗口
Workspace	选定工作空间为当前活动窗口

3．工具栏

MATLAB 操作界面工具栏中的按钮"□ ☞"分别用来建立 M 文件编辑窗口和打开编辑文件窗口；按钮"✂ ▤ ▦ ↶ ↷"对应的功能与 Windows 操作系统类似；按钮"▦ ☑ ▤"分别用来快捷启动 Simulink 库浏览窗口、GUIDE 模版窗口和轮廓图窗口；按钮"⋯ ▯"分别用来快捷设置当前目录和返回到当前目录的父目录。

1.5 MATLAB 的帮助系统

MATLAB 的各种版本都为用户提供非常详细的帮助系统，可以帮助用户更好地了解和运用 MATLAB。因此，不论用户是否使用过 MATLAB，是否熟悉 MATLAB，都应该了解和掌握 MATLAB 的帮助系统。

1．纯文本帮助

在 MATLAB 中，所有执行命令或者函数的 M 源文件都有较为详细的注释。这些注释都是用纯文本的形式来表示的，一般都包括函数的调用格式或者输入参数、输出结果的含义。

在 MATLAB 的命令窗口中，用户利用以下命令可以查阅不同范围的纯文本帮助。

```
help help           %查阅如何在 MATLAB 中使用 help 命令，如图 1-2 所示；
help                %查阅关于 MATLAB 系统中的所有主题的帮助信息；
help 命令或函数名    %查阅关于该命令或函数的所有帮助信息。
```

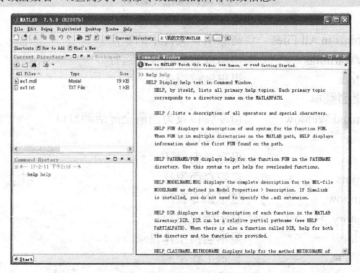

图 1-2 查阅如何在 MATLAB 中使用 help 命令

2. 演示(demo)帮助

在 MATLAB 中，各个工具包都有设计好的演示程序，这组演示程序在交互界面中运行，操作非常简便。因此，如果用户运行这组演示程序，然后研究演示程序的相关 M 文件，对 MATLAB 用户而言是十分有益的。这种演示功能对提高用户对 MATLAB 的运用能力有着重要的作用。特别对于那些初学者而言，不需要了解复杂的程序就可以直观地查看程序结果，可以加强用户对 MATLAB 的掌握能力。如果用户是第一次使用 MATLAB，则建议首先在命令提示符">>"后键入 demo 命令，它将启动 MATLAB 演示程序的帮助对话框，如图 1-3 所示，用户可以在这些演示程序中领略到 MATLAB 所提供的强大的运算和绘图功能。

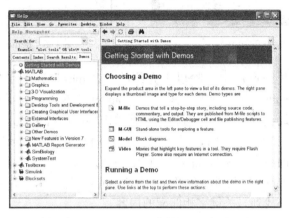

图 1-3　MATLAB 中的 demo 帮助

在图 1-3 帮助窗口的"Demos"选项卡中，用户可以在其左侧选择演示的内容，例如选择 MATLAB 下的"Graphics"选项，在对话框的右侧会出现该项目下的各种类别的演示程序。单击以上"Graphics"选项中的"3-D Surface Plots"栏，MATLAB 对话框中会显示关于"3-D Surface Plots"演示程序的介绍，如图 1-4 所示。

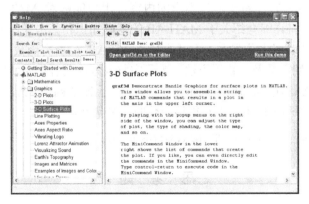

图 1-4　MATLAB 中的 demo 帮助

单击图 1-4 对话框右侧的"Run this demo"选项，MATLAB 会打开"3-D Plot in Hanhle Graphics"窗口，该窗口就是演示 demo 的交互界面。用户可以调整该界面中选项，来改变图形的处理方式，这些程序命令会出现在左下角的"Command Window"窗口中，如图 1-5 所示。

用户除了可以在打开的动态界面中演示 demo 之外，还可以查看该 demo 的程序代码，单击图 1-4 对话框右侧的"Open graf3d.m in the Editor"选项，就会打开该 GUI 界面的 MATLAB 程序代码，如图 1-6 所示。

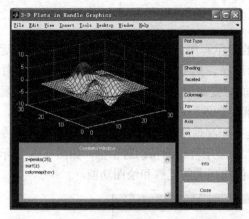 

图 1-5 demo 的交互界面　　　　　　图 1-6 demo 的程序代码

在图 1-3 所示的帮助窗口中，除以上介绍的"Demos"选项卡外，还有"Contents"、"Index"和"Search Results"等选项卡。其中，"Contents"选项卡向用户提供了层次分明、功能规范的全方位系统帮助向导，用户直接使用鼠标单击相应的目录条，就可以在浏览器中显示相应标题的 HTML 帮助文件；在"Index"选项卡中，用户可在"Search for"对话框中输入需要查找的名称，在其下面就会出现与此匹配的词汇列表，同时在浏览器的界面显示相应的内容；与"Index"不同，在"Search Results"选项卡中，用户可以利用关键词在全文中查找到与关键字相匹配的内容。

另外，为提高读者对 MATLAB 的兴趣，MATLAB 中提供了许多有趣的实例，具体内容可扫描右边二维码。

小　结

本章主要叙述了当前国际上最为流行的应用软件——MATLAB 的功能特点、操作界面、工作环境和帮助系统等内容。希望通过本章的内容，用户能够对 MATLAB 有一个直观的印象。在后面的章节中，将详细介绍关于 MATLAB 的基础知识和基本操作方法。

由于 MATLAB 的功能十分强大，不可能对 MATLAB 的所有函数一一介绍，本书仅介绍了 MATLAB 的一些常用函数及其使用方法，为了完整及方便读者查阅，现将 MATLAB 下的基本常用函数以附录 A 和附录 B 两种形式给出，关于各个函数的详细使用方法，可以在 MATLAB 的命令窗口中利用以下命令获得该函数的联机帮助。

```
>>help   函数名      %注意这里的函数名后不加括号。
```

思　考　题

1-1　MATLAB 的功能特点是什么？
1-2　较为常见的 MATLAB 工具箱主要有哪些？试列举几个。
1-3　MATLAB 的操作界面主要有哪几部分？
1-4　MATLAB 的工作窗口有几个？主要工作窗口是哪个？
1-5　如何使用 MATLAB 的帮助系统？
本章习题答案可扫右边二维码。

第 2 章 MATLAB 基本操作

MATLAB 是一种用于算法开发、数据可视化、数据分析以及数值计算的高级技术计算语言和交互式环境。使用它可以较使用传统的编程语言(如 C、C++ 和 Fortran)更快地解决技术计算问题。

2.1 MATLAB 的语言结构

MATLAB 语句的结构形式为

变量名=表达式

其中，等号右边的表达式可由运算符或其他字符、函数和变量名组成，它可以是 MATLAB 允许的数学或矩阵运算，也可以包含 MATLAB 下的函数调用；等号左边的变量名为 MATLAB 语句右边表达式的返回值语句所赋值的变量的名字，在调用函数时，MATLAB 允许一次返回多个结果，这时等号左边的变量名需用[ ]括起来，且各个变量名之间用逗号分隔开。

MATLAB 语句结构形式中的等号和左边的变量名也可以缺省，此时返回值自动赋给变量 ans。

1. MATLAB 的变量名

在 MATLAB 中变量名必须以字母开头，之后可以是任意字母、数字或者下划线(不能超过 19 个字符)，但变量中不能含有标点符号。变量名区分字母的大小写，同一名字的大写与小写被视为两个不同的变量。一般说来，在 MATLAB 下变量名可以为任意字符串，但 MATLAB 保留了一些特殊的字符串如表 2-1 所示。

2. MATLAB 的算术运算符

MATLAB 语句中使用的算术运算符如表 2-2 所示。

表 2-1 MATLAB 中的特殊变量

特殊变量	取值
ans	默认变量名
pi	圆周率(π=3.1415926…)
i 或 j	基本虚数单位
inf 或 Inf	无限大，如 1/0
nan 或 NaN	不定量，如 $0/0, \infty/\infty, 0*\infty$
eps	浮点相对精度
nargin	函数的输入变量数目
nargout	函数的输出变量数目
realmin	系统所能表示的最小数值
realmax	系统所能表示的最大数值
lasterr	存放最新的错误信息
lastwarn	存放最新的警告信息

表 2-2 MATLAB 中的算术运算符

算术运算符	意义
+	加法
−	减法
*	乘法
.*	矩阵元素乘法
^	幂
.^	矩阵元素幂
\	左除
/	右除
.\	矩阵元素左除
./	矩阵元素右除

对于矩阵来说，这里左除和右除表示两种不同的除数矩阵和被除数矩阵的关系。对于标

量,两种除法运算的结果相同,如 1/4 和 4\1 有相同的值 0.25。常用的十进制符号如小数点、负号等,在 MATLAB 中也可以同样使用,表示 10 的幂次要用符号 e 或 E,如:3、-99、0.0001、1.6e-20、6.2e23。

3. MATLAB 的基本数学函数

为了方便用户,MATLAB 提供了丰富的库函数,库函数是根据系统已经编制好了的,提供用户直接使用的函数。其中 MATLAB 中常用的基本数学函数,如表 2-3 所示。

表 2-3 MATLAB 的基本函数

函数名	含 义	函数名	含 义	函数名	含 义
sin( )	正弦函数	atan2( )	四象限反正切函数	sign( )	符号函数
cos( )	余弦函数	abs( )	绝对值或幅值函数	rand( )	随机数
tan( )	正切函数	sqrt( )	平方根	gamma( )	伽玛函数
asin( )	反正弦函数	exp( )	自然指数	angle(z)	复数 z 的相位函数
acos( )	反余弦函数	pow2( )	2 的指数	real(z)	复数 z 的实部
atan( )	反正切函数	log( )	以 e 为底的对数,即自然对数	imag(z)	复数 z 的虚部
sinh( )	双曲正弦函数	log2( )	以 2 为底的对数	conj(z)	复数 z 的共轭复数
cosh( )	双曲余弦函数	log10( )	以 10 为底的对数	rat(x)	将实数 x 化为多项分数展开
tanh( )	双曲正切函数	floor( )	舍去正小数至最近整数	rats(x)	将实数 x 化为分数表示
asinh( )	反双曲正弦函数	ceil( )	加入正小数至最近整数	rem(x,y)	求 x 除以 y 的余数
acosh( )	反双曲余弦函数	round( )	四舍五入至最近整数	gcd(x,y)	整数 x 和 y 的最大公因数
atanh( )	反双曲正切函数	fix( )	舍去小数至最近整数	lcm(x,y)	整数 x 和 y 的最小公倍数

除了基本函数外,不同版本的 MATLAB 还增加了具有不同功能的库函数,也称工具箱或模块集。例如电力系统工具箱、控制系统工具箱和信号处理工具箱等。

对于各种函数的功能和调用方法可使用 MATLAB 的联机帮助 help 来查询,例如:

```
>>help sin      %得到正弦函数的使用信息;
>>help [        %显示如何使用方括号。
```

2.2 MATLAB 的窗口命令

MATLAB 命令窗口就是 MATLAB 语言的工作空间,因为 MATLAB 的各种功能的执行必须在此窗口下才能实现。所谓窗口命令,就是在上述命令窗口中输入的 MATLAB 语句,并直接执行它们完成相应的运算等。

2.2.1 窗口命令的执行及回调

1. 窗口命令的执行

MATLAB 命令语句能即时执行,它不是输入完全部 MATLAB 命令语句经过编译、连接形成可执行文件后才开始执行,而是每输入完一条命令,MATLAB 就立即对其处理,并得出中间结果,完成了 MATLAB 所有命令语句的输入,也就完成了它的执行,直接便可得到最终结果。从这一点来说,MATLAB 清晰地体现了类似"演算纸"的功能。例如,在 MATLAB 的命令窗口中直接输入以下 4 条命令:

```
>>a=5;
>>b=6;
>>c=a*b,
>>d=c+2
```

其中由逗号结束的第 3 条命令和直接结束的第 4 条命令执行后，其结果分别显示如下：

```
c=
    30
d=
    32
```

注意，以上各命令行中的"<nobr>>></nobr>"标志为 MATLAB 的命令提示符，其后的内容才是用户输入的命令语句。每行命令输入完后，只有当用回车键进行确定后，命令才会被执行。

MATLAB 命令语句既可由分号结束，也可由逗号或直接结束，但它们的含义是不同的。如果用分号"；"结束，则说明除了这一条命令外还有下一条命令等待输入，MATLAB 这时将不立即显示运行的中间结果，而等待下一条命令的输入，如以上前两条命令；如果以逗号"，"或直接结束，则将把左边返回的内容全部显示出来，如以上后两条命令。当然在任何时候也可输入相应的变量名来查看其内容。如

```
>>a
```

结果显示：

```
a=
    5
```

在 MATLAB 中，几条命令语句也可出现在同一行中，但同一行中的两条命令之间必须用分号或逗号将它们分割。例如

```
>>a=5;b=6;c=a*b,d=c+2
```

这时可得与上面相同的结果。

2．窗口命令的回调

在 MATLAB 命令窗口中，利用上下方向键可以回调已输入的命令，向上和向下方向键"↑"和"↓"分别用于回调上一行和下一行命令。回调后的命令也可再进行编辑等操作。

2.2.2 窗口变量的处理

1．变量的保存

MATLAB 工作空间中的变量在退出 MATLAB 时会丢失，如果在退出 MATLAB 前想将工作空间中的变量保存到文件中，则可以调用 save 命令来完成，该命令的调用格式为

    save 文件名 变量列表 其他选项

注意，这一命令中不能使用逗号，不同的元素之间只能用空格来分隔。例如，想把工作空间中的 a，b，c 变量存到 mydat.mat 文件中去，则可用下面的命令来实现。

```
>>save mydat a b c
```

这里将自动地使用文件扩展名 ".mat"。如果想将整个工作空间中所有的变量全部存入该文件，则应采用下面的命令。

```
>>save mydat
```

当然这里的 mydat 也可省略,这时将工作空间中的所有变量自动地存入到文件 matlab.mat 中了。应该指出的是,这样存储的文件均是按照二进制的形式进行的,所以得出的文件往往是不可读的。如果想按照 ASCII 码的格式来存储数据,则可以在命令后面加上一个控制参数 -ascii,该选项将变量以单精度的 ASCII 码形式存入文件中去。如果想获得高精度的数据,则可使用控制参数: -ascii -double。

2. 变量的调取

MATLAB 提供的 load 命令可以从文件中把变量调出并重新装入到 MATLAB 的工作空间中去,该命令的调用格式与 save 命令同。

当然工作空间中变量的保存和调出也可利用菜单项中的 File→Save Workspace As …和 File →Open 命令来完成;或利用 MATLAB 8.x/9.x 主页(HOME)页面中的快捷按键"🗔"和"🔽"来完成。

3. 变量的查看

如果想查看目前的工作空间中都有哪些变量名,则可以使用 who 命令来完成。例如当 MATLAB 的工作空间中有 a,b,c,d 四个变量名时,使用 who 命令将得出如下的结果。

```
>>who
your variable are:
    a  b  c  d
```

想进一步了解这些变量的具体细节,则可以使用 whos 命令来查看。

4. 变量的删除

了解了当前工作空间中的现有变量名之后,则可以使用 clear 命令来删除其中一些不再使用的变量名,这样可使得整个工作空间更简洁,节省一部分内存,例如想删除工作空间中的 a,b 两个变量,则可以使用下面的命令

```
>>clear a b
```

如果想删除整个工作空间中所有的变量,则可以使用以下命令

```
>>clear
```

2.2.3 窗口命令的属性

在 MATLAB 操作界面中,用户可以根据自己的需要,对窗口命令的字体风格、大小和颜色等进行自定义的设置。

利用 MATLAB 操作界面中的菜单命令 File→ Preferences 命令可打开 Preferences 参数设置窗口,用户可以在此设置字体格式等,如图 2-1 所示。

选择 Preferences 参数设置窗口左栏中的 "Fonts" 选项,在设置窗口的右侧会显示 MATLAB 不同类型的窗口字体参数的属性。在默认的情况下,MATLAB 将命令窗口(Command Window)、历史命令窗口(Command History)和 M 文件编辑器窗口

图 2-1 参数设置窗口

(Editor)中的字体属性均设置为：字体类型为 Monospaced、字体形状为 Plain、字体大小为 10；而将帮助导航(Help Navigator)、HTML 文本文字(HTML Proportional)、当前目录(Current Directory)、工作空间浏览器(Workspace)和内存数组编辑器(Array Editor)中的字体属性均设置为：字体类型为 SansSerif、字体形状为 Plain、字体大小为 10，如图 2-1 所示。当然用户也可以利用左侧的对话框，在对应选项的下拉菜单中选择新的字体属性，单击参数设置窗口中的"OK"按键，完成参数的设置。

与设置字体属性类似，用户也可以利用参数设置窗口左栏中的"Colors"选项，来为不同类型的变量设置颜色，以示区别。

2.2.4 数值结果显示格式

尽管 MATLAB 计算中所有的数值结果为双字长浮点数，但为了方便显示应遵循下面的规则。在默认情况下，当结果为整数时，MATLAB 将它作为整数显示；当结果为实数时，MATLAB 以小数点后 4 位的精度近似显示，如果结果中的有效数字超出了这一范围，MATLAB 以科学计数法显示结果。MATLAB 可以使用 format 命令来改变显示格式，其调用格式为

    format　控制参数

其中，控制参数决定显示格式，控制参数如表 2-4 表示。

表 2-4　format 命令的控制参数

控制参数	意义	例 100/3
short	5 位有效数字，同默认显示	33.3333
long	长格式，15 位有效数字	33.333333333334
short e	短格式，5 位有效数字的浮点数	3.3333e+001
long e	长格式，15 位有效数字的浮点数	3.333333333333334e+001
hex	十六进制格式	4040aaaaaaaaaaab
bank	2 个十进制位	33.33
+	正、负或零	+
rat	有理格式	100/3

2.2.5 基本输入输出函数

除上面提到的用于机器间交换数据的命令语句 save 和 load 外，MATLAB 还允许计算机和用户之间进行数据交换，允许对文件进行读写操作。

（1）输入函数

如果用户想在计算的过程中给计算机输入一个参数，则可以使用 input( )命令来进行，该命令的调用格式为

    变量名=input(提示信息，选项)

这里提示信息可以为一个字符串显示，它用来提示用户输入什么样的数据，input( )命令的返回值赋给等号左边的变量名。

例如，用户想输入 x 的值，则可以采用下面的命令来完成：

  >>x=input('Enter matrix x=>')

执行该命令时首先给出 Enter matrix x=>提示信息，然后等待用户从键盘按 MATLAB 格式输入值，并把此值赋给 x。

如果在 input( )调用时采用了's'选项，则允许用户输入一个字符串，此时需用单引号将所输入的字符串括起来。

（2）输出函数

MATLAB 提供的命令窗口输出函数主要有 disp( )命令，其调用格式为

    disp(变量名)

其中，变量名既可以为字符串，也可以为变量矩阵。例如

```
>>s='Hello World'
```

结果显示:

```
s=
   Hello World
```

若
```
>>disp(s)
```

结果显示:

```
Hello World
```

可见用 disp( ) 显示的方式,和前面有所不同,它将不显示变量名字而其格式更紧密,且不留任何没有意义的空行。

（3）字符串转换函数

MATLAB 提供了较实用的字符串处理及转换的函数,例如 int2str( ) 命令就可以方便地将一个整形数据转换成字符串形式,该命令的调用格式为

$$cstr=int2str(n)$$

其中,n 为一个整数,而该命令将返回一个相关的字符串 cstr。

例如 num 的数值为 num=15,而在输出中还想给出其他说明性附加信息,则可利用下面的语句

```
>>num=15;disp (['The value of num is ',int2str(num), '!ok'])
```

结果显示:

```
The value of num is 15 !ok
```

与 int2str( ) 命令的功能及调用方式相似,MATLAB 还提供了 num2str( ) 命令,可以将给出的实型数据转换成字符串的表达式,最终也可以将该字符串输出出来。例如给绘制的图形赋以数字的标题时可采用下面的命令

```
>>c=(70-32)/1.8;title(['Room temperature is ',num2str(c), 'degrees C'])
```

则会在当前图形上加上题头标注:

```
Room temperature is 21.1111 degrees C
```

2.2.6 外部程序调用

MATLAB 允许在其命令窗口中调用可执行文件,其调用方法是在 MATLAB 提示符下键入惊叹号!,后面直接跟该可执行文件即可。MATLAB 也允许采用这样的方式来直接使用 DOS 命令,如磁盘复制命令 copy 可以由!copy 来直接使用,而文件列表命令 dir 可以由!dir 来调用。事实上,为了给用户提供更大的方便,MATLAB 已经把一些常用的 DOS 命令做成了相应的 MATLAB 命令,表 2-5 列出了 MATLAB 中提供的一些文件管理命令。

表 2-5 文件管理命令

命令	注释
what	列出当前目录下所有的 M 文件
dir	列当前目录下所有的文件
ls	与 dir 命令相同
type myfile	在命令窗口中显示文件 myfile.m 的内容
delete myfile	删除文件 myfile.m
cd path	进入子目录 path
which myfile	显示文件 myfile.m 所在的路径

当然由 C 或 FORTRAN 编译产生的可执行文件可采用上述方法直接调用，但此时 MATLAB 和该程序之间的数据传递是由读写文件的方式来完成的，这种调用格式虽然直观，但其缺点是速度相当慢，此外由于调用方式的原因，使用起来不是特别规范。故 MATLAB 还提供了对 C 或 FORTRAN 语言编写的程序的另一种调试方式，它是通过 MATLAB 提供的 MEX 功能来实现的。它由所调用的 C 或 FORTRAN 源码编译、连接而成 MEX 文件或 EXE 文件，这种可执行文件的速度较快，因为它和 MATLAB 之间的数据传递是通过指针来完成的，而不涉及对文件的读写，且其调用格式和 MATLAB 本身的函数调用格式完全一致，就如同这些子程序是 MATLAB 本身的程序一样。

2.3 MATLAB 的数值运算

MATLAB 具有强大的数值运算能力，它不仅能对矩阵和向量进行相应的运算，而且也可进行关系运算、逻辑运算和多项式运算等问题。

2.3.1 矩阵运算

MATLAB 的基本数据单元是不需要指定维数的复数矩阵，它提供了各种矩阵的运算与操作，因它既可以对矩阵整体进行处理，也可以对矩阵的某个或某些元素单独进行处理，所以在 MATLAB 环境下矩阵的操作同数的操作一样简单。

1．矩阵的实现

在 MATLAB 语言中不必描述矩阵的维数和类型，它们是由输入的格式和内容来确定的，例如，在 MATLAB 中，当

$A = \begin{bmatrix} 1 & 2 \\ 3 & 4 \end{bmatrix}$ 时，把 A 自动当作一个 2×2 维的矩阵；

A=[1 2]时，把 A 自动当作一个 2 维行向量；

$A = \begin{bmatrix} 1 \\ 2 \end{bmatrix}$ 时，把 A 自动当作一个 2 维列向量；

A=5 时，把 A 自动当作一个标量；

A=1+2j 时，把 A 自动当作一个复数。

（1）矩阵的赋值

在 MATLAB 中，矩阵可以用以下几种方式进行赋值：

* 直接列出元素的形式；
* 通过命令和函数产生；
* 建立在文件中；
* 从外部的数据文件中装入。

① 简单矩阵的输入

对于比较小的简单矩阵可以使用直接排列的形式输入，把矩阵的元素直接排列到方括号中，每行内的元素间用空格或逗号分开，行与行的内容用分号隔开。例如矩阵

$$A = \begin{bmatrix} 1 & 2 & 3 \\ 4 & 5 & 6 \\ 7 & 8 & 9 \end{bmatrix}$$

在 MATLAB 下的输入方式为

>>A=[1,2,3;4,5,6;7,8,9]

或　>>A=[1 2 3;4 5 6;7 8 9]

都将得到相同的结果：

A=
  1 2 3
  4 5 6
  7 8 9

对于比较大的矩阵，可以用回车键代替分号，对同一行的内容也可利用续行符号"…"，把一行的内容分两行来输入。例如前面的矩阵还可以等价地由下面两种方式来输入。

>>A=[1 2 3;4 5 6
     7 8 9]

或　>>A=[1 2 3;4 5 …
    6;7 8 9]

输入后 A 矩阵将一直保存在工作空间中，除非被替代或清除，在 MATLAB 的命令窗口中可随时输入矩阵名查看其内容。

② 利用语句产生

在 MATLAB 中，一维数组可利用下列语句来产生

$$s_1:s_2:s_3$$

其中，s_1 为起始值；s_3 为终止值；s_2 为步矩。

使用这样的命令就可以产生一个由 s_1 开始，以步距 s_2 自增，并终止于 s_3 的行向量，如

>>y=[0:pi/4:pi;0:10/4:10]

结果显示：

y=
  0 0.7854 1.5708 2.3562 3.1416
  0 2.5000 5.0000 7.5000 10.0000

如果 s_2 省略，则认为自增步距为 1，例如利用以下命令可产生一个行向量

>>x=1:5

结果显示：

x=
  1 2 3 4 5

③ 利用函数产生

利用 linspace( ) 函数也可产生一维数组，该函数的调用格式为

$$x=linspace(n,m,z)$$

其中，x 为产生的等间隔行一维数组；参数 n 和 m 分别为行向量中的起始和终止元素值；z 为需要产生一维数组的元素数。例如，对于以下命令

>>x=linspace(0,2*pi,5)

结果显示：

```
x =
    0   1.5708   3.1416   4.7124   6.2832
```

（2）矩阵的测取

利用 size( )函数可测取一个矩阵的维数，该函数的调用格式为

$$[n,m]=size(A)$$

其中，A 为要测试的矩阵名；而返回的两个参数 n 和 m 分别为 A 矩阵的行数和列数。

当要测试的变量是一个向量时，当然仍可由 size( )函数来得出其大小，更简洁地，用户可以使用 length( )函数来求出，该函数的调用格式为

$$n=length(x)$$

其中，x 为要测试的向量名；而返回的 n 为向量 x 的元素个数。

如果对一个矩阵 A 用 length(A)函数测试，则返回该矩阵行列的最大值，即该函数等效于 max(size(A))。

（3）矩阵的元素

MATLAB 的矩阵元素可用任何表达式来描述，它既可以是实数，也可以是复数。例如

```
>>B=[-1/3   1.3;sqrt(3)   (1+2+3)*j]
```

结果显示：

```
B=
    -0.3333 + 0.0000i    1.3000 + 0.0000i
     1.7321 + 0.0000i    0.0000 + 6.0000i
```

MATLAB 允许把矩阵作为元素来建立新的矩阵。例如

```
>>A=[1  2  3;4  5  6;7  8  9];C=[A;[10  11  12]]
```

结果显示：

```
C=
     1    2    3
     4    5    6
     7    8    9
    10   11   12
```

MATLAB 还允许对一个矩阵的单个元素进行赋值和操作，例如如果想将 A 矩阵的第 2 行第 3 列的元素赋为 100，则可通过下面的语句来完成

```
>>A=[1  2  3;4  5  6;7  8  9];A(2,3)=100
```

这时将只改变此元素的值，而不影响其他元素的值。

如果给出的行数或列数大于原来矩阵的范围，则 MATLAB 将自动扩展原来的矩阵，并将扩展后未赋值的矩阵元素置为 0。例如想把以上矩阵 A 的第 4 行第 5 列元素的值定义为 8，就可以通过下面的语句来完成。

```
>>A(4,5)=8
```

结果显示：

```
A=
    1    2    3    0    0
    4    5  100    0    0
```

```
        7    8    9    0    0
        0    0    0    0    8
```

上面的语句除了可对单个矩阵元素进行定义之外,MATLAB 还允许对子矩阵进行定义和处理。

例 A(1:3,1:2:5)   %表示取 A 矩阵的第一行到第三行内,且位于 1,3,5 列上的所有元素构成的子矩阵;
例 A(2:3,:)   %表示取 A 矩阵的第二行和第三行的所有元素构成的子矩阵;
例 A(:,j)   %表示取 A 矩阵第 j 列的全部元素构成的子矩阵;
例 B(:,[3,5,10])= A (:,1:3)
                     %表示将 A 矩阵的前 3 列,赋值给 B 矩阵的第 3,5 和 10 列;
例 A(:,n:-1:1)   %表示由 A 矩阵中取 n 至 1 反增长的列元素组成一个新的矩阵。

特别当 A(:)在赋值语句的右边,表示将 A 的所有元素按列在一个长的列向量中展成串,例

```
>> A=[1 2;3 4],B= A(:)
```

结果显示:

```
B =
    1
    3
    2
    4
```

(4)特殊矩阵的实现

在 MATLAB 中特殊矩阵可以利用函数来建立。

① 单位矩阵函数 eye( )

基本格式   A=eye(n)   %产生一个 n 阶的单位矩阵 A
          A=eye(size(B))   %产生与 B 矩阵同阶的单位矩阵 A
          A=eye(n,m)   %产生一个主对角线的元素为 1,其余全部元素全为 0 的 n×m 矩阵。

② 零矩阵函数 zeros( )

基本格式   A=zeros(n,m)   %产生一个 n×m 零矩阵 A
          A=zeros(n)   %产生一个 n×n 零矩阵 A
          A=zeros(size(B)) %产生一个与 B 矩阵阶的零矩阵 A

③ 1 矩阵函数 ones( )

基本格式   A=ones(n,m)
          A=ones(n)
          A=ones(size(B))

④ 随机元素矩阵函数 rand( )

随机元素矩阵的各个元素是随机产生的,如果矩阵的随机元素满足[0,1]区间上的均匀分布,则可以由 MATLAB 函数 rand( )来生成,该函数的调用格式为

          A=rand(n,m)
          A=rand(n)
          A=rand(size(B))

⑤ 对角矩阵函数 diag( )

如果用 MATLAB 提供的方法建立一个向量 V=$[a_1,a_2,\cdots,a_n]$,则可利用函数 diag(V)来建立一个对角矩阵。例如

```
>>V=[1,2,3,4];A=diag(V)
```

如果矩阵 A 为一个方阵,则调用 V=diag(A)将提取出 A 矩阵的对角元素来构成向量 V,而不管矩阵的非对角元素是何值。

⑥ 伴随矩阵函数 compan( )

假设有一个多项式

$$p(s) = s^n + a_1 s^{n-1} + a_2 s^{n-2} + \cdots + a_{n-1} s + a_n$$

则可写出一个伴随矩阵

$$A = \begin{bmatrix} -a_1 & \cdots & -a_{n-1} & -a_n \\ 1 & \cdots & 0 & 0 \\ \vdots & \ddots & \vdots & \vdots \\ 0 & \cdots & 1 & 0 \end{bmatrix}$$

生成伴随矩阵函数的调用格式为

A=compan(p)

其中,p=[1,a_1,a_2,$\cdots$,a_n]为一个多项式向量。

例如有一个向量 p=[1 2 3 4 5],则可通过下面的命令构成一个伴随矩阵

```
>>p=[1 2 3 4 5];A=compan(p)
```

⑦ 上三角矩阵函数 triu( )和下三角矩阵函数 tril( )

调用格式为

A=triu(B)   和   A=tril(B)

其中,B 为一矩阵。例如

```
>>B=[1 2 3;4 5 6;7 8 9];A=tril(B)
```

2.矩阵的基本运算

矩阵运算是 MATLAB 的基础,MATLAB 的矩阵运算功能十分强大,并且运算的形式和一般的数学表示十分相似。

(1)矩阵的转置

矩阵转置的运算符为" ' "。例如

```
>>A=[1 2 3;4 5 6];B=A'
```

如果 A 为复数矩阵,则 A'为它们的复数共轭转置,非共轭转置使用 A.',或者用 conj(A)实现。

(2)矩阵的加和减

矩阵的加减法的运算符为"+"和"−"。只有同阶矩阵方可进行加减运算,标量可以和矩阵进行加减运算,但应对矩阵的每个元素施加运算。例如

```
>>A=[1 2 3;4 5 6;7 8 9];B=A+1
```

(3)矩阵的乘法

矩阵的乘法运算符为"*"。当两个矩阵中前一矩阵的列数和后一矩阵的行数相同时,可以进行乘法运算,这与数学上的形式是一致的。例如:

```
>>A=[1 2 3;4 5 6;7 8 9];B=[1 1;1 1;1 1];C=A*B
```

在MATLAB中还可将矩阵和标量相乘,其结果为标量与矩阵中的每个元素分别相乘。

(4) 矩阵的除法

矩阵的除法有两种运算符"\"和"/",分别表示左除和右除。一般地讲,x=A\B 是 A*x=B 的解,x=B/A 是 x*A=B 的解,通常 A\B≠B/A,而 A\B=inv(A)*B, B/A= B*inv(A)。

(5) 矩阵的乘方

矩阵的乘方运算符为"^"。一个方阵的乘方运算可以用 A^P 来表示。P 为正整数,则 A 的 P 次幂即为 A 矩阵自乘 P 次。如果 P 为负整数,则可以将 A 自乘 P 次,然后对结果求逆运算,就可得出该乘方结果。如果 P 是一个分数,例如 P=m\n,其中 n 和 m 均为整数,则首先应该将 A 矩阵自乘 n 次,然后对结果再开 m 次方。例如

>>A=[1 2 3;4 5 6;7 8 9];B=A^2,C=A^0.1

(6) 矩阵的翻转

MATLAB 还提供了一些矩阵翻转处理的特殊命令,对 $n×m$ 维矩阵 A,如

B=fliplr(A)　　　%命令将矩阵 A 进行左右翻转再赋给 B,即 $b_{ij}=a_{i,m+1-j}$,

C=flipud(A)　　　%命令将矩阵 A 进行上下翻转再赋给 C,即 $c_{ij}=a_{n+1-i,j}$,

D=rot90(A)　　　%命令将矩阵 A 进行旋转 90 度后赋给 D,即 $d_{ij}=a_{j,m+1-i}$,

例如

>>A=[1 2 3;4 5 6;7 8 9];B=fliplr(A),C=flipud(A)

(7) 矩阵的超越函数

MATLAB 中 exp( ), sqrt( ), sin( ), cos( ) 等基本函数命令可以直接使用在矩阵上,这种运算只定义在矩阵的单个元素上,即分别对矩阵的每个元素进行运算。超越数学函数,可以在基本数学函数后加上 m 而成为矩阵的超越函数,例如 expm(A), sqrtm(A), logm(A) 分别为矩阵指数、矩阵开方和矩阵对数。矩阵的超越函数要求运算的矩阵必须为方阵。例如

>>A=[1 2 3;4 5 6;7 8 9]; B=expm(A),C=sqrtm(A)

2.3.2　向量运算

虽然向量和矩阵在形式上有很多的一致性,但在 MATLAB 中它们实际上遵循着不同的运算规则。MATLAB 向量运算符由矩阵运算符前面加一点"."来表示,如".*"、"./"和".^"等。

在 MATLAB 中,两个维数相同的矩阵也可以采用向量运算符,但与采用以上矩阵运算符的结果是不一样的,它实与向量运算结果一致,均为对应元素之间的运算。实际上向量就是矩阵的一种特殊形式,即仅有一行或一列元素的矩阵,因此 MATLAB 中的向量运算又被称为矩阵元素运算或矩阵的点积运算。

1. 向量的加减

向量的加、减运算与矩阵的运算相同,所以"+"和"−"既可被向量接收又可被矩阵接收。

2. 向量的乘法

向量乘法的操作符为".*"。如果 x, y 两向量具有相同的维数,则 x.*y 表示向量 x 和 y 单个对应元素之间的相乘。例如

>>x=[1 2 3];y=[4 5 6];z=x.*y

结果显示:

```
z=
    4    10    18
```

可见向量的输入和输出与矩阵具有相同的格式，但它们的运算规则不同，例如，如果 *x* 是一个向量，则求取向量 *x* 平方时不能直接写成 x*x，而必须写成 x.*x，否则将给出错误信息。

但是对于矩阵可以使用向量运算符号，这时实际上就相当于把矩阵看成了向量对应元素间的运算。例如对于两个维数相同的 A 和 B 矩阵，C=A.*B 表示 A 和 B 矩阵的对应元素之间直接进行乘法运算，然后将结果赋给 C 矩阵，把这种运算称为矩阵的点积运算，两个矩阵之间的点积是它们对应元素的直接运算，它与矩阵的乘法是不同的。例如

```
>>A=[1  2  3;4  5  6;7  8  9];B=[2  3  4;5  6  7;8  9  0];C=A.*B
```

结果显示：

```
C=
     2     6    12
    20    30    42
    56    72     0
```

3．向量的除法

向量除法的操作符为"./"或".\"。它们的运算结果一样。例如

```
>>x=[1  2  3];y=[4  5  6];z=y./x
```

结果显示：

```
z=
    4.0000    2.5000    2.0000
```

对于向量除法运算，x.\y 和 y./x 一样，将得到相同的结果，这与矩阵的左、右除是不一样的，因向量的运算是它们对应元素间的运算。

对于矩阵也可使用向量的除法操作符，这时就相当于把矩阵看成向量进行对应元素间的运算。

4．向量的乘方

向量乘方的运算符为".^"。向量的乘方是对应元素的乘方，在这种底与指数均为向量的情况下，要求它们的维数必须相同。例如

```
>>x=[1  2  3]; y=[4  5  6];z= x.^y
```

结果显示：

```
z=
    1    32    729
```

它相当于：$z=[1\ 2\ 3].\wedge[4\ 5\ 6]=[1^4\ 2^5\ 3^6]$

若指数为标量时，会得到如下结果，例如

```
>> x=[1  2  3]; z= x.^2
```

结果显示：

```
z=
    1    4    9
```

以上运算相当于: z=[1 2 3].^2=[1^2 2^2 3^2]

若底为标量时,则会得到如下结果,例如

```
>>x=[1  2  3];y=[4  5  6];z=2.^[x  y]
```

结果显示:

```
z=
    2   4   8   16   32   64
```

以上运算相当于: z=2.^[1 2 3 4 5 6]=[2^1 2^2 2^3 2^4 2^5 2^6]

同样对于矩阵也可以采用运算符".^",例如

```
>>A=[1  2  3;4  5  6;7  8  0];B=A.^A
```

结果显示:

```
B=
         1            4           27
       256         3125        46656
    823543     16777216            1
```

即矩阵 B 中的每个元素都是矩阵 A 元素的相应乘方。如 3125=5^5。

可见如果对矩阵使用向量运算符号,实际上就相当于把矩阵看成了向量进行对应元素间的运算,即矩阵元素运算。

2.3.3 关系和逻辑运算

1. 关系运算

MATLAB 常用的关系操作符如表 2-6 所示。

MATLAB 的关系操作符可以用来比较两个大小相同的矩阵,或者比较一个矩阵和一个标量。比较两个元素大小时,结果是 1 表明为真,结果是 0 表明为假。函数 find( )在关系运算中很有用,它可以在矩阵中找出一些满足一定关系的数据元素。例如

表 2-6 关系操作符

关系操作符	意 义
<	小于
<=	小于等于
>	大于
>=	大于等于
==	等于
~=	不等于

```
>>A=1:9;B=A>4
```

结果显示:

```
B=
    0  0  0  0  1  1  1  1  1
>>A=1:9;C=A(A>4)
```
或 `>>A=1:9;C=find(A>4)`

结果显示:

```
C=
    5  6  7  8  9
```

2. 逻辑运算

MATLAB 的逻辑操作符有 &(与)、|(或)和~(非)。它们通常用于元素或 0-1 矩阵的逻辑运算。

与和或运算符可比较两个标量或两个同阶矩阵,对于矩阵,逻辑运算符是作用于矩阵中的元素。逻辑运算结果信息也用"0"和"1"表示,逻辑操作符认定任何非零元素都表示为真。给出 1 为真,0 为假。

非是一元操作符,当 A 非零时,~A 返回的信息为 0,当 A 为零时,~A 返回的信息为 1。因而就有:P|(~P)返回值为 1,P&(~P)返回值为 0。例如

```
>>A=1:9;C=~(A>4)
```

结果显示:

C=
　　1　1　1　1　0　0　0　0　0

若
```
>>A=1:9;C=(A>4)&(A<7)
```

结果显示:

C=
　　0　0　0　0　1　1　0　0　0

3. 关系和逻辑运算函数

除了上面介绍的关系和逻辑运算符外,MATLAB 中还提供了一些关系和逻辑运算函数,如表 2-7 所示。

对于矩阵,any( )和 all( )命令按列对其处理,并返回带有处理列所得结果的一个行向量。

表 2-7 关系和逻辑运算函数

函数名	说明
xor(x,y)	异或
any(x)	向量 x 中的任一元素非零,返回 1
all(x)	向量 x 中的所有元素非零,返回 1
isnan(x)	当 x 是 NaN 时,返回 1
isinf(x)	当 x 是 inf 时,返回 1
finite(x)	当 x 属于 $(-\infty,+\infty)$ 时返回 1,而当 x=NaN 时,返回零。

2.3.4 多项式运算

多项式运算是数学中最基本的运算之一。在 MATLAB 中同样可对多项式进行相应的一系列运算。

1. 多项式的表示

多项式一般可表示成以下形式

$$f(x) = a_0 x^n + a_1 x^{n-1} + \cdots + a_{n-1} x + a_n$$

其中,$a_0, a_1, \cdots, a_n$ 称为多项式的系数。

所以多项式很容易用其系数组成的行向量 **p**=[a_0 a_1 $\cdots$ a_n]来表示,其中行向量是按其系数降幂排列组成的系数向量。在 MATLAB 中,构造多项式正是采用把多项式的各项系数依降幂次序排放在行向量的对应元素位置,直接输入其系数向量的方法来实现的。对于缺项的系数一定要进行补零。例如对于多项式

$$f(x) = x^4 + 5x^3 + 3x + 2$$

可用以下 MATLAB 命令来表示。

```
>>p=[1　5　0　3　2]
```

在 MATLAB 中,利用函数 poly2str( )可将多项式的系数向量表示成相应多项式的习惯表示形式,该函数的调用格式为

$$f=\text{poly2str}(p,\text{'s'})$$

其中，p 为多项式的系数向量；s 为多项式的变量名；f 为相应的多项式。例如

>>p=[1 5 0 3 2];f=poly2str(p,'x')

结果显示：
f =
   x^4 + 5 x^3 + 3 x + 2

2．多项式的四则运算

多项式的四则运算是指多项式的加、减、乘和除运算。其中多项式的加、减运算要求两个相加、减多项式的系数向量维数的大小必须相等。

（1）多项式的加减

在 MATLAB 中，当两个相加、减的多项式阶次不同时，低阶多项式的系数向量必须用首零填补，使其与高阶多项式的系数向量有相同维数。

例 2-1　求以下两个多项式的和。

$$f_1(x)=x^4+5x^3+3x+2 , \quad f_2(x)=x^2+6x+5$$

解　MATLAB 命令如下

>>p1=[1 5 0 3 2];p2=[0 0 1 6 5];p=p1+p2

结果显示：
p =
   1   5   1   9   7

（2）多项式的乘法

在 MATLAB 中，多项式的乘法运算，利用函数 conv( ) 来实现，函数 conv( ) 相当于执行两个数组的卷积，其调用格式为

$$p=conv(p1,p2)$$

其中，p1,p2 为多项式的系数按降幂排列构成的系数向量；p 为多项式 p1 和 p2 的乘积多项式，按其系数降幂排列构成的多项式积的系数向量。

例 2-2　求以下两个多项式的乘积。

$$f_1(x)=x^4+5x^3+3x+2, \quad f_2(x)=x^2+6x+5$$

解　MATLAB 命令如下

>>p1=[1 5 0 3 2];p2=[1 6 5];p=conv(p1,p2)

结果显示：
p =
   1 11 35 28 20 27 10

需要说明的是，当对多个多项式执行乘法运算时，可重复使用 conv( ) 函数。

例 2-3　求多项式 $f(x)=(x+1)^2(x^2+6x+5)$ 的展开式。

解　MATLAB 命令如下

>>p=conv([1 1],conv([1 1],[1 6 5]))

结果显示：
p =
   1   8 18 16   5

（3）多项式的除法

在 MATLAB 中，多项式的除法运算，利用函数 deconv( ) 来实现，其调用格式为
$$[p,r]=deconv(p_1,p_2)$$
其中，p_1，p_2 为多项式的系数按降幂排列构成的系数向量；p 为多项式 p_1 被 p_2 除的商多项式，按其系数降幂排列构成的多项式商的系数向量，而余多项式为 r。

函数 deconv( ) 相当于两个数组的解卷运算，使 $p_1=conv(p_2,p)+r$ 成立。

3．多项式的值及其导数

如果 $f(x)$ 函数为如下形式的多项式
$$f(x)=a_0x^n+a_1x^{(n-1)}+\cdots+a_{n-1}x+a_n$$
则可以求出该函数的导数函数为
$$f'(x)=n\,a_0\,x^{n-1}+(n-1)a_1x^{n-2}+\cdots+a_{n-1}$$
在 MATLAB 中提供了多项式求值函数 polyval( ) 和多项式求导函数 polyder( )，它们的调用格式分别为
$$f_0=polyval(p,x_0) \quad 和 \quad dp=polyder(p)$$
其中，p 为多项式系数降幂排列构成的系数向量；x_0 为求值点的 x 值。该函数将返回多项式在 $x=x_0$ 的值 f_0；函数 polyder(p) 返回多项式导数的系数向量，亦即向量
$$dp=[na_0 \quad (n-1)a_1 \quad \cdots \quad a_{n-1}]$$
同样，MATLAB 也提供了多项式矩阵的求值函数 polyvalm( )，其调用格式为
$$fA=polyvalm(p,A)$$
其中，p 为矩阵多项式函数降幂排列构成的向量，即
$$p=[a_0 \quad a_1 \quad \cdots \quad a_n]$$
而 A 为一个给定矩阵，返回值 fA 为下面的矩阵多项式的值。
$$f(A)=a_0A^n+a_1A^{n-1}+\cdots+a_{n-1}A+a_nI$$

4．多项式的求解

MATLAB 中多项式的求解运算可利用函数 roots( ) 来实现，其调用格式为
$$r=roots(p)$$
其中，p 为多项式的系数向量；r 为多项式的解。

例 2-4 求方程 $f(x)=x^2+5x+6=0$ 的解。

解 MATLAB 命令如下

```
>>p=[1   5   6];x=roots(p)
```

结果显示：

```
x=
    -3.0000
    -2.0000
```

2.4　MATLAB 的符号运算

MATLAB 的优点不仅在于其强大的数值运算功能，而且也在于其强大的符号运算功能。

MATLAB 的符号运算是通过集成在 MATLAB 中的符号数学工具箱(Symbolic Math Toolbox)来实现的。它可完成几乎所有符号表达式的运算功能,如符号表达式的生成、复合和化简;符号矩阵的求解;符号微积分的求解;符号函数的画图;符号代数方程的求解;符号微分方程的求解等。

2.4.1 符号表达式的生成

在 MATLAB 中的符号数学工具箱中,符号表达式是指代表数字、函数和变量的 MATLAB 字符串或字符串数组,它不要求变量要有预先确定的值。

符号表达式可以是符号函数或符号方程。其中,符号函数没有等号,而符号方程必须有等号。MATLAB 在内部把符号表达式表示成字符串,以与数字区别。符号表达式可由以下三种方法生成。

1. 用单引号生成符号表达式

在 MATLAB 中,符号表达式如同字符串一样也可利用单引号来直接设定。如

>>fun='sin(x)'

结果显示:

fun=
    sin(x)

若　>>fun='a*x^2+b*x+c=0'

结果显示:

fun=
    a*x^2+b*x+c=0

2. 用函数 sym( )生成符号表达式

在 MATLAB 可自动确定变量类型的情况下,不用函数 sym( )来显式生成符号表达式。但在某些情况下,特别是在建立符号数组时,必须要用函数 sym( )来将字符串转换成符号表达式。如

>>A=sym('[sin(x)　b;c　d]')

结果显示:

A=
    [sin(x),　b]
    [c,   d]

其结果表示 A 为一个 2×2 的符号矩阵。但以下命令

>>A='[sin(x)　b;c　d]'

结果显示:

A=
    [sin(x)　b;c　d]

其结果表示 A 为一字符串。

3. 用命令 syms 生成符号表达式

在 MATLAB 中，利用命令 syms 只能生成符号函数，而不能生成符号方程。例如

```
>>syms K t T;fun=K*(exp(-t/T))
```

结果显示：

```
fun =
    K*exp(-t/T)
```

另外，在 MATLAB 中，利用函数 symvar( )可知道符号表达式中哪些变量为符号变量。同时 MATLAB 会自动把 i, j, pi, inf, nan, eps 等特殊字母不当成符号变量。如

```
>>symvar('5*pi+j*K*(exp(-t/T)')
```

结果显示：

```
ans =
    'K'
    'T'
    't'
```

2.4.2 符号表达式的基本运算

在 MATLAB 的符号工具箱中，利用相关函数，可对符号表达式进行分子/分母的提取、基本代数运算、相互转换、化简和替换等基本运算。

1. 符号表达式的提取分子/分母运算

在 MATLAB 中，如果符号表达式为有理分式的形式或可展开为有理分式的形式，则可通过函数 numden( )来提取符号表达式中的分子与分母。其调用格式如下：

$$[num,den]=numden(f)$$

其中，f 表示所求符号表达式；num 和 den 表示返回所得的分子与分母。例如

```
>>f=sym('(x+d)/(a*x^2+b*x+c)'); [num,den]=numden(f)
```

运行结果：

```
num =
    x+d
den =
    a*x^2+b*x+c
```

2. 符号表达式的基本代数运算

在 MATLAB 中，符号表达式的加、减、乘、除四则运算及幂运算等基本的代数运算，分别由函数 symadd( ), symsub( ), symmul( ), symdiv( )及 sympow( )来实现。其中求和函数 symadd( )的调用格式为：

$$h=symadd(f,g)$$

式中，f, g 表示待运算的符号表达式；h 表示结果符号表达式。其中，当 f, g 为符号矩阵时，以上四则及幂运算的命令仍然成立。以上其他函数的调用格式均同求和函数 symadd( )的调用格式。

3. 符号表达式与数值表达式的相互转换

在 MATLAB 中，利用函数 numeric( )(仅适用于 MATLAB6.5 及以前的版本)或 eval( )可将符号表达式转换成数值表达式。反之，函数 sym( )可将数值表达式转换成符号表达式。例如

```
>>f='abs(-1)+sqrt(1)/2',p=eval(f),n=sym(p)
```

运行结果：

```
f =
    abs(-1)+sqrt(1)/2
p =
    1.5000
n =
    3/2
```

若已知数值多项式系数向量，则可以通过符号运算工具箱提供的函数 poly2sym( )将其转换成多项式表达式。若已知多项式表达式，则可以由函数 sym2poly( )将其转换成系数向量形式。它们的调用格式为

$$f=poly2sym(p) \quad 和 \quad p=sym2poly(f)$$

其中，p 为多项式系数降幂排列构成的系数向量；f 为多项式表达式。

```
>>syms x;p=sym2poly(x^2+3*x+2),f=poly2sym(p)
```

运行结果：

```
p=
    1   3   2
f=
    x^2+3*x+2
```

4. 符号表达式的化简

在 MATLAB 中，函数 simple( )可按有关数学规则把符号表达式化简成最简形式，其调用格式如下：

$$y=simple(f)$$

其中，f 表示化简前符号表达式；y 表示按有关规则化简后的符号表达式。例如

```
>>f=sym('a*sin(x)*cos(x)'),y=simple(f)
```

运行结果：

```
f =
    a*sin(x)*cos(x)
y =
    1/2*a*sin(2*x)
```

另外，在 MATLAB 的符号数学工具箱中提供的符号表达式化简函数还有：
pretty( )   %将符号表达式转换成与公式编辑器显示的符号表达式相类似的形式；
collect( )   %将符号表达式的同类项进行合并；
horner( )   %将一般的符号表达式转换成嵌套形式的符号表达式；

```
factor( )         %对符号表达式进行因式分解；
expand( )         %对符号表达式进行展开；
simplify( )       %利用各种类型的代数恒等式对符号表达式进行化简。
```

5．符号表达式的替换

在 MATLAB 的符号数学工具箱中，函数 subexpr( )和函数 subs( )可以进行符号表达式的替换。其中函数 subexpr( )用于把复杂表达式中所含的多个相同子表达式用一个符号代替，使其表达简洁，其调用格式如下：

$$g=subexpr(f, 'S')$$

其中，f, g 分别表示置换前后的符号表达式；S 表示置换复杂表达式中子表达式的符号变量。复杂表达式中被置换的子表达式是自动寻找的，只有比较长的子表达式才被置换，至于比较短的子表达式，即便多次重复出现，也不被置换。例如

```
>>f=solve('x^3+a*x+1');r=subexpr(f,'ss')
>>f=solve('a*x^2+b*x+c');r=subexpr(f,'ss')
```

函数 subs( ) 除具有与函数 subexpr( )一样的可以用一个符号变量替换复杂表达式中所含的多个相同子表达式的作用外，还可以求解被替换的复杂符号表达式的值，其调用格式如下：

```
g=subs(f,old,new)     %表示用 new 置换符号表达式 f 中的 old 后产生 g；
g=subs(f,new)         %表示用 new 置换符号表达式 f 中的自由变量后产生 g
```

例如对于符号表达式 $f(x) = a\sin(x) + 5$ 可进行下列替代运算。

```
>>syms a x;f=a*sin(x)+5;
>>g1=subs(f,'sin(x)', 'y'),g2=subs(f,a,9)
>>g3=subs(f,{a,x},{2,sym(pi/3)}),g4=subs(f,{a,x},{2,pi/3})
>>g5=subs(subs(f,a,2),x,0:pi/6:pi),g6=subs(f,{a,x},{0:6,0:pi/6:pi})
```

2.4.3 符号表达式的微积分

MATLAB 的符号工具箱中，符号表达式的微积分包括符号序列求和、符号极限、符号微分和符号积分等运算。

1．符号序列求和

对于求和 $y = \sum_{x=a}^{b} f(x)$ 问题，在 MATLAB 中可利用符号序列求和函数 symsum( )来实现，其调用格式为：

```
y=symsum(f,'x',a,b)   %求符号表达式 f 在指定变量 x 取遍[a,b]中所有整数和 y
y=symsum(f,'x')       %求符号表达式 f 在指定变量 x 取遍[0,x-1]中所有整数和 y
y=symsum(f,a,b)       %求符号表达式 f 对独立变量从 a 到 b 的所有整数和 y
```

例 2-5 求 $y = \sum_{t=0}^{t-1}[t \quad k^3]$ 和 $y = \sum_{k=1}^{\infty}\left[\frac{1}{(2k-1)^2} \quad \frac{(-1)^k}{k}\right]$ 的值。

解 MATLAB 命令如下

```
>>syms t k;f1=[t, k^3];f2=[1/(2*k-1)^2, (-1)^k/k];
>>y1=simple(symsum(f1,'t')),y2=simple(symsum(f2,1,inf))
```

运行结果：

```
    y1 =
        [ 1/2*t*(t-1),    k^3*t]
    y2 =
        [ 1/8*pi^2,   -log(2)]
```

2. 符号极值

在 MATLAB 中，符号极限由函数 limit( )来实现，其调用格式为：

y=limit(f,'x',a)   %求符号表达式 f 对变量 x 趋于 a 时的极值 y
y=limit(f,a)   %求符号表达式 f 对独立变量趋于 a 时的极值 y
y=limit(f)   %求符号表达式 f 对独立变量趋于 0 时的极值 y
y=limit(f,'x',a,'right')   %求符号表达式 f 对变量 x 从右边趋于 a 时的极值 y
y=limit(f,'x',a,'left')   %求符号表达式 f 对变量 x 从左边趋于 a 时的极值 y

对于多变量函数的极值可以嵌套使用函数 limit( )来求取。

例 2-6 求符号表达式 $f(x)=(a-2x)^2 x$，在 $x \to \frac{1}{6}a$ 的极值。

解 MATLAB 命令如下

```
>>syms a x; f=(a-2*x)^2*x;y=limit(f,'x',1/6*a)
```

运行结果：

```
    y =
        2/27*a^3
```

例 2-7 求二元函数 $\lim\limits_{\substack{x \to 1/\sqrt{y} \\ y \to \infty}} = e^{-1/(y^2+x^2)} \frac{\sin^2 x}{x^2} \left(1+\frac{1}{y^2}\right)^{x+a^2 y^2}$ 的极限值。

解 MATLAB 命令如下

```
>>syms a x y; f=exp(-1/(y^2+x^2))*sin(x)^2/x^2*(1+1/y^2)^(x+a^2*y^2);
>>L=limit(limit(f,'x',1/sqrt(y)),'y',inf)
```

运行结果：

```
    L =
        exp(a^2)
```

3. 符号微分

在 MATLAB 中，符号微分由函数 diff( )来实现。函数 diff( )可同时计算数值微分与符号微分，MATLAB 能根据其输入参数的类型(数值或符号字符串)，自动对其进行数值微分或符号微分。其调用格式为：

y=diff(f)   %求符号表达式 f 对独立变量的微分 y
y=diff(f,n)   %求符号表达式 f 对独立变量的 n 次微分 y
y=diff(f,'x')   %求符号表达式 f 对变量 x 的微分 y
y=diff(f,'x',n)   %求符号表达式 f 对变量 x 的 n 次微分 y

例 2-8 求表达式 $f(x)=3ax-x^3$ 的一阶微分和二阶微分。

解 MATLAB 命令如下

```
>>syms a x;f=3*a*x-x^3;dfdx=diff(f,'x'),ddfx=diff(f,'x',2)
```

运行结果：

```
dfdx=
      3*a-3*x^2
ddfx=
      -6*x
```

对于多元函数的偏导数也可以嵌套使用函数 diff( )来求取。

例 2-9 已知二元函数 $f(x,y)=3x^3y^2+\sin(xy)$，试求 $\partial f/\partial x$，$\partial f/\partial y$，$\partial y/\partial x$ 和 $\partial^2 f/\partial x\partial y$。

解 MATLAB 命令如下

```
>>syms x y;f=3*x^3*y^2+sin(x*y);
>>dfdx=simple(diff(f,x)),dfdy=diff(f,y)
>>dydx=simple(diff(f,x)/diff(f,y),dfdxy=diff(dfdx,y)
```

运行结果：

```
dfdx =
      9*x^2*y^2+cos(x*y)*y
dfdy =
      6*x^3*y+cos(x*y)*x
dydx =
      (9*x^2*y^2+cos(x*y)*y)/(6*x^3*y+cos(x*y)*x)
dfdxy =
      18*x^2*y-sin(x*y)*x*y+cos(x*y)
```

除了利用以上函数求解偏微分方程外，MATLAB 还提供了偏微分方程工具箱，它可以比较规范地求解各种常见的二阶偏微分方程。在 MATLAB 环境下键入 pdetool，将启动偏微分方程求解界面。另外微分方程也可以利用 Simulink 进行求解。由于篇幅和内容的原因，这里不作介绍，具体内容可参考有关文献。

4．符号积分

在 MATLAB 中，符号积分由函数 int( )来实现。因为积分比微分复杂得多，故在很多情况下，积分不一定能成功。当 MATLAB 进行符号积分找不到原函数时，它将返回未经计算的函数。函数 int( )的调用格式为：

y=int(f)   %求符号表达式 f 对独立变量的不定积分 y
y=int(f,'x')   %求符号表达式 f 对变量 x 的不定积分 y
y=int(f,a,b)   %求符号表达式 f 对独立变量从 a 到 b 的定积分 y
y=int(f,'x',a,b)   %求符号表达式 f 对变量 x 从 a 到 b 的定积分 y

例 2-10 试求以下函数的定积分

$$y=\int_{-\infty}^{\infty}\frac{a}{\sqrt{2}}e^{-x^2/2}\mathrm{d}x$$

解 通过下面的 MATLAB 语句可求出所需函数的定积分

```
>>syms a;f=a/sqrt(2)*exp(-x^2/2);y=int(f,'x',-inf,inf)
```
或 `>>syms a;y=int(a/sqrt(2)*exp(-x^2/2), 'x',-inf,inf)`

结果显示：

```
y=
    pi^(1/2)*a
```

例 2-11 求积分方程 $\int_1^2 \int_{\sqrt{x}}^{x^2} \int_{\sqrt{xy}}^{x^2 y} (x^2+y^2+z^2)\,\mathrm{d}z\,\mathrm{d}y\,\mathrm{d}x$。

解 MATLAB 命令如下

```
>>syms x y z;f=int(int(int(x^2+y^2+z^2,'z',sqrt(x*y),x^2*y),'y',sqrt(x),x^2),'x',1,2)
>>p=eval(f)
```

结果显示:

```
f=
    1610027357/6563700-6072064/348075*2^(1/2)+14912/4641*2^(1/4)+64/225*2^(3/4)
p=
    224.9215
```

2.4.4 符号表达式的积分变换

MATLAB 的符号工具箱中，符号表达式的积分变换包括:

1. Laplace 变换及其反变换

在 MATLAB 中，给出了求解 Laplace 变换及其反变换的函数 laplace( ) 和 ilaplace( )，其调用格式分别为:

$$F=\mathrm{laplace}(f,t,s) \quad \text{和} \quad f=\mathrm{ilaplace}(F,s,t)$$

其中，f 表示时域函数 f(t); t 表示时间变量; F 表示频域函数 F(s); s 表示频域变量。例

```
>>syms k t s;f=k*t^0;F=laplace(f,t,s),f1=ilaplace(F)
```

结果显示:

```
F=
    k/s
f1=
    k
```

若 `>>syms k T t s;f=k*exp(-t/T);F=laplace(f,t,s),f1=ilaplace(F)`

结果显示:

```
F=
    k/(s+1/T)
f1=
    k*exp(-t/T)
```

2. Z 变换及其反变换

在 MATLAB 中，给出了求解 Z 变换及其反变换的函数 ztrans( ) 和 iztrans( )，其调用格式分别为:

$$F=\mathrm{ztrans}(f,n,z) \quad \text{和} \quad f=\mathrm{iztrans}(F,z,n)$$

其中，f 表示时域序列 f(n) 或时间函数 f(t); n 表示时间序列; F 表示 Z 域函数 F(z); z 表示 Z 域变量。

```
>>syms k t z;f=k*t^1;F= ztrans(f,t,z),f1=iztrans(F)
```

结果显示：

```
F =
    k*z/(z-1)^2
f1 =
    k*n
```

3. Fourier 变换及其反变换

在 MATLAB 中，给出了求解 Fourier 变换及其反变换的函数 fourier( )和 ifourier( )，其调用格式分别为：

$$F=fourier(f,t,\omega) \text{ 和 } f=ifourier(F,\omega,t)$$

其中，f 表示时间函数 f(t)；t 表示时间变量；F 表示频域函数 F(ω)；ω表示频域变量。

2.4.5 符号表达式的求解

MATLAB 的符号工具箱中，符号方程的求解包括符号代数方程的求解和符号微分方程的求解等。

1. 符号代数方程求解

在 MATLAB 中，符号代数线性方程、符号代数非线性方程以及符号超越方程均可利用函数 solve( )对其进行求解。函数 solve( )的调用格式为

$$[x,y,z,\cdots]=solve('eq_1','eq_2','eq_3',\cdots,'a','b','c',\cdots)$$
$$[x,y,z,\cdots]=solve('eq_1,eq_2,eq_3,\cdots','a,b,c,\cdots')$$
$$[x,y,z,\cdots]=solve(exp_1,exp_2,exp_3,\cdots,'a','b','c',\cdots)$$

其中，eq_1, eq_2, eq_3, …表示符号方程，或不含"等号"的符号表达式(或称为函数)(此时函数是对 $eq_1=0$, $eq_2=0$, $eq_3=0$,…求解)；exp_1, exp_2, exp_3, …仅表示符号表达式；a, b, c, …是符号方程的求解变量名；x, y, z, …是符号方程的解赋值的变量名。

例 2-12 求方程 $3x^2 - 3a^2 = 0$ 的解。

解 MATLAB 命令如下

```
>>x=solve('3*x^2-3*a^2=0','x')
或 >>x=solve('3*x^2-3*a^2','x')
>>f='3*x^2-3*a^2=0';x=solve(f,'x')
>>f='3*x^2-3*a^2';x=solve(f,'x')
```

结果显示：

```
x =
    -a
     a
```

例 2-13 求方程组 $\begin{cases} 3x+y=a \\ x-y=a \end{cases}$ 的解。

解 MATLAB 命令如下

```
>>[x,y]=solve('3*x+y=a', 'x-y=a','x','y')
或 >>f='3*x+y=a';g='x-y=a';[x,y]=solve(f,g,'x','y')
```

结果显示：

```
        x =
            1/2*a
        y =
            -1/2*a
```

例 2-14 求非线性方程组的解

$$\begin{cases} \sin x + y^2 + \ln z - 7 = 0 \\ 3x + 2y - z^3 + 1 = 0 \\ x + y + z - 5 = 0 \end{cases}$$

解 可利用以下命令

```
>>f='sin(x)+y^2+ln(z)-7=0';g='3*x+2*y-z^3+1=0';h='x+y+z-5=0';
>>[x1,y1,z1]=solve(f,g,h,'x','y','z')
```

结果显示:

```
        x1 =
            0.5991
        y1 =
            2.3959
        z1 =
            2.0050
```

注意，对于例 2-14 的非线性方程组，在不同的 MATLAB 版本中其解可能略有不同。

2．符号微分方程求解

在 MATLAB 中，符号微分方程可利用函数 dsolve( ) 对其进行求解。函数 dsolve( ) 的调用格式为:

$$[y_1,y_2,\cdots]=\text{dsolve}('eq_1','eq_2',\cdots,'cond_1','cond_2',\cdots,'x')$$

$$[y_1,y_2,\cdots]=\text{dsolve}('eq_1,eq_2,\cdots','cond_1,cond_2,\cdots', 'x')$$

$$[y_1,y_2,\cdots]=\text{dsolve}(\exp_1,\exp_2,\cdots,'cond_1,cond_2,\cdots', 'x')$$

其中，eq_1, eq_2, … 表示所求符号微分方程，或不含"等号"的符号微分表达式(此时函数是对 $eq_1=0$, $eq_2=0$, …求解);$\exp_1$, $\exp_2$, …仅表示符号微分表达式;$cond_1$, $cond_2$, … 表示初始条件或边界条件;x 表示独立变量，当 x 省略时，表示独立变量为 t;y_1, y_2, … 表示输出量。微分方程的表示规定:当"y"是因变量时，用"Dny"表示 y 对 x 的 n 阶导数，例如:Dny 表示形如 $\dfrac{d^n y}{dx^n}$ 的导数。

例 2-15 求微分方程 $-2\ddot{x}+12at=0$，在边界条件:$x(0)=0; x(1)=1$ 的解。

解 MATLAB 命令如下

```
>>f='-2*D2x+12*a*t=0';x=dsolve(f,'x(0)=0,x(1)=1','t')
```

运行结果:

```
        x =
            a*t^3+(-a+1)*t
```

例 2-16 求一阶非线性微分方程 $\dot{x}(t) = x(t)(1-x^2(t))$ 的解。

解 MATLAB 命令如下

```
>>x=dsolve('Dx=x*(1-x^2)')
```

运行结果：

```
x =
    [ 1/(1+exp(-2*t)*C1)^(1/2)]
    [-1/(1+exp(-2*t)*C1)^(1/2)]
```

即该非线性微分方程的解为：

$$x(t) = \pm 1/\sqrt{1+C_1 e^{-2t}}$$

注意，对于例 2-16 的非线性微分方程，在不同的 MATLAB 版本中其解可能略有不同。

例 2-17 求微分方程组

$$\begin{cases} \ddot{x}_1 - x_2 = 0 \\ \ddot{x}_2 - x_1 = 0 \end{cases}$$

在边界条件：$x_1(0)=0$，$x_1(\pi/2)=1$，$x_2(0)=0$，$x_2(\pi/2)=-1$ 的解。

解 MATLAB 命令如下

```
>>f='D2x1-x2=0,D2x2-x1=0';
>>[x1,x2]=dsolve(f,'x1(0)=0,x1(pi/2)=1,x2(0)=0,x2(pi/2)=-1','t')
```

运行结果：

```
x1 =
    sin(t)
x2 =
    -sin(t)
```

小 结

本章依次介绍了 MATLAB 的语言结构、窗口命令、数值运算和符号运算。通过本章学习应重点掌握以下内容：

（1）MATLAB 的基本数学函数和常用命令的使用；
（2）MATLAB 的基本输入/输出函数及其应用；
（3）MATLAB 的外部命令调用方法；
（4）MATLAB 的基本数值运算方法；
（5）MATLAB 的基本符号运算方法。

习 题

2-1 利用 MATLAB 窗口命令求函数

$$\begin{cases} y_1 = 3x_1^2 + |x_2| + \sqrt{x_3} \\ y_2 = 3x_1^2 - x_2 - x_3 \end{cases}$$

在 $x_1=-2$，$x_2=-3$，$x_3=4$ 时的值。

2-2 对于矩阵 $A = \begin{bmatrix} 1 & 2 \\ 3 & 4 \end{bmatrix}$，MATLAB 以下四个指令：A.^(0.5), A^(0.5), sqrt(A), sqrtm(A)所得结果相同吗？它们中哪个结果是复数矩阵，为什么？

2-3 对于 $A=\begin{bmatrix}1&2\\3&4\end{bmatrix}$ 和 $B=\begin{bmatrix}5&6\\7&8\end{bmatrix}$，试分别计算矩阵 A 与矩阵 B 的乘积和点积。

2-4 求方程 $(x+1)^2(x^2+6x+5)=0$ 的解。

2-5 已知方程组 $\begin{cases}x=t\sin t\\y=t(1-\cos t)\end{cases}$，求 $\dfrac{\mathrm{d}y}{\mathrm{d}x}$。

2-6 求 $f(k)=k\mathrm{e}^{-\lambda kT}$ 的 Z 变换表达式。

2-7 求方程 $(\cos^2 t)\mathrm{e}^{-0.1t}=0.5t$ 的解。

2-8 求解方程组 $\begin{cases}x^2+y^2=1\\xy=2\end{cases}$ 的解。

2-9 设 $\ddot{y}-3\dot{y}+2y=x$，$y(0)=1$，$\dot{y}(0)=0$，求 $y(0.5)$ 的值。

2-10 求边值问题 $\dfrac{\mathrm{d}f}{\mathrm{d}x}=3f+4g,\dfrac{\mathrm{d}g}{\mathrm{d}x}=-4f+3g,f(0)=0,g(0)=1$ 的解。

本章习题答案可扫右边二维码。

第 3 章 MATLAB 程序设计

MATLAB 语言仅靠一条一条地输入语句，难以实现复杂功能，为了实现诸如循环、条件和分支等功能，就要像其他计算机语言一样进行程序设计。MATLAB 语言的程序设计，则利用了 M 文件，而 M 文件是由一系列的 MATLAB 语句组成的。

3.1 MATLAB 的 M 文件

因为 MATLAB 本身可以被认为是一高效的语言，所以用它可编写出具有特殊意义的磁盘文件来，这些磁盘文件由一系列的 MATLAB 语句组成，它既可能是由一系列窗口命令语句构成的文本文件(也称为脚本文件，简称为 MATLAB 的程序)，又可以是由各种控制语句和说明语句构成的函数文件(简称为 MATLAB 的函数)。由于它们都是由 ASCII 码构成的，其扩展名均为 ".m"，故统称为 M 文件。

由于 M 文件具有普通的文本格式，因而可以用任何编辑器建立和编辑。但一般最常用、而最为方便地是使用 MATLAB 自带的编辑器，即利用 MATLAB 操作界面中的菜单命令 File→New→M-File 或 File→Open 打开的 M 文件编辑窗口对 M 文件进行建立和编辑。MATLAB 为了进一步方便用户对 M 文件的建立和编辑，在窗口中也设置了快捷工具 "□" 和 "📂"。

3.1.1 文本文件

文本文件(脚本文件)由一系列的 MATLAB 语句组成，它类似于 DOS 下的批处理文件，在 MATLAB 命令窗口的提示符下直接键入文本文件名，回车后便可自动执行文本文件中的一系列命令，直至给出最终结果。文本文件在工作空间中运算的变量为全局变量。

例 3-1 利用 MATLAB 的文本文件，求以下方程

$$\begin{cases} y_1 = 3x_1 + x_2 + x_3 \\ y_2 = 3x_1 - x_2 - x_3 \end{cases}$$

在 $x_1 = -2, x_2 = 3, x_3 = 1$ 时的值。

解 ① 首先在 MATLAB 6.x/7.x 的操作界面中，利用菜单命令 File→New→M-File，打开 M 文件编辑器，然后在编辑器中根据例中所给方程编写以下文本文件，并以 ex3_1_1 为文件名进行保存(后缀.m 自动追加)。

```
%ex3_1_1.m
x1=-2;x2=3;x3=1;
y1=3*x1+x2+x3
y2=3*x1-x2-x3
```

其中，带%的语句为说明语句，不被 MATLAB 所执行，它可以在命令窗口中利用 help ex3_1_1 命令来显示%后的内容。

② 当以上文本文件 ex3_1_1.m 建立后，在 MATLAB 命令窗口中输入

```
>>ex3_1_1
```

回车后显示：

```
y1=
    -2
y2=
    -10
```

由于文本文件中的变量为全局变量，故以上变量 x_1, x_2, x_3 的值，也可在文本文件外先给定，此时的文本文件 ex3_1_2.m 为

```
%ex3_1_2.m
y1=3*x1+x2+x3
y2=3*x1-x2-x3
```

当以上文本文件 ex3_1_2.m 建立后，利用以下命令，同样可以得到以上结果。

```
>>x1=-2;x2=3;x3=1;ex3_1_2
```

对于 MATLAB 8.x/9.x，则利用其主页（HOME）中新建（New）菜单下的文本（Script）命令或主页（HOME）中新建文本（New Script）快捷工具" "打开 M 文本文件编辑窗口。

以上两种方式下，文本文件中变量的值都被保存下来，这与下面的函数文件是不同的。

3.1.2 函数文件

函数文件的功能是建立一个函数，且这个函数可以同 MATLAB 的库函数一样使用，它与文本文件不同，在一般情况下不能单独键入函数文件的文件名来运行一个函数文件，它必须由其他语句来调用，函数文件允许有多个输入参数和多个输出参数值。其基本格式如下

$$\text{function } [f1,f2,f3,\cdots]=\text{fun}(x,y,z,\cdots)$$
注释说明语句
函数体语句

其中，x,y,z,…是形式输入参数；而 f1,f2,f3,…是返回的形式输出参数值；fun 是函数名。

实际上，函数名一般就是这个函数文件的磁盘文件名，注释语句段的内容同样可用 help 命令显示出来。

调用一个函数文件只需直接使用与这个函数一致的格式

$$[y1,y2,y3,\cdots]=\text{fun}(a,b,c,\cdots)$$

其中，a,b,c,…是相应的实际输入参数；而 y1,y2,y3,…是相应的实际输出参数值。

例 3-2 利用 MATLAB 的函数文件，求以下方程

$$\begin{cases} y_1 = 3x_1 + x_2 + x_3 \\ y_2 = 3x_1 - x_2 - x_3 \end{cases}$$

在 $x_1 = -2, x_2 = 3, x_3 = 1$ 时的值。

解 ① 由于函数文件的建立与文本文件完全一样，故与例 3-1 一样首先根据例中所给方程在 MATLAB 的 M 文件编辑器下，建立以下函数文件 ex3_2.m。

```
%ex3_2.m
function [b1,b2]=ex3_2(a1,a2,a3)
b1=3*a1+a2+a3;
b2=3*a1-a2-a3;
```

② 当以上函数文件 ex3_2.m 建立后，在 MATLAB 命令窗口中输入以下命令

```
>>x1=-2;x2=3;x3=1;[y1,y2]=ex3_2(x1,x2,x3)
```

结果显示：
```
y1=
    -2
y2=
    -10
```

对于 MATLAB 8.x/9.x，则利用其主页(HOME)中新建(New)菜单下的函数(function)命令，打开 M 函数文件编辑窗口，它与 MATLAB 的 M 文本文件编辑窗口略有不同，其区别在于已经设置其第一行由 function 开头，最后一行由 end 结尾的标准函数文件格式(如同 MATLAB 6.x/7.x 一样，这里的 end 也可删除不要)。

函数文件中定义的变量为局部变量，也就是说它只在函数内有效。即在该函数返回后，这些变量会自动在 MATLAB 工作空间中清除掉，这与文本文件是不同的，但可通过命令

global <变量>

来定义一个全局变量。

函数文件与文本文件另一个区别在于其第一行由 function 开头，且有函数名和输入形式参数与输出形式参数，没有这一行的磁盘文件就是文本文件。

由上可知，MATLAB 实际上可以认为是一种解释性语言，用户可以在 MATLAB 工作环境下一条一条地键入命令，也可以直接键入用 MATLAB 的语言编写的 M 文件名，或将它们结合起来使用，这样 MATLAB 语言对此命令或 M 文件中各条命令进行翻译，然后在 MATLAB 环境下对它进行处理，最后返回运算结果。所以说 MATLAB 语言的一般结构为：

窗口命令 + M 文件

3.2 MATLAB 的程序结构

MATLAB 是一个功能极强的高度集成化程序设计语言，它具备一般程序设计语言的基本语句结构，并且它的功能更强，由它编写出来的程序结构简单，可读性强。同其他高级语言一样，MATLAB 也提供了条件转移语句、循环语句和一些常用的控制语句，从而使得 MATLAB 语言的编程显得十分灵活。

3.2.1 循环语句

在实际计算中，经常会遇到许多有规律的重复计算，此时就要根据循环条件对某些语句重复执行。MATLAB 中包括两种循环语句：for 语句和 while 语句。

1. for 语句的基本格式

在 MATLAB 中，for 语句的基本命令格式为：

    for 循环变量=表达式 1：表达式 3：表达式 2
      循环语句组
    end

在 MATLAB 的循环语句基本格式中，循环变量可以取作任何 MATLAB 变量，表达式 1、表达式 2 和表达式 3 的定义和 C 语言相似，即首先将循环变量的初值赋成表达式 1 的值，然后判断循环变量的值，如果此时循环变量的值介于表达式 1 和表达式 2 的值之间，则执行循环体中的语句，否则结束循环语句的执行。执行完一次循环体中的语句之后，则会将循环变量自增一个表达式 3 的值，然后再判断循环变量是否介于表达式 1 和表达式 2 之间，如果满足仍再执行循环体直至不满足为止，这时将结束循环语句的执行，而继续执行后面的语句。如果表达式

3 的值为 1，则可省略表达式 3。

例 3-3 求 $\sum_{i=1}^{100} i$ 的值。

解 MATLAB 程序 ex3_3_1.m 如下

```
%ex3_3_1.m
mysum=0;
for i=1:100
    mysum=mysum+i;
end
mysum
```

根据以上方法编写 MATLAB 的程序文件 ex3_3_1.m，其运行结果显示：

```
mysum =
         5050
```

实际编程中，在 MATLAB 下采用循环语句会降低其执行速度，所以上面的程序可以由下面的命令来代替，以提高运行速度。

```
>>i=1:100; mysum=sum(i)
```

其中，sum( ) 为内部函数，其作用是求出 i 向量的各个元素之和。

2．while 语句的基本结构

在 MATLAB 中，while 语句的基本命令格式为：

      while （条件式）
        循环体条件组
      end

其执行方式为，若条件式中的条件成立，则执行循环体的内容，执行后再判断表达式是否仍然成立，如果表达式不成立，则跳出循环，向下继续执行。

例如对于上面的例 3-3，如果改用 while 循环语句，则可以写出下面的程序

```
%ex3_3_2.m
mysum =0;i=1;
while (i<=100)
    mysum = mysum +i; i=i+1;
end
mysum
```

MATLAB 提供的循环语句 for 和 while 是允许多级嵌套的，而且它们之间也允许相互嵌套，这和 C 语言等高级程序设计语言是一致的。

3.2.2 控制语句

在程序设计语言中，经常会遇到提前终止循环、跳出子程序、显示执行过程等，此时就要用到以下控制程序流命令。

（1）echo 命令

一般来说当一个 M 文件运行时，文件中的命令不在屏幕上显示出来，而利用 echo 命令可以使 M 文件在运行时把其中的命令显示在工作空间中，这对于调试、演示等很有用。其命令

格式为

echo on	%显示其后所有执行的命令文件的指令;
echo off	%不显示其后所有执行的命令文件的指令;
echo	%在上述两种情况下进行切换;
echo filename on	%显示由 filename 指定的 M 文件的执行命令;
echo filename off	%不显示由 filename 指定的 M 文件的执行命令;
echo on all	%显示其后的所有 M 文件的执行命令;
echo off all	%不显示其后的所有 M 文件的执行命令。

（2）break 命令

在 MATLAB 中，break 命令经常与 for 或 while 等语句一起使用，其作用就是终止本次循环，跳出最内层的循环。使用 break 命令可以不必等到循环的自然结束，而是根据条件，遇到 break 命令后强行退出循环过程。

（3）continue 命令

在 MATLAB 中，continue 命令也经常与 for 或 while 等语句一起使用，其作用是结束本次循环，即跳过循环体下面尚未执行的命令，接着进行下一次是否执行循环的判断。

（4）pause 命令

pause( )命令使用户暂停运行程序，当按任一键时再恢复执行。其中 pause(n)中的 n 为等待的秒数。

（5）return 命令

return 命令能使当前正在运行的函数正常退出，并返回调用它的函数，继续运行。

3.2.3 转移语句

在程序设计中，经常要根据一定的条件来执行不同的命令。当某些条件满足时，只执行其中的某个命令或某些命令。在 MATLAB 中，条件转移语句包括：if-else-end 语句和 switch-case-otherwise 语句。

1．if-else-end 语句的基本格式

在 MATLAB 中，最简单的条件结构：if-end 语句命令格式为

$$if\ expression$$
$$statements$$
$$end$$

当给出的条件式 expression 成立时，则执行该条件块结构中的语句内容 statements，执行完之后继续向下执行，若条件不成立，则跳出条件块而直接向下执行。

例 3-4 求满足 $\sum_{i=1}^{m} i > 1000$ 的最小 m 值。

解 MATLAB 程序 ex3_4.m 如下。

```
%ex3_4.m
mysum=0;
for m=1:1000
    mysum=mysum+m;
    if (mysum>1000) break; end
end
m
```

运行结果显示：

```
m =
    45
```

MATLAB 还提供了其他两种条件结构：if-else-end 格式和 if-else if-end 格式，这两种格式的调用方法分别为

```
if expression
    statements1
else
    statements2
end
```

和

```
if expression1
    statements1
else if expression2
    statements2
else if expression3
    statements3
        ⋮
end
```

例 3-5 如果想对一个变量 x 自动赋值。当从键盘输入 y 或 Y 时(表示是)，x 自动赋为 1 值；当从键盘输入 n 或 N 时(表示否)，x 自动赋为 0 值；输入其他字符时终止程序。

解 要实现这样的功能，可由下列的 while 循环程序来执行。

```
%ex3_5.m
ikey=0;
while(ikey==0)
    s1=input('若给 x 赋值请输入[y/n]? ','s');
    if(s1=='y'|s1=='Y')
        ikey=1; x=1
    else if (s1=='n'|s1=='N') ikey=1; x=0, end
        break
    end
end
```

2．switch-case-otherwise 语句的基本格式

MATLAB 中 switch-case-otherwise 语句的调用格式为

```
switch switch-expression
    case case-expression1
        statements1;
    case case-expression2
        statements2;
    case case-expression3
        statements3;
        ⋮
    otherwise
        statementsn;
end
```

switch-case-otherwise 语句中，switch-expression 给出了开关条件，当有 case-expression 与之匹配时，就执行其后的语句；如果没有 case-expression 与之匹配，就执行 otherwise 后面的语句。在执行过程中，只有一个 case 命令被执行。当执行完命令后，程序就跳出分支结构，执

行 end 后面的命令。

例如对于以下 MATLAB 函数文件 myfun.m。

```
function f=myfun(n)
switch n
    case 0
        f=1;
    case 1
        f=2;
    otherwise
        f=8;
end
```

在 MATLAB 命令窗口输入以下命令

>>y=myfun(1)

结果显示：

y =
    2

小　　结

本章主要介绍了在 MATLAB 中进行程序设计的基础内容，主要包括 MATLAB 的 M 文件和程序结构。通过本章学习应重点掌握以下内容：

（1）MATLAB 的 M 文件的建立与使用；
（2）MATLAB 的文本文件与函数文件的区别与特点；
（3）MATLAB 的循环语句；
（4）MATLAB 的控制语句；
（5）MATLAB 的转移语句。

习　　题

3-1　利用 MATLAB 文本文件和函数文件两种方式求函数

$$y = \sqrt{|x|} + x^3$$

在 $x=-4$ 时的值。

3-2　利用 MATLAB 的循环语句求函数

$$y = \sqrt{|x|} + x^3$$

在 $x=-2$, $x=-3$ 和 $x=4$ 时的值。

3-3　利用 MATLAB 的控制语句判断函数

$$y = \sqrt{|x|} + x^3$$

在 $x=-2$, $x=-3$ 和 $x=4$ 时的最小值和最大值。

本章习题答案可扫右边二维码。

第4章 MATLAB 图形处理

MATLAB 得到读者广泛接受的另一个重要原因是因为它提供了十分方便的一系列绘图命令。例如线性坐标、对数坐标、半对数坐标及极坐标等命令，它还允许用户同时打开若干图形窗口，对图形标注文字说明等，它使得图形绘制和处理的复杂工作变得简单得令人难以置信。

4.1 二维图形

在 MATLAB 中，二维图形和三维图形在绘制方法上有较大的差别。相对而言，绘制二维图形比三维图形要简单。

4.1.1 二维图形的绘制

1. 利用函数绘制二维曲线

在 MATLAB 中，最基本的二维曲线的绘图函数为 plot( )，其他的绘制函数都是以 plot( )为基础的，而且调用格式都和该函数类似。因此，本节将详细介绍 plot( ) 的使用方法。

（1）基本形式

如果 y 是一个 n 维行向量或列向量，那么 plot(y)绘制一个 y 元素和 y 元素排列序号 1，2，…，n 之间关系的线性坐标图。如果 y 是一个 n×m 维矩阵，那么 plot(y)将同时绘制出每列元素与其排列序号 1，2，…，n 之间关系的 m 条曲线。例如

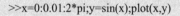

则显示如图 4-1 所示的简单曲线。

如果 x 和 y 是两个等长向量，那么 plot(x,y) 将绘制一条 x 和 y 之间关系的线性坐标图。例如利用以下命令可显示如图 4-2 所示正弦曲线。

```
>>x=0:0.01:2*pi;y=sin(x);plot(x,y)
```

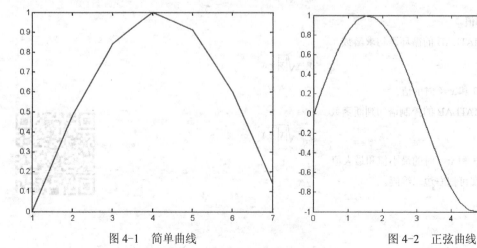

图 4-1 简单曲线　　　　　　　　　图 4-2 正弦曲线

（2）多重线型

在同一图形中可以绘制多重线型，其基本命令格式为

$$plot(x_1, y_1, x_2, y_2, \cdots, x_n, y_n)$$

其中，向量 x_1, x_2, $\cdots$, x_n 为横轴变量；向量 y_1, y_2, $\cdots$, y_n 为纵轴变量。

以上命令可将 x_1 对 y_1，x_2 对 y_2，$\cdots$，x_n 对 y_n 的曲线绘制在同一个坐标系中，而且分别采用不同的颜色或线型。例如利用以下命令可显示如图 4-3 所示正余弦曲线。

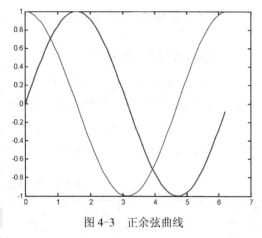

```
>>x=0:0.1:2*pi;plot(x,sin(x),x,cos(x))
```

图 4-3　正余弦曲线

当 plot( )命令作用于复数数据时，通常虚部是忽略的，然而有一个特殊情况，即当 plot( )只作用于单个复变量 z 时，则实际绘出实部对应于虚部的关系图形（复平面上的一个点）。即这时 plot(z)等价于 plot(real(z), image(z))，其中 z 为矩阵中的一个复向量。

除了利用 plot( )绘制二维曲线外，MATLAB 还允许在图形窗口的位置利用 line( )函数画直线，它的调用格式为

$$line(x, y)$$

其中，x 和 y 均为同维向量。

函数 line( )在给定的图形窗口上绘制一条由向量 x 和 y 定义的折线，即由点 x(i)和 y(i)用线段依次连接起来的一条折线。

2．利用鼠标绘制二维图形

MATLAB 允许利用鼠标来点选屏幕点，命令格式为

$$[x, y, button] = ginput(n)$$

其中，n 为选择点的数目，返回的 x，y 向量分别存储被点中的 n 个点的坐标，而 button 亦为一个 n 维向量，它的各个分量为鼠标键的标号，如 button(i)=1，则说明第 i 次按下的是鼠标左键，而该值为 2 或 3 则分别对应于中键和右键。

例 4-1　用鼠标左键绘制折线，同时在鼠标左键点中的位置输出一个含有该位置信息的字符串，利用鼠标中键或右键中止绘制。

解　MATLAB 程序 ex4_1.m 如下。

```
%ex4_1.m
clf;axis([0,10,0,5]);hold on    %清除图形窗口，并定义坐标轴范围和保护窗口内容不被删除
x=[ ]; y=[ ];
for i=1:100
    [x1,y1,button]=ginput(1);
    chstr=['(',num2str(x1),',',num2str(y1),')'];text(x1,y1,chstr);    %在点（x1,y1）处显示字符串 chstr
    x=[x,x1];y=[y,y1]; line(x,y)
    if (button~=1);break;end
end
hold off                        %取消窗口保护
```

4.1.2 二维图形的修饰

1. 图形修饰及文本标注

在 MATLAB 中，利用 plot( )函数对于同一坐标系中的多重线，不仅可分别定义其线型，而且可分别选择其颜色，带有选项的曲线绘制命令的调用格式为

$$\text{plot}(x_1, y_1, 选项 1, x_2, y_2, 选项 2, \cdots, x_n, y_n, 选项 n)$$

其中，向量 $x_1, x_2, \cdots, x_n$ 为横轴变量；向量 $y_1, y_2, \cdots, y_n$ 为纵轴变量，选项如表 4-1 所示。

表 4-1 MATLAB 的绘图命令的各种选项

选项	意义	选项	意义	选项	意义	选项	意义	选项	意义
-	实线	.	用点号绘制各数据点	b	蓝	k	黑
--	虚线	×	叉号线	c	青色	m	洋红色
-.	点划线	○	圆圈线	g	绿	w	白
:	点线	*	星号线	r	红	y	黄色

表 4-1 中的线型和颜色选项可以同时使用，例如

```
>>x=0:0.1:2*pi; plot(x,sin(x),'-g', x,cos(x),'-.r')
```

绘制完曲线后，MATLAB 还允许用户使用它提供的特殊绘图函数来对屏幕上已有的图形加注释、题头或坐标网格。例如

```
>>x=0:0.1:2*pi;y=sin(x);plot(x,y)
>>title('Figure Example')        %给出题头
>>xlabel('This is x axis')       %横轴的标注
>>ylabel('This is y axis')       %纵轴的标注
>>grid                           %增加网格
```

除了在标准位置书写标题和轴标注以外，MATLAB 还允许在图形窗口的位置利用 text( )命令写字符串，它的调用格式为

$$\text{text}(x, y, chstr, 选项)$$

其中，text( )函数是在指定的点(x, y)处写一个 chstr 绘出的字符串，而选项决定 x, y 坐标的单位，如选项为'sc'，则 x, y 表示规范化的窗口相对坐标，其范围为 0 到 1，即左下角坐标为(0, 0)，而右上角的坐标为(1, 1)。如省略选项，则 x, y 坐标的单位和图中是一致的。例如

```
>>text(2.5,0.7,'sin(x)')
```

用 text( )命令可以在图形中的任意位置加上文本说明，但是必须知道其位置坐标，而利用另一个函数 gtext( )，则可以用鼠标来对要添加的文本字符串定位。在 MATLAB 的工作空间中键入下列命令

```
>>gtext('sin(x)')
```

则在图中会出现一个十字叉，用鼠标将它移动到添加文本的位置，单击鼠标，gtext('sin(x)')命令中的文本字符串"$\sin(x)$"就自动添加到指定的位置。

2．图形控制

MATLAB 允许将一个图形窗口分割成 *n×m* 部分，对每一部分可以用不同的坐标系单独绘制图形，窗口分割命令的调用格式为

$$\text{subplot(n,m,k)}$$

其中，n，m 分别表示将这个图形窗口分割的行列数；k 表示每一部分的代号，例如想将窗口分割成 4×3 个部分，则右下角的代号为 12，MATLAB 最多允许 9×9 的分割。

尽管 MATLAB 可以自动根据要绘制曲线数据的范围选择合适的坐标系，使得曲线能够尽可能清晰地显示出来，但是，如果觉得自动选择的坐标还不合适时，则可以用手动的方式来选择新的坐标系，调用函数的格式为

$$\text{axis}([x_{min}, x_{max}, y_{min}, y_{max}])$$

另外，MATLAB 还提供了清除图形窗口命令 clf、保持当前窗口的图形命令 hold、放大和缩小窗口命令 zoom 等。

4.1.3 二维特殊图形

除了基本的绘图命令 plot( )和 line( )外，MATLAB 还允许绘制极坐标曲线、对数坐标曲线、条形图和阶梯图等，其常用的函数如表 4-2 所示。

表 4-2 特殊二维曲线绘制函数

函数名	意 义	常用调用格式	函数名	意 义	常用调用格式
polar( )	极坐标图	polar(x,y)	comet( )	彗星状轨迹图	comet(x,y)
semilogx( )	x-半对数图	semilogx(x,y)	quiver( )	向量场图	quiver(x,y)
semilogy( )	y-半对数图	semilogy(x,y)	feather( )	羽毛图	feather(x,y)
loglog( )	对数图	logog(x,y)	compass( )	罗盘图	compass(x,y)
stairs( )	阶梯图	stairs(x,y)	stem( )	针图	stem(x,y)
errorbar( )	图形加上误差范围	errorbar(x,y,ym,yM)	fill( )	实心图	fill(x,y,c)
area( )	面积图	area(x)或 area(x,y)	hist( )	累计图	hist(y,n)
contour( )	等高线	contour(y,n)	pie( )	饼图	pie(x)
bar( )	垂直条形图	bar(x,y)	barh( )	水平条形图	barh(x,y)

其中，表 4-2 中参数 x，y 分别表示横、纵坐标绘图数据；c 表示颜色选项；ym, yM 表示误差图的上下限向量；n 表示直方图中的直条数，默认值为 10。

1．极坐标曲线

极坐标曲线绘制函数的调用格式为

$$\text{polar(theta, rho, 选项)}$$

其中，theta 和 rho 分别为长度相同的角度向量和幅值向量；选项的内容和 plot( )函数的基本一致。

2．对数和半对数曲线

对数和半对数曲线绘制函数的调用格式分别为

semilogx(x,y,选项)　　％绘制横轴为对数标度的图形，选项同 plot( );
semilogy(x,y,选项)　　％绘制纵轴为对数标度的图形，选项同 plot( );

loglog(x,y,选项)   %绘制两个轴均为对数标度的图形，选项同 plot( )。

函数 semilogx( )仅对横坐标进行对数变换，而纵坐标仍保持线性坐标；而 semilogy( )只对纵坐标进行对数变换，而横坐标仍保持线性坐标；loglog( )则分别对横纵坐标都进行对数变换（最终得出全对数坐标的曲线来）。选项的定义与 plot( )函数的完全一致。

例 4-2 利用图形窗口分割方法将下列极坐标方程

$$\rho=\cos(\theta/3)+1/9$$

用四种绘图方式画在同一窗口的 4 个不同坐标系中。

解 MATLAB 程序 ex4_2.m 如下

```
%ex4_2.m
theta=0:0.1:6*pi;rho=cos(theta /3)+1/9;
subplot(2,2,1);polar(theta, rho);
subplot(2,2,2);plot(theta,rho);
subplot(2,2,3);semilogx(theta,rho);grid
subplot(2,2,4);hist(rho,15)
```

则显示如图 4-4 所示曲线。

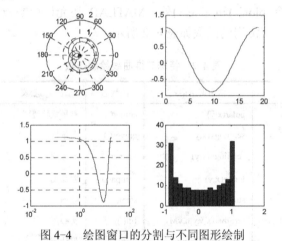

图 4-4 绘图窗口的分割与不同图形绘制

与线性坐标向量的选取不同，在 MATLAB 下还给出了一个实用的函数 logspace( )按对数等间距的分布来产生一个向量，该函数的调用格式为

$$x=\text{logspace}(n,m,z)$$

其中，10^n 和 10^m 分别表示向量的起点和终点；而 z 表示需要产生向量点个数，当该参数忽略时，z 将采用默认值 50。

4.1.4 二维函数图形

前面读者已经对 plot( )函数有了比较详细的了解，其实 MATLAB 对于图形不同的数据来源提供了不同的绘图函数。其中比较常见的函数还有 fplot( )或 ezplot( )，这两种函数的使用范围互不相同。

简单来说，前面介绍的 plot( )是将函数得到的数值矩阵转化为连线图形。在实际应用中，如果不太了解某个函数随自变量变化的趋势，而使用 plot( )绘制该函数图形时，就有可能因为自变量的范围选取不当而使函数图形失真。针对这种情况，可以如果根据微分的思想，将图形的自变量间隔取得足够小来减小误差，但是这种方法会增加 MATLAB 处理数据的负担，降低

效率。因此，在 MATLAB 中，提供了 fplot( )函数来解决以上问题。该函数的调用格式为

$$fplot(function,limits,tol,LineSpec)$$

其中，function 为需要绘制曲线的函数名，它既可以为自定义的任意 M 函数，也可以为基本数学函数；limits 为绘图图形的坐标轴范围，可以有两种方式：[Xmin, Xmax]表示 x 坐标轴的取值范围，[Xmin, Xmax, Ymin, Ymax]表示 x, y 坐标轴的取值范围；tol 为函数相对误差容忍度，默认值为 2e-3；LineSpec 为图形的线型、颜色和数据等。

例如绘制如图 4-2 所示的正弦函数在一个周期内的曲线，也可采用如下命令

>>fplot('sin',[0,2*pi])

函数 ezplot( )是 MATLAB 为用户提供的简易二维图形函数。其函数名称前面的两个字符"ez"的含义就是"Easy to"，表示对应的函数是简易函数。这个函数最大的特点就是，不需要用户对图形准备任何数据，就可以直接画出字符串函数的图形。该函数的调用格式为

$$ezplot(function,[min,max])$$

其中，function 为需要绘制曲线的函数名，它既可以为自定义的符号函数，也可以为基本数学函数；[min, max]为自变量范围，默认值为[$-2\pi, 2\pi$]。

另外，利用函数 ezplot( )可以直接绘制隐函数曲线，隐函数即满足 $f(x, y)=0$ 方程的 x, y 之间的关系式。因为很多隐函数无法求出 x, y 之间的关系，所以无法先定义一个 x 向量再求出相应的 y 向量，从而不能采用 plot( )函数来绘制其曲线。另外，即使能求出 x, y 之间的显式关系，但不是单值绘制，则绘制起来也是很麻烦的。

例 4-3 试绘制隐函数 $f(x,y) = x^2 \sin(x + y^2) + y^2 e^{x+y} + 5\cos(x^2 + y)$ 的曲线。

解 MATLAB 命令如下。

>>ezplot('x^2*sin(x+y^2)+y^2*exp(x+y)+5*cos(x^2+y)')

执行以上 MATLAB 命令，结果显示如图 4-5 所示曲线。

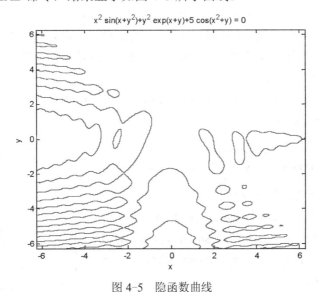

图 4-5 隐函数曲线

4.2 三维图形

在 MATLAB 中，尽管二维绘图和三维绘图在很多地方是一致的，但是三维图形在很多方

面是二维图形没有涉及的。因此，本节将详细介绍三维图形的绘制方法。

4.2.1 三维图形的绘制

1. 三维曲线的绘制

与二维曲线相对应，MATLAB 提供了 plot3( )函数，它允许在一个三维空间内绘制出三维的曲线，该函数的调用格式为

$$\text{plot3}(x, y, z, 选项)$$

其中，x, y, z 为维数相同的向量，分别存储曲线的三个坐标的值，选项的意义同二维函数 plot( )。

例如利用以下命令，可得到如图 4-6 所示曲线。

```
>>t=0:pi/50:10*pi;plot3(sin(t),cos(t),t)
```

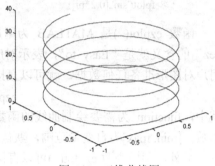

图 4-6 三维曲线图

在 MATLAB 中，函数 plot3( )主要用来绘制单参数的三维曲线，对于有多个参数的曲线，需要使用其他的绘图命令，如 mesh( )函数和 surf( )函数等。

2. 三维曲面的绘制

在绘制三维曲线时，除了需要绘制单根曲线外，通常还需要绘制三维曲线的网格图和表面图，即三维曲面图。在 MATLAB 中，它们对应的函数分别为 mesh( )函数和 surf( )函数。

如果已知二元函数 $z = f(x, y)$，则可以绘制出该函数的三维曲线的网格图和表面图。在绘制三维图之前，应该先调用 meshgrid( )函数生成网格矩阵数据 x 和 y，然后可以按函数公式用点运算的方式计算出 z 矩阵，最后就可以用 mesh( )函数和 surf( )函数进行三维图形绘制了。它们的调用格式分别为

$$\text{mesh}(x,y,z,c) \quad 和 \quad \text{surf}(x,y,z,c)$$

其中，x, y, z 分别构成该曲面的 x, y 和 z 向量；c 为颜色矩阵，表示在不同的高度下的颜色范围，如果省略此选项，则会自动地假定 c=z，亦颜色的设定是正比于图形的高度的，这样就可以得出层次分明的三维图形来。

例 4-4 试绘制二元函数 $z = f(x,y) = (x^2 - 2x)e^{-x^2-y^2-xy}$ 的曲线。

解 MATLAB 命令如下。

```
>>[x,y]=meshgrid(-3:0.1:3,-2:0.1:2);
>>z=(x.^2-2*x).*exp(-x.^2-y.^2-x.*y);mesh(x,y,z)
```

执行以上命令便可得到图 4-7 所示曲线。

在 MATLAB 中，还有很多与 mesh( )和 surf( )相互联系的函数，例如 meshc( )、meshz( )、surfc( )和 surfl( )等。这些命令的调用格式都与 mesh( )和 surf( )相似，只是在功能上有些区别，如：

```
meshc(x,y,z,c)    %绘制带有等高线的三维网格图形
meshz(x,y,z,c)    %绘制带有阴影的三维网格图形
surfc(x,y,z,c)    %绘制带有等高线的三维表面图形
surfl(x,y,z,c)    %绘制带有阴影的三维表面图形
```

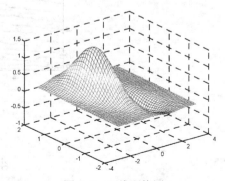

图 4-7 三维网格图

4.2.2 三维图形的修饰

对于三维图形，除了可以像二维图形那样编辑线型、颜色外，还可以编辑三维图形的视角、材质和照明等。

1．三维图形的旋转

MATLAB 三维图形显示中提供了修改视角的功能，允许用户从任意的角度观察三维图形。实现视角转换有两种方法。其一是使用图形窗口工具栏中提供的三维图形转换按钮来可视地对图形进行旋转；其二是用 view( ) 函数和 rotate( ) 函数有目的地进行旋转。

（1）视角控制函数 view( )

可以利用函数 view( ) 来改变图形的观察点，该函数的调用格式为

$$view(Az, E1)$$

其中，方位角 Az 为视点在 x-y 平面投影点与 y 轴负方向之间的夹角，默认值为-37.5°；仰角 E1 为视点和 x-y 平面的夹角，默认值为 30°。例如，俯视图可以由 view(0,90) 来设置；正视图可以由 view(0, 0) 来设置；侧视图可以由 view(90, 0) 来设置。

例 4-5 试在同一窗口中绘制二元函数 $z = f(x,y) = (x^2 - 2x)\mathrm{e}^{-x^2-y^2-xy}$ 曲面的三视图和三维曲面图形。

解 MATLAB 命令如下。

```
>>[x,y]=meshgrid(-3:0.1:3,-2:0.1:2);z=(x.^2-2*x).*exp(-x.^2-y.^2-x.*y);
>>subplot(2,2,1);surf(x,y,z);view(0,90);title('俯视图');subplot(2,2,2);surf (x,y,z);view(90,0); title('侧视图')
>>subplot(2,2,3);surf(x,y,z);view(0,0); title('正视图');subplot(2,2,4);surf (x,y,z); title('曲面图')
```

执行以上命令便可得到图 4-8 所示曲线。

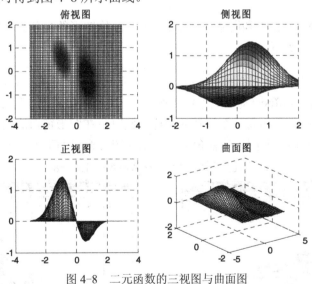

图 4-8 二元函数的三视图与曲面图

（2）旋转控制函数 rotate( )

和前面的函数 view( ) 不同，函数 rotate( ) 则通过旋转变换改变原来图形对象的数据，将图形旋转一个角度。而函数 view( ) 则没有改变原始数据，只是改变视角。函数 rotate( )的调用格式为

$$rotate(h, diretion, alpha)$$

其中，参数 h 为被旋转对象。参数 diretion 有两种设置方法：球坐标设置法，将其设置为[theta, phi]，单位是"°"（度）；直角坐标法，将其设置为[x, y, z]。参数 alpha 为旋转角度，方向按照

右手法。

例 4-6 试在 MATLAB 中利用函数 rotate( )旋转三维图形。

解 MATLAB 命令如下。

```
>>subplot(1,2,1);z=peaks(25);surf(z);title('Default');
>>subplot(1,2,2);h=surf(z);title('Rotated');rotate(h,[-2,-2,0],30,[2,2,0]);colormap cool
```

执行以上命令便可得到图 4-9 所示曲线。

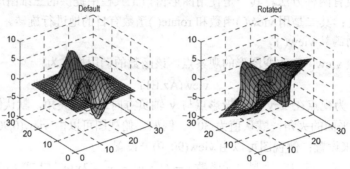

图 4-9 旋转三维图形

由以上两例可知，使用函数 view( )旋转的是坐标轴，而使用函数 rotate( )旋转的是图形对象本身，其坐标轴保持不变。

（3）动态旋转控制命令 rotate3d

在 MATLAB 中，还提供了一个动态旋转命令 rotate3d。使用该命令可以动态调整图形的视角，直到用户觉得合适为止，而不自行给定输入视角的角度参数。下面通过一个简单的例子来说明如何使用该命令。

例 4-7 试在 MATLAB 中利用命令 rotate3d 旋转三维图形的视角。

解 MATLAB 命令如下。

```
>>surf(peaks(40));rotate3d;
```

执行前一条命令 surf(peaks(40))便可得到图 4-10(a)所示三维图形。执行后一条命令 rotate3d，则在图 4-10(a)中出现一个旋转的图标，此时可在图形窗口的区域中，按住鼠标左键来调节图形的视角，并将当前图形的视角数值显示在图形窗口的下方，如图 4-10(b)所示。旋转后的方位角和仰角，由图 4-10(b)可知，分别为 Az=40，E1=-8。

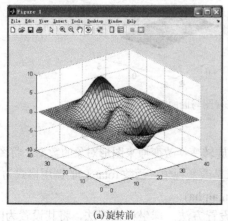
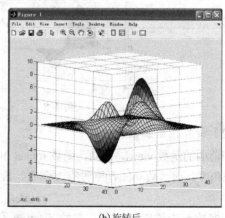

(a)旋转前　　　　　　　　　　(b)旋转后

图 4-10 三维图形

2．三维图形的颜色控制

图形的色彩是图形的主要表现因素，丰富的颜色变化可以让图形更具有表现力。在 MATLAB 中，提供了多种色彩控制命令，这些命令分别适用于不同的环境，可以对整个图形中的所有因素进行颜色设置。

（1）背景颜色设置

在 MATLAB 中，设置图形背景颜色的函数是 colordef( )，该命令的调用格式为

```
colordef white          %将图形的背景颜色设置为白色；
colordef black          %将图形的背景颜色设置为黑色；
colordef none           %将图形背景和图形窗口的颜色设置为默认的颜色；
colordef(fig,color_option)   %将图形句柄 fig 的背景颜色设置由 color_option 设置的颜色。
```

（2）图形颜色设置

MATLAB 采用颜色映像来处理图形颜色，就是 RGB 色系。在 MATLAB 中，每种颜色都是由三个基色的数组表示的。数组元素 R、G 和 B 在[0, 1]区间取值，分别表示颜色中的红、绿、蓝三种基色的相对亮度。通过对 R、G 和 B 大小的设置，可以调制出不同的颜色。

当调制好相应的颜色后，就可以使用函数 colormap( )来设置图形的颜色，该命令的调用格式为

$$\text{colormap}([R, G, B])$$

其中，[R, G, B]是一个三列矩阵，行数不限，这个矩阵就是所谓的色图矩阵。在 MATLAB 中每一个图形只能有一个色图。色图可以通过矩阵元素的直接赋值来定义，也可以按照某个数据规律产生。

MATLAB 中预定义了一些色图矩阵 CM，如表 4-3 所示。它们的维度由其调用格式来决定：

```
CM        %返回维度为 64×3 的色图矩阵；
CM(m)     %返回维度为 m×3 的色图矩阵。
```

例如利用以下命令，就可以设置图形的颜色为青、品红浓淡色，如图 4-11 所示。

```
>>surf(peaks(100));colormap(cool(512));
```

表 4-3 色图矩阵 CM

名 称	意 义
autumn	红、黄色图
cool	青、品红浓淡色图
gray	灰色调浓淡色图
hsv	饱和色图
bone	红、黄色图
copper	纯铜色调浓淡色图
hot	黑红黄白色图
jet	蓝头红尾饱和色图

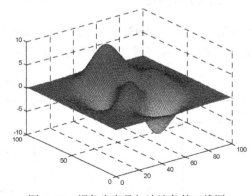

图 4-11 颜色为青品红浓淡色的三维图

在 MATLAB 中，除了 colormap( )函数外，还提供了多个用于设置图形中其他元素的函数命令，如 caxis 和 colorbar，其中 caxis 命令的主要功能是设置数轴的颜色；colorbar 命令的主要功能是显示指定颜色刻度的颜色标尺。它们常用的调用格式为

```
caxis([cmin,cmax])      %在[cmin,cmax]范围内与色图矩阵中的色值相对应,并依次为图形着色;
caxis auto              %自动计算出色值的范围;
caxis manual            %按照当前的色值范围来设置色图范围;
colorbar                %在图形右侧显示一个垂直的颜色标尺;
colorbar('vert')        %添加一个垂直的颜色标尺到当前的坐标系中;
colorbar('horiz')       %添加一个水平的颜色标尺到当前的坐标系中。
```

（3）图形着色设置

在 MATLAB 中,除了可以为图形设置不同的颜色外,还可以设置颜色的着色方式。对于绘图命令 mesh、surf、pcolor 和 fill 等创建的图形着色,可利用 shading 命令,其调用格式为

```
shading flat            %使用平滑方式为图形着色;
shading interp          %使用插值方式为图形着色;
shading faceted         %使用面方式为图形着色。
```

另外在 MATLAB 中,除了使用函数 alpha( )设置曲面数据点的透明度外,MATLAB 还提供了函数 alim( )来设置透明度的上下限。

3. 三维图形的消隐与透视

在三维空间中绘制多个图形时,由于图形之间要相互覆盖,就涉及到消隐与透视的问题。消隐是指图形间相互重叠的部分不再显示,透视是指相互重叠的部分互不妨碍,全面显示。MATLAB 命令如下：

```
hidden on               %图形间消隐,为默认值
hidden off              %图形间透视
```

例如利用以下命令,就可以得到如图 4-12 所示的图形。

```
>>sphere;[x0,y0,z0]=sphere;x=2*x0;y=2*y0;z=2*z0;
>>surf(x0,y0,z0);hold on;mesh(x,y,z);hidden off;axis equal
```

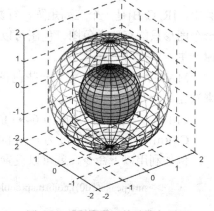

图 4-12 三维图形的消隐与透视

4.2.3 三维特殊图形

除了基本的绘图命令 plot3( )、mesh( )和 surf( )外,MATLAB 还提供很多绘制三维图形的函数,其常用的函数如表 4-4 所示。

表 4-4 特殊三维图形绘制函数

函数名	意 义	函数名	意 义
bar3( )	三维垂直条形图	slice( )	三维切片图
bar3h( )	三维水平条形图	contourslice( )	三维切面等位线图
pie3( )	三维饼图	streamslice( )	三维流线切面线图
contour3( )	三维等高线	waterfall( )	三维瀑布形图
stem3( )	三维针图		

4.2.4 三维函数图形

与绘制二维函数图形类似,在 MATLAB 中,绘制三维函数的图形,同样也有一些简易命

令。和三维绘图常见的各种命令相对应，三维图形的简易函数包括 ezmesh( ), ezmeshc( ), ezsurf( )和 ezsurfc( )等。它们的调用格式与二维图形的简易函数调用格式相似。

例 4-8 试绘制 $f(x,y) = \dfrac{y}{1+x^2+y^2}$ 的曲面线及等高线。

解 MATLAB 命令如下。

```
>>ezmeshc('y/(1+x^2+y^2) ',[-5,5,-2*pi,2*pi])
>>colormap cool
```

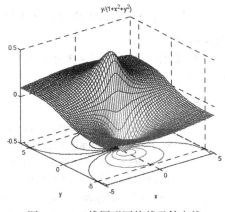

图 4-13 三维图形网格线及等高线

执行以上 MATLAB 命令，结果显示如图 4-13 所示曲线。

4.3 四维图形

对于三维图形，在 MATLAB 中可以利用 $z = z(x,y)$ 的函数关系来绘制图形。该函数的自变量只有两个，从自变量的角度来讲，就是二维的。但在实际生活和工程应用中，有时会遇到自变量个数为 3 的情况，这时自变量的定义域就是整个三维空间。而计算机是有显示维度的，它仅能显示三个空间的变量，不能表示第四维的空间变量。对于这种矛盾关系，MATLAB 采用了颜色、等位线等手段来表示第四维的变量。

在 MATLAB 中，使用 slice( )等相关函数来显示三维函数的切面图和等位线图，它们可以很方便地实现函数上的四维表现，slice( )函数的常用调用格式为

slice(v,sx,sy,sz) %显示三元函数 $v = v(x, y, z)$ 所确定的超立体形，在 x, y 和 z 三个坐标轴方向上的若干点的切片图，各点坐标轴由数量向量 sx, sy 和 sz 来指定；

slice(x,y,z,v,sx,sy,sz) %显示三元函数 $v = v(x, y, z)$ 所确定的超立体形，在 x, y 和 z 三个坐标轴方向上的若干点的切片图。也就是说，如果函数 $v = v(x, y, z)$ 有一个变量 x 取值 x_0，则函数 $v = v(x_0, y, z)$ 变成一立体曲面的切片图，各点坐标轴由数量向量 sx, sy 和 sz 来指定；

slice(v,XI,YI,ZI) %显示由参数矩阵 XI, YI 和 ZI 确定的超立体图形的切片图。参数矩阵 XI, YI 和 ZI 定义了一个曲面，同时会在曲面的点上计算超立体 v 的值。

slice(…,'method') %参数 method 用来指定内插值的方法。常见的方法包括 linear, cubic 和 nearest 等，分别对应不同的插值方法。

与 slice( )相关的函数还有 contourslice( )和 streamslice( )等，它们分别可绘制出不同的切片图形。下面以三个例子来说明它们的使用方法。

例 4-9 在 MATLAB 中，绘制水体水下射流速度数据 flow 的切片图。

解 MATLAB 命令如下。

```
>>[x,y,z,v]=flow;x1=min(min(min(x)));x2=max(max(max(x)));
>>sx=linspace(x1+1.5,x2,4);slice(x,y,z,v,sx,0,0)
>>shading interp;colormap hsv;alpha('color');colorbar
```

执行以上 MATLAB 命令，结果显示如图 4-14 所示曲线。

例 4-10 在 MATLAB 中，绘制水体水下射流速度数据 flow 的切面等位线图。

解 MATLAB 命令如下。

```
>>[x,y,z,v]=flow;x1=min(min(min(x)));x2=max(max(max(x)));
>>v1=min(min(min(v)));v2=max(max(max(v)));
>>cv=linspace(v1+1,v2,20);sx=linspace(x1+1.5,x2,4);
>>contourslice(x,y,z,v,sx,0,0,cv);
>>view([-12,30]);colormap cool;box on;colorbar
```

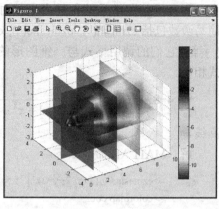

图 4-14 切片图

执行以上 MATLAB 命令，结果显示如图 4-15 所示曲线。

例 4-11 在 MATLAB 中，绘制函数 peaks 的流线切面图。

解 MATLAB 命令如下。

```
>>clear;z=peaks;surf(z);shading interp;hold on;
>>[c ch]=contour3(z,20);set(ch,'edgecolor', 'b');
>>[u,v]=gradient(z);h=streamslice(-u,-v);set(h,'color', 'k');
>>for i=1:length(h);zi=interp2(z,get(h(i),'x'),get(h(i),'y'));set(h(i),'z',zi);end
>>colormap hsv;view(30,50);axis tight;colorbar
```

执行以上 MATLAB 命令，结果显示如图 4-16 所示曲线。

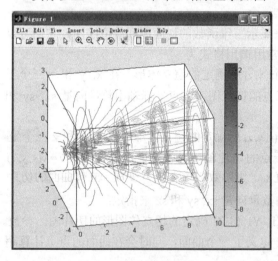

图 4-15 切面等位线图

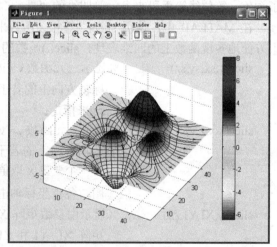

图 4-16 流线切面图

4.4 图像与动画

MATLAB 提供了强大的图像与动画处理函数，这里由于篇幅限制，仅介绍简单的入门知识。

4.4.1 图像处理

在 MATLAB 中，图像处理工具箱提供了图像处理的强大功能。下面仅简单介绍几个常用的函数。

（1）读图像文件

图像文件读取函数为 imread( )，其调用格式为

W=imread(文件名)

该命令将文件中的图像读入 MATLAB 工作空间，生成 8 位无符号整型三维数值数组 W，其中 W(:,:,1)，W(:,:,2)和 W(:,:,3)分别对应于彩色图像的红色、绿色和蓝色分量。如果文件中存储的是灰度图像，则 W 为数值矩阵，存储图像的像素值。

（2）图像显示

MATLAB 及其图像处理工具箱中提供了多个图像显示函数，如 image( )，imview( )，imshow( )和 imtool( )，它们各有特色。

（3）图像写回到文件

MATLAB 可利用函数 imwrite( )把数值矩阵代表的图像数据写成标准格式的图像文件，其调用格式为

imwrite(W,文件名)

例如利用以下 MATLAB 命令，可以读取图像文件 P1.JPG，并将其数值矩阵 W 代表的部分图像数据，写回到图像文件 P2.JPG 中，其显示结果如图 4-17 所示。

```
>>W=imread('P1.JPG');image(W)              %读取图像文件 P1.JPG 到矩阵 W，并显示
>>W1=W(280:1700,300:2200,:);               %取图像矩阵 W 的部分值，并保存为 W1
>>imwrite(W1,'P2.JPG');figure;             %将 W1 中的图像数据写到文件 P2.JPG 中
>>W2=imread('P2.JPG');image(W2)            %读取图像文件 P2.JPG 到矩阵 W2，并显示
```

(a) 裁剪前的图像

(b) 裁剪后的图像

图 4-17　彩色图像

以上命令，首先将宽为 1920 像素，长为 2560 像素的真彩模式的图像文件 P1.JPG 经由函数 imread( )读入后，产生一个 1920×2560×3 的三维数组 W，数值数组 W 通过函数 image( )将其代表的图像显示在 MATLAB 窗口中，并标出了像素坐标位置，如图 4-17(a)所示；然后根据图 4-17(a)中的像素坐标范围，适当选取图像的有效区域，利用函数 imwrite( )得到裁剪后的图像文件 P2.JPG；最后再利用函数 imread( )和函数 image( )读取并显示拖拉机放大后的图像文件 P2.JPG，如图 4-17(b)所示。

另外，当以上命令执行后，利用 whos 命令，也可得知以上结果产生的各矩阵维数。

```
>> whos
```

结果显示：

Name	Size	Bytes	Class	Attributes
W	1920×2560×3	14745600	uint8	
W1	1421×1901×3	8103963	uint8	
W2	1421×1901×3	8103963	uint8	

由以上结果可知，数值数组 W 是一个 1920×2560×3 的三维数组；数值数组 W1 和 W2 均为一个 1421×1901×3 的三维数组。

（4）图像颜色空间转换

彩色图到灰度图的转换可以由函数 rgb2gray( )完成。另外，不同颜色空间的图像可以通过 rgb2hsv( )、hsv2rgb( )等进行转换。

例如利用以下 MATLAB 命令可以将彩色图像文件 P1.JPG 转换为黑白图像，其显示结果如图 4-18 所示。

图 4-18　黑白图像

```
>>W=imread('P1.JPG');w1=rgb2gray(W);imshow(w1)
```

（5）图像边缘提取

图像边缘提取是图像识别的重要基础工作。利用 MATLAB 中的 edge( )函数，可以提取图像边缘，该函数的调用格式为

$$W1=edge(W,m)$$

其中，W 为灰度图像矩阵；m 为提取算法，可以选择'canny'和'sobel'等不同算法，默认算法为 Canny 算法。

例如利用以下 MATLAB 命令可以提取彩色图像文件 P1.JPG 的黑白图像的边缘。

```
>>W=imread('P1.JPG');w1=rgb2gray(W);w2=edge(w1);imtool(w2)
```

4.4.2　声音处理

MATLAB 能够支持 NeXT/SUN SPARC station 声音文件(.au)、Microsoft WAVE 声音文件(.wav)、各种 Windows 兼容的声音设备、录音和播音对象，以及线性法则音频信号和 mu 法则音频信号。MATLAB 可以对声音进行读、写、获取信息、录制等操作。

MATLAB 操作声音的函数如表 4-5 所示。

表 4-5　声音操作函数

函数名	意　　义	函数名	意　　义
audioplayer( )	创建一个音频播放器对象	auread( )	读 NeXT/SUN SPARC station 声音文件(.au)
audiorecorder( )	创建一个音频录制器对象	auwrite( )	写 NeXT/SUN SPARC station 声音文件(.au)
mmfileinfo( )	获取多媒体文件信息	aufinfo( )	获取 NeXT/SUN SPARC station 声音文件(.au)信息
wavread( )	读 Microsoft WAVE 声音文件(.wav)	beep	响铃
wavwrite( )	写 Microsoft WAVE 声音文件(.wav)	lin2mu( )	将线性法则的音频信号转换为 mu 法则的音频信号
wavinfo( )	获取 Microsoft WAVE 声音文件(.wav)信息	lin2mu( )	将线性法则的音频信号转换为 mu 法则的音频信号
wavplay( )	通过音频输出设备播放声音	sound( )	将向量转换为音频信号
wavrecord( )	通过音频输入设备录制声音	soundsc( )	自动缩放将向量转换为音频信号

通常，MATLAB 通过函数 sound( )和 soundsc( )将向量转换为音频信号，或者通过函数

auread( )和wavread( )读取文件获得MATLAB音频信号,或者函数wavrecord( )从音频输入设备录制声音信号,然后以这些音频信号为输入参数,并利用函数audioplayer( )创建一个音频播放器对象,最后就可以操作音频播放器来实现声音的播放、暂停、恢复播放和终止等。

4.4.3 动画处理

MATLAB中的视频对象称为MATLAB movie。MATLAB可以读入avi视频文件得到MATLAB movie数据,并对其进行写出文件或播放等操作。MATLAB也可以把图像转换为视频帧,进而创建MATLAB movie视频帧。

MATLAB中对视频操作的函数,如表4-6所示。

表4-6 视频操作函数

函数名	意 义	函数名	意 义
mmfileinfo( )	获取多媒体信息	avifile( )	创建avi视频文件
aviinfo( )	获取avi视频文件信息	im2frame( )	将MATLAB图像转换为MATLAB movie
aviread( )	获取avi视频文件得到MATLAB movie	frame2im( )	将MATLAB movie转换为MATLAB图像
mov2avi( )	将MATLAB movie转换为avi视频文件	getframe( )	获取MATLAB movie视频帧
movie( )	播放MATLAB movie	addframe( )	向avi视频文件中添加MATLAB movie
moviein( )	建立一个足够大的列矩阵	close( )	关闭avi视频文件

一般情况下,用户可以通过aviread( )函数读取avi视频文件,得到MATLAB movie视频帧,或者通过im2frame( ),getframe( )等函数获取MATLAB movie视频帧,再以这些视频帧组成的数组作为输入参数,通过movie( )函数播放MATLAB movie,或者用户可以通过avifile( )函数创建avi视频文件,然后通过addframe( )函数把前述方法得到的MATLAB movie视频帧添加到avi视频文件,添加修改完成后通过close命令关闭avi文件,也可以直接通过mov2avi( )直接把视频帧数组代表的MATLAB movie转换为avi视频文件。

例如利用以下命令可产生一个半径不断变化的球面,图4-19为静止后的情况。

```
>>[x,y,z]=sphere;m=moviein(50);
>>for i=1:50;surf(i*x,i*y,i*z);m(:,i)=getframe( );end
>>movie(m,10)
```

其中,moviein(n)用来建立一个足够大的n列矩阵,该矩阵用来存放n幅画面的数据;getframe( )可截取每一幅画面的信息而形成一个很大的列向量;movie(m, n)以每秒n幅画面的速度播放由矩阵m形成的画面。

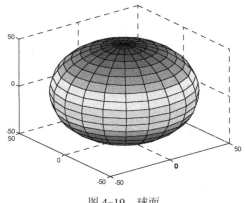

图4-19 球面

小　结

本章详细介绍了在 MATLAB 中如何实现数据和函数的可视化，主要介绍了如何利用 MATLAB 绘制二维图形、三维图形和四维图形，以及如何设置图形外观的各种属性、如何处理图像、声音和视频的方法等。通过本章学习应重点掌握以下内容：

（1）MATLAB 的基本绘图命令；

（2）MATLAB 的字符添加命令；

（3）MATLAB 的图形控制命令；

（4）MATLAB 的图形修饰命令；

（5）MATLAB 的图像、声音与动画处理命令。

习　题

4-1　某班级 30 名学生在期末数学考试中，成绩分布如表题 4-1 所示。

表题 4-1

成绩	100～90	89～80	79～70	69～60	59～0
人数	4	15	7	3	1

试分别采用二维和三维的饼图和条形图表示各个分数段人数所占的百分比。

4-2　设 $y = \cos x \left[0.5 + \dfrac{3\sin x}{(1+x^2)} \right]$，把 $x = 0 \sim 2\pi$ 区间分为 125 点，画出以 x 为横坐标，y 为纵坐标的曲线。

4-3　设 $x = z\sin 3z$, $y = z\cos 3z$，要求在 $z = -45 \sim 45$ 区间内画出三维曲线。

4-4　设 $x = \cos(t)$, $y = \sin(Nt + \alpha)$，若要求在 $N = 2, \alpha = 0, \pi/3, \pi/2, \pi$ 时，在同一幅图的 4 个不同坐标系中分别画出其曲线。

4-5　利用手机拍照，并对其进行处理。

本章习题答案可扫右边二维码。

第 5 章　MATLAB 高级操作

MATLAB 除可进行基本的数值运算和符号运算外,还可进行复杂的数学运算。它将数值分析、矩阵计算、科学数据可视化以及非线性动态系统的建模和仿真等诸多强大功能集成在一个易于使用的视窗环境中,为科学研究、工程设计以及必须进行有效数值计算的众多科学领域提供了一种全面的解决方案,并在很大程度上摆脱了传统非交互式程序设计语言(如 C、Fortran)的编辑模式,代表了当今国际科学计算软件的先进水平。

5.1　MATLAB 的矩阵处理

以矩阵为基础的线性代数已在许多技术领域得到应用。在 MATLAB 中,矩阵的处理通常包括以下内容。

5.1.1　矩阵行列式

矩阵 $A=\{a_{ij}\}$ 的行列式定义为

$$|A|=\det(A)=\sum(-1)^k a_{1k_1}a_{2k_2}\cdots a_{nk_n}$$

式中,$k_1, k_2, \cdots, k_n$ 是将序列 $1, 2, 3, \cdots, n$ 的元素交换 k 次所得出的一个序列,每个这样的序列称为一个置换,而 Σ 表示对 $k_1, k_2, \cdots, k_n$ 取遍 $1, 2, 3, \cdots, n$ 所有的排列的求和。

MATLAB 求矩阵行列式函数的调用格式为

$$\det(A)$$

计算矩阵的行列式有多种算法,在 MATLAB 中采用的方法为三角分解法。

5.1.2　矩阵的特殊值

1. 矩阵的逆

对于一个已知的 $n\times n$ 维非奇异方阵 A 来说,如果有一个同样大小的 C 矩阵满足

$$AC=CA=I$$

式中,I 为单位阵,则称 C 矩阵为 A 矩阵的逆矩阵,并记作 $C=A^{-1}$。

矩阵求逆的算法是多种多样的,比较常用的有行(列)主元素高斯消去法、三角分解法和基于奇异值分解的方法等,MATLAB 提供了一个求取逆矩阵的函数 inv( ),其调用格式为

$$\mathrm{inv}(A)$$

如果 A 矩阵为奇异的或接近奇异的,则利用此函数有可能产生错误的结果。

2. 矩阵的迹

假设一个方阵为 $A=\{a_{ij}\}$, $(i,j=1,2,\cdots,n)$,则 A 的迹定义为

$$\mathrm{tr}(A)=\sum_{i=1}^{n}a_{ii}$$

亦即矩阵的迹为该矩阵对角线上各个元素之和。由代数理论可知矩阵的迹和该矩阵的特征

值之和是相同的。在 MATLAB 中提供了求取矩阵迹的函数 trace( )，其调用方法为

$$\text{trace}(A)$$

3．矩阵的秩

对于 $n×m$ 维的矩阵 A，若矩阵所有的列向量中共有 r_c 个线性无关，则称矩阵的列秩为 r_c，如果 $r_c=m$，则称 A 为列满秩矩阵，相应地，若矩阵 A 的行向量中有 r_r 个是线性无关的，则称矩阵 A 的行秩为 r_r，如果 $r_r=n$，则称 A 为行满秩矩阵。可以证明，矩阵的行秩和列秩是相等的，记

$$\text{rank}\{A\}=r_c=r_r$$

这时矩阵的秩为 $\text{rank}\{A\}$。矩阵的秩也表示该矩阵中行列式不等于 0 的子式的最大阶次，所谓子式，即为从原矩阵中任取 k 行及 k 列所构成的子矩阵。

矩阵求秩的算法也是多种多样的，其区别是有的算法是稳定的，而有的算法可能因矩阵的条件数变化不是很稳定，MATLAB 中采用的算法是基于矩阵的奇异值分解的算法，首先对矩阵作奇异值分解得出是矩阵 A 的 n 个奇异值 $\sigma_i(i=1,2,\cdots,n)$，在这 n 个奇异值中找出大于给定误差限 ε 的个数 r，这时 r 就可以认为是 A 矩阵的秩。

MATLAB 提供了一个内部函数 rank( ) 来用数值方法求取一个已知矩阵的秩，其调用格式为

$$k=\text{rank}(A,\text{tol})$$

其中，A 为要求秩的矩阵；k 为所求矩阵 A 的秩；而 tol=ε 为判 0 用的误差限，一般可以取默认值 eps，这样调用格式就可以简化为

$$k=\text{rank}(A)$$

这里的判 0 用误差限就取作机器中的默认值 eps。如果 eps 取的不合适，则求出的数值秩可能和原矩阵的秩不同，所以在使用数值秩时应当引起注意。

5.1.3 矩阵的三角分解

矩阵的三角分解又称为 LU 分解，它的目的是将一个矩阵 A 分解成一个下三角矩阵 L 和一个上三角矩阵 U 的乘积，亦即可以写成 $A=LU$，其中 L 和 U 矩阵分别可以写成

$$L=\begin{bmatrix} 1 & & & \\ l_{21} & 1 & & \mathbf{0} \\ \vdots & \vdots & \ddots & \\ l_{n1} & l_{n2} & \cdots & 1 \end{bmatrix},\quad U=\begin{bmatrix} u_{11} & u_{12} & \cdots & u_{1n} \\ & u_{22} & \cdots & u_{2n} \\ & & \ddots & \vdots \\ \mathbf{0} & & & u_{nn} \end{bmatrix}$$

这样产生的矩阵与原来的 A 矩阵的关系可以写成

$$a_{11}=u_{11},\ a_{12}=u_{12},\ \cdots,\ a_{1n}=u_{1n}$$
$$a_{21}=l_{21}u_{11},\ a_{22}=l_{21}u_{12}+u_{22},\ \cdots,\ a_{2n}=l_{21}u_{1n}+u_{2n}$$
$$\vdots$$
$$a_{n1}=l_{n1}u_{11},\ a_{n2}=l_{n1}u_{12}+l_{n2}u_{22},\ \cdots,\ a_{nn}=\sum_{k=1}^{n-1}l_{nk}u_{kn}+u_{nn}$$

其中

$$A=\begin{bmatrix} a_{11} & a_{12} & \cdots & a_{1n} \\ a_{21} & a_{22} & \cdots & a_{2n} \\ \vdots & \vdots & \ddots & \vdots \\ a_{n1} & a_{n2} & \cdots & a_{nn} \end{bmatrix}$$

由上式可以立即得出求 l_{ij} 和 u_{ij} 的递推计算公式

$$l_{ij} = \frac{a_{ij} - \sum_{k=1}^{j-1} l_{ik} u_{kj}}{u_{jj}}, \quad j<i \quad \text{和} \quad u_{ij} = a_{ij} - \sum_{k=1}^{i-1} l_{ik} u_{kj}, \quad j \geq i$$

该公式的递推初值为：$u_{1i} = a_{1i}, (i=1,2,\cdots,n)$

注意，在上述的算法中并未对主元素进行任何选取，因此该算法并不一定数值稳定，在 MATLAB 下也给出了矩阵的 LU 分解函数 lu( )，该函数的调用格式为

[L,U]=lu(A)

其中，L,U 分别为变换后的下三角和上三角矩阵，在 MATLAB 的 lu( )函数中考虑了主元素选取的问题，所以该函数一般会给出可靠的结果。由该函数得出的下三角矩阵 L 并不一定是一个真正的下三角矩阵。因为选取它可能进行了一些元素行的交换，这样主对角线的元素可能不是 1。例如

>>A=[1 2 3;4 5 6;7 8 0];[L,U]=lu(A)

LU 分解使用的算法是高斯变量消去法，这种分解是矩阵求逆、矩阵求行列式和线性方程求解的基础，也是方阵"/"或"\"两种矩阵除法的基础。

5.1.4 矩阵的奇异值分解

矩阵的奇异值也可以看成是矩阵的一种测度，对任意的 $n \times m$ 矩阵 A 来说，总有 $A^T A \geq 0$，$AA^T \geq 0$，且有

$$\text{rank}\{A^T A\} = \text{rank}\{AA^T\} = \text{rank}(A)$$

进一步可以证明，$A^T A$ 与 AA^T 有相同的非零特征值 λ_i，且相同的非零特征值总是为正数。在数学上把这些非零的特征值的平方根称作矩阵 A 的奇异值，记

$$\sigma_i\{A\} = \sqrt{\lambda_i \{A^T A\}}$$

矩阵的奇异值大小通常决定矩阵的性态，如果矩阵的奇异值变化特别大，则矩阵中某个参数有一个微小的变化将严重影响到原矩阵的参数，如其特征值的大小，这样的矩阵又称为病态矩阵，有时也称为奇异矩阵。

假设 A 矩阵为 $n \times m$ 矩阵，且 rank$\{A\}=r$，则 A 矩阵可以分解为

$$A = L \begin{bmatrix} \Delta & 0 \\ 0 & 0 \end{bmatrix} M$$

其中，L 和 M 为正交矩阵；Δ=diag$\{\sigma_1,\cdots,\sigma_r\}$ 为对角矩阵，且其对角元素均不为 0。

MATLAB 提供了直接求取矩阵奇异值分解的函数，其调用方式为

[U,S,V]=svd(A)

其中，A 为原始矩阵；S 为对角矩阵，其对角元素就是 A 的奇异值；而 U 和 V 均为正交矩阵，并满足

$$A = USV^T$$

矩阵最大奇异值 $\sigma_{\max}$ 和最小奇异值 $\sigma_{\min}$ 的比值又称为该矩阵的条件数，记作 cond$\{A\}$，即 cond$\{A\}=\sigma_{\max}/\sigma_{\min}$，矩阵的条件数越大，则对参数变化越敏感。在 MATLAB 下也提供了求取矩阵条件数的函数 cond( )，其调用格式为

cond(A)

5.1.5 矩阵的范数

矩阵的范数也是对矩阵的一种测度,在介绍矩阵的范数之前,首先要介绍向量范数的基本概念。

如果对线性空间中的一个向量 x 存在一个函数 $\rho(x)$ 满足下面三个条件

① $\rho(x) \leqslant 0$ 且 $\rho(x)=0$ 的充要条件是 $x=0$;
② $\rho(ax)=|a|\rho(x)$, a 为任意标量;
③ 对向量 x 和 y 有 $\rho(x+y) \leqslant \rho(x)+\rho(y)$

则称 $\rho(x)$ 为 x 向量范数。

范数的形式是多种多样的,可以证明,下面给出的一族式子都满足上述的三个条件

$$\|x\|_p = (\sum_{i=1}^n |x_i|^p)^{\frac{1}{p}}, p=1,2,\cdots$$

且

$$\|x\|_\infty = \max_{1 \leqslant i \leqslant n} |x_i|$$

这里用到了向量范数的记号 $\|x\|_p$。

对于任意的非零向量 x,矩阵 A 的范数为

$$\|A\| = \sup_{s \neq 0} \frac{\|Ax\|}{\|x\|}$$

和向量的范数一样,矩阵的范数定义如下

$$\|A\|_1 = \max_{1 \leqslant j \leqslant n} \sum_{i=1}^n |a_{ij}|, \|A\|_2 = \sqrt{s_{\max}\{A^T A\}}, \|A\|_\infty = \max_{1 \leqslant i \leqslant n} \sum_{j=1}^n |a_{ij}|$$

其中,$s\{A\}$ 为 A 矩阵的特征值,而 $s_{\max}\{A^T A\}$ 即为 A 矩阵的最大奇异值的平方。换句话说,$\|A\|_2$ 为 A 矩阵的最大奇异值。

MATLAB 提供了求取矩阵范数的函数 norm( ),它允许求各种意义下矩阵的范数,该函数的调用格式为

  N=norm(A,选项)

其中,选项如表 5-1 所示。

表 5-1 矩阵范数函数的选项定义

选项	意义
无	矩阵的最大奇异值,即 $\|A\|_2$
2	与默认方式相同,亦为 $\|A\|_2$
1	矩阵的 1-范数,即 $\|A\|_1$
inf 或'inf'	矩阵的无穷范数,即 $\|A\|_\infty$
'fro'	矩阵的 F-范数,即 $\|A\|_F=\text{sqrt}(\sum(A^T A)_{ii})$
-inf	只可用于向量,$\|A\|_{-\infty}=\min(\sum a_i)$
数值 p	对向量可取任何整数,而对矩阵只可取 1, 2, inf 或'fro'

5.1.6 矩阵的特征值与特征向量

对一个矩阵 A 来说,如果存在一个非零的向量 x,且有一个标量 λ 满足

$$Ax = \lambda x$$

则称 λ 为 A 矩阵的一个特征值,而 x 为对应于特征值 λ 的特征向量,严格说来,x 应该称为 A 的右特征向量。如果矩阵 A 的特征值不包含重复的值,则对应的各个特征向量为线性独立的,这样由各个特征向量可以构成一个非奇异的矩阵,如果用它对原始矩阵作相似变换,则可以得出一个对角矩阵。

矩阵的特征值与特征向量由 MATLAB 提供的函数 eig( ) 可以容易地求出,该函数的调用格式为

  [V,D]=eig(A)

其中，A 为要处理的矩阵；D 为一个对角矩阵，其对角线上的元素为矩阵 A 的特征值，而每个特征值对应的 V 矩阵的列为该特征值的特征向量，该矩阵是一个满秩矩阵，它满足 AV=VD，且每个特征向量各元素的平方和(即 2 范数)均为 1。如果调用该函数时只给出一个返回变量，则将只返回矩阵 A 的特征值。即使 A 为复数矩阵，也同样可以由 eig( )函数得出其特征值与特征向量矩阵。

5.1.7 矩阵的特征多项式、特征方程和特征根

对于给定的 $n \times n$ 阶矩阵 A，称多项式

$$f(s)=\det(sI-A)=a_0s^n+a_1s^{n-1}+\cdots+a_{n-1}s+a_n$$

为矩阵 A 的特征多项式，其中系数 $a_0, a_1, \cdots, a_n$ 为矩阵的特征多项式系数。

MATLAB 提供了求取矩阵特征多项式系数的函数 poly( )，其调用格式为

$$p=\text{poly}(A)$$

其中，A 为给定的矩阵；返回值 p 为一个行向量，其各个分量为矩阵 A 的降幂排列的特征多项式系数。即 $p=[a_0, a_1, \cdots, a_n]$。

令特征多项式等于零所构成的方程称为该矩阵的特征方程，而特征方程的根称为该矩阵的特征根。MATLAB 中根据矩阵特征多项式求特征根的运算，同样可利用前面介绍过的多项式求解函数 roots( )来实现，其调用格式为

$$r=\text{roots}(p)$$

其中，p 为特征多项式的系数向量；而 r 为特征多项式的解，即原始矩阵的特征根。

例 5-1 求 $A = \begin{bmatrix} 1 & 2 & 3 \\ 4 & 5 & 6 \\ 7 & 8 & 9 \end{bmatrix}$ 的特征多项式、特征根及其模值。

解 MATLAB 命令如下

```
>>A=[1 2 3;4 5 6;7 8 9];p=poly(A),r=roots(p)',abs(r)
```

结果显示：

```
p=
    1.0000   -15.0000   -18.0000   -0.0000
r =
    16.1168    -1.1168    -0.0000
ans =
    16.1168     1.1168     0.0000
```

5.2 MATLAB 的数据处理

数据处理中，通常遇到的问题就是数据的导入。一般用于处理的数据规模都比较大，在利用 MATLAB 进行数据处理前，需要把这些数据导入到 MATLAB 工作区。MATLAB 提供了数据输入向导，使得这一过程变得十分容易。单击 MATLAB 主界面中的 File→Import Data 命令，就会打开数据输入向导窗口，按照该窗口提示进行操作，就可以很方便地把文件中的数据导入到 MATLAB 工作空间中。另外，许多图形界面的分析工具也有数据输入向导。

在工程领域根据有限的已知数据对未知数据进行预测时，经常需要用到数据插值和曲线拟合。

5.2.1 数据插值

数据插值就是根据已知一组离散的数据点集,在某两个点之间预测函数值的方法。插值运算是根据数据的分布规律,找到一个函数表达式可以连接已知的各点,并用这一函数表达式预测两点之间任意位置上的函数值。

插值运算可以分为内插和外插两种。只对已知数据点集内部的点进行的插值运算称为内插,内插可以根据已知数据点的分布,构建能够代表分布特性的函数关系,比较准确地估计插值点上的函数值;当插值点落在已知数据外部时的插值称为外插,利用外插估计的函数值一般误差较大。

在 MATLAB 中,数值插值方法包括一维线性插值方法、二维线性插值方法、三维线性插值方法和三次样条插值方法等。

（1）一维线性插值

对于一维线性数据,可以通过插值或查表来求得离散点之间的数据值。在 MATLAB 中,一维线性插值可用函数 interp1( ) 来实现,其调用格式为

yi=interp1(x, y, xi, 'method', 'extrap')　或　yi=interp1(x,y,xi,'method',extrapval)

其中,返回值 yi 为在插值向量 xi 处的函数值向量,它是根据向量 x 与 y 插值而来的。如果 y 是一个矩阵,那么对 y 的每一列进行插值,返回的矩阵 yi 的大小为 length(xi)×length(y, 2)。如果 xi 中有元素不在 x 的范围内,则与之相对应的 yi 返回 NaN。如果 x 省略,表示 x=1:n,此处 n 为向量 y 的长度或为矩阵 y 的行数,即 size(y,1)。参数'method'表示插值方法,它可采用以下方法：最近插值('nearest')、线性插值('linear')、三次多项式插值('cubic')和三次样条插值('spline')。'method'的默认值为线性插值。参数'extrap'指明该插值算法用于外插值运算,当没有指定外插值运算时,对已知数据集外部点上函数值的估计都返回 NaN;参数 extrapval 为直接对数据集外函数点上的赋值,一般为 NaN 或者 0。

另外,已知数据点不等间距分布时,函数 interp1q( )比函数 interp1( )执行速度快,因为前者不检查已知数据是否等间距,不过函数 interp1q( )要求 x 必须单调递增。

当 x 为单调且等间距时,可以使用快速插值法,此时可将'method'参数的值设置为'nearest'、'linear'或'cubic'。例

```
>>x=linspace(0,2*pi,80);y=sin(x);x1=[0.5,1.4,2.6,4.2],y1=interp1(x,y,x1,'cubic')
```

结果显示：

```
    x1 =
        0.5000    1.4000    2.6000    4.2000
    y1 =
        0.4794    0.9855    0.5155   -0.8716
```

（2）二维线性插值和三维线性插值

与一维线性插值一样,二维线性插值也可以通过插值或查表来求得离散点之间的数据值。在 MATLAB 中,二维线性插值可用函数 interp2( )来实现,其调用格式为

zi=interp2(x,y,z,xi,yi,'method')

其中,返回值 zi 为在插值向量 xi,yi 处的函数值向量,它是根据向量 x,y 与 z 插值而来的。x,y 和 z 也可以是矩阵。如果 xi,yi 中有元素不在 x,y 的范围内,则与之相对应的 zi 返回 NaN。如果 x,y 省略,表示 x=1:m, y=1:n,此处 n 与 m 为矩阵 z 的行数和列数,即[n,m]=size(z)。参数'method'的定义同上。

二维插值中已知数据点集(x,y)必须是栅格格式，一般用函数 meshgrid( )产生。函数 interp2( )要求(x,y)必须是严格单调的，即单调递增或者单调递减。另外，若已知点集(x,y)在平面上分布不是等间距时，函数 interp2( )首先通过一定的变换将其转换为等间距的。当输入点集(x,y)已经是等间距分布的话，可以在 method 参数前加星号"*"，即如'*cubic'，这样输入参数可以提高插值速度。例如

```
>>[x,y]=meshgrid(-5:0.5:5);z=peaks(x,y);        %产生已知数据的栅格点及其函数值
>>[x1,y1]=meshgrid(-5:0.1:5);z1=interp2(x,y,z,x1,y1);  %产生更精细数据栅格点及其插值
>>subplot(1,2,1);mesh(x,y,z);                   %绘制(x,y,z)已知数据的栅格图
>>subplot(1,2,2);mesh(x1,y1,z1);                %绘制(x1,y1,z1)插值数据的栅格图
```

结果显示如图 5-1 所示。

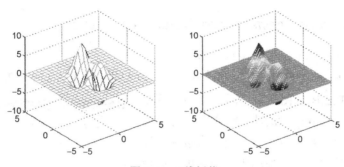

图 5-1 二维插值

与一维线性插值和二维线性插值一样，三维线性插值也可以通过插值或查表来求得离散点之间的数据值。在 MATLAB 中，三维线性插值可用函数 interp3( )来实现，其使用方法与函数 interp1( )和函数 interp2( )基本类似，这里就不详细介绍了。

（3）三次样条插值

使用高阶多项式的插值常常会产生病变的结果，而三次样条插值能消除这种病变。在三次样条插值中，要寻找 3 次多项式，以逼近每对数据点之间的曲线。在 MATLAB 中，三次样条插值利用函数 spline( )来实现，其调用格式为

$$yi=spline(x,y,xi)$$

其中，返回值 yi 为在插值向量 xi 处的函数值向量，它是根据向量 x 与 y 插值而来的。此函数的作用等同于 interp1(x,y,xi,'spline')。

5.2.2 曲线拟合

曲线拟合的主要功能是寻求平滑的曲线来最好地表现测量数据，从这些测量数据中寻求两个函数变量之间的关系或者变化趋势，最后得到曲线拟合的函数表达式。

用线性回归模型对已知数据进行拟合分析，是数据处理中重要的方法。很多非线性拟合问题也可以转化成线性回归问题。

线性回归模型可以表示为

$$y = a_0 + a_1 f_1(x) + a_2 f_2(x) + \cdots + a_n f_n(x)$$

其中，$f_1(x)$, $f_2(x)$, $\cdots$, $f_n(x)$ 可以通过自变量 x 计算得到；a_0, a_1, a_2, $\cdots$, a_n 是待拟合的系数，它们在模型中都是线性形式的。

最常用的线性回归是多形式函数回归，即 $f_1(x)$, $f_2(x)$, $\cdots$, $f_n(x)$ 是 x 的幂函数。在

MATLAB 中，多项式函数的拟合可用函数 polyfit( ) 来实现，其调用格式为

$$[p,s]=polyfit(x,y,n)$$

其中，x,y 为利用最小二乘法进行拟合的数据；n 为要拟合的多项式的阶次；p 为要拟合的多项式的系数向量；s 为使用该函数获得的错误预估计值。一般来说，多项式拟合的阶数越高，拟合的精度就越高。

例 5-2 用 6 阶多项式对[0,2*pi]区间上的 $f(x)=\sin(t)$ 函数进行拟合。

解 MATLAB 命令如下

```
>>x=linspace(0,2*pi,80);y=sin(x);p=polyfit(x,y,6),y1=polyval(p,x);plot(x,y,'ro',x,y1)
```

执行后可得如下结果和如图 5-2 所示的曲线。

p =
  −0.0000 −0.0056 0.0878 −0.3970 0.2746 0.8733 0.0122

因此所求正弦函数的 6 阶拟合多项式为

$$f(x)=-0.0056x^5+0.0878x^4-0.3970x^3+0.2746x^2+0.8733x+0.0122$$

另外，在 MATLAB 的图形窗口图 5-2 中，利用 Tools(工具)→Basic Fitting(基本拟合)命令，可打开曲线拟合图形界面，用户可以在该界面上直接利用最小二乘法进行曲线拟合。在该界面中，不仅可以选择待拟合的数据集、拟合方式、中心化和归一化数据，而且还可以选择在图形中显示拟合函数和残差分布图，以及进行数据预测等。

例如利用曲线拟合图形界面，采用 6 阶多项式拟合方法对例 5-2 所给函数在[0,2*pi]区间上进行拟合，并显示拟合函数和残差分布图，以及预测在[2*pi,3*pi]区间上数值。其曲线拟合图形界面参数的选择和拟合曲线及结果，分别如图 5-3 和图 5-4 所示。

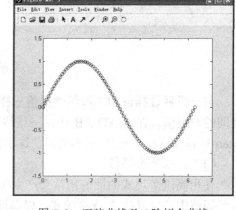

图 5-2 正弦曲线及 6 阶拟合曲线

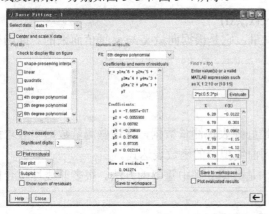

图 5-3 曲线拟合图形界面

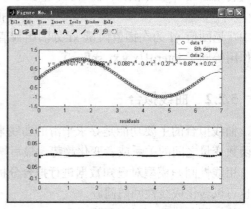

图 5-4 拟合曲线

5.2.3 数据分析

MATLAB 强大的数组运算功能，决定了它很容易对一大批数据进行数据分析以获得数据特征，如数据的极值、平均值、中值、和、积、标准差、方差、协方差和排序等。

1．随机数

在 MATLAB 中提供了两个用来产生随机数组的函数 rand( )和 randn( )。其调用格式为
$$A=rand(n,m) \quad 和 \quad A=randn(n,m)$$
其中，n 和 m 分别为将要产生随机数组的行和列；A 为 n×m 维的随机数组。函数 rand(n,m)用来产生一个 n×m 维在[0,1]区间上均匀分布的随机数组；函数 randn(n,m)用来产生一个 n×m 维的均值为 0 标准差为 1 的正态分布的随机数组。

2．最大值和最小值

如果给定一组数据 $\{x_i\}$，$i=1,2,\cdots,n$，则可利用 MATLAB 将这些数据用一个向量表示出来，即
$$x=[x_1,x_2,\cdots,x_n]$$
利用 MATLAB 的函数 max( )和 min( )便可求出这组数据的最大值和最小值，调用格式如下
$$[xmax,i]=max(x) \quad 和 \quad [xmin,i]=min(x)$$
其中，返回的 xmax 及 xmin 分别为向量 x 的最大值和最小值，而 i 为最大值或最小值所在的位置，当然这两个函数均可以只返回一个参数，而不返回 i。如果给出的 x 不是向量而是矩阵，则采用 min( )和 max( )函数得出的结果将不是数值，而是一个向量。它的含义是得出由每一列构成的向量的最大值或最小值所构成的行向量。当 x 为复数时，通过计算 max(abs(x))返回结果。

对于函数 max( ) 和 min( )也可以采用以下格式：
$$z=max(x,y) \quad 和 \quad z=min(x,y)$$
其中，x 与 y 为向量或矩阵，它们的大小一样；返回结果 z 是一个包含最大或最小元素，且与它们大小一样的向量或矩阵。

3．平均值

利用 MATLAB 的函数 mean( )可求出向量或矩阵的平均值，调用格式如下
$$y=mean(x)$$
其中，x 为向量或矩阵；y 为向量或矩阵 x 的平均值。若 x 为向量，则返回向量元素的平均值。若 x 为矩阵，则返回一行向量，包括矩阵每列元素的平均值。

4．中位值

利用 MATLAB 的函数 median( )可求出向量或矩阵的中位值，调用格式如下
$$y=median(x)$$
其中，x 为向量或矩阵；y 为向量或矩阵 x 的中位值。若 x 为向量，则返回向量元素的中位值。若 x 为矩阵，则返回一行向量，包括矩阵每列元素的中位值。

5．求和

利用 MATLAB 的函数 sum( )可求出向量或矩阵中元素的和，调用格式如下
$$y=sum(x)$$
其中，x 为向量或矩阵；y 为向量或矩阵 x 中元素的和。若 x 为向量，则返回向量元素的总和。若 x 为矩阵，则返回一行向量，包括矩阵每列元素的和。

6．求积

利用 MATLAB 的函数 prod( )可求出向量或矩阵中元素的积，调用格式如下
$$y=prod(x)$$
其中，x 为向量或矩阵；y 为向量或矩阵 x 中元素的积。若 x 为向量，则返回向量元素的积。若 x 为矩阵，则返回一行向量，包括矩阵每列元素的积。

7. 标准差

利用 MATLAB 的函数 std( ) 可求出向量或矩阵中元素的标准差，调用格式如下

$$y=\text{std}(x)$$

其中，x 为向量或矩阵；y 为向量或矩阵 x 中元素的标准差。若 x 为向量，则返回向量元素的标准差。若 x 为矩阵，则返回一行向量，包括矩阵每列元素的标准差。

8. 方差

利用 MATLAB 的函数 var( ) 可求出向量或矩阵中元素的方差，调用格式如下

$$y=\text{var}(x)$$

其中，x 为向量或矩阵；y 为向量或矩阵 x 中元素的方差。若 x 为向量，则返回向量元素的方差。若 x 为矩阵，则返回一行向量，包括矩阵每列元素的方差。

9. 协方差

利用 MATLAB 的函数 cov( ) 可求出向量或矩阵中元素的协方差，调用格式如下

$$y=\text{cov}(x)$$

其中，x 为矩阵；y 为矩阵 x 中各列间的协方差阵。

函数 cov(x,y) 相等于 cov(x(:),y(:))。

10. 相关性

分析多组数据之间的相关性，也是数据统计分析的重要部分。利用 MATLAB 的函数 corrcoef( ) 可求出两组向量或矩阵的相关系数或相关系数阵，调用格式如下

$$z=\text{corrcoef}(x,y) \quad \text{或} \quad z=\text{corrcoef}(A)$$

其中，x, y 为向量；A 为矩阵；z 为两组向量或矩阵的相关系数或相关系数阵。

11. 按实部或幅值对特征值进行排序

利用 MATLAB 中的函数 esort( ) 和 dsort( )，可对特征值按实部或幅值进行排序，函数的调用格式为

$$[s,ndx]=\text{esort}(p) \quad \text{和} \quad [s,ndx]=\text{dsort}(p)$$

其中，esort(p) 针对连续系统，根据实部按递减顺序对向量 p 中的复特征值进行排序；ndx 为索引矢量，对于连续特征值，先列出不稳定特征值。dsort(p) 针对离散系统，根据幅值按递减顺序对向量 p 中的复特征值进行排序；ndx 为索引矢量。对于离散特征值，先列出不稳定特征值。

函数 sort( ) 用于对元素按升序进行排序。

另外，在 MATLAB 的图形窗口中，利用 Tools→Data Statistics 命令，也可打开数据分析图形界面。在该界面中，不仅显示了待分析的数据集，而且显示了数据的最小值、最大值、平均值、中位值、标准差和范围等。选中该界面中各项统计量后的复选框，则可以将它们显示到绘图窗口中。

5.3 MATLAB 的方程求解

5.3.1 代数方程求解

利用 MATLAB 中求函数 $f(\cdot)$ 零点的函数 fzero( ) 和 fsolve( )，可以方便地求得非线性方程 $f(\cdot)=0$ 的解，它们的调用格式分别为

$$[x,fval]=\text{fzero}(fun,x_0) \quad \text{和} \quad [x,fval]=\text{fsolve}(fun,x_0)$$

其中，fun 表示函数名，函数名定义同前；x_0 表示函数零点的初值，为求解过程所假设的起始点，当 x_0 为标量时，该命令将在它两侧寻找一个与之最靠近的解，当 x_0 为二元向量[a,b]时，该命令将在区间[a,b]内寻找一个解；x 为所求的零点；fval 为所求零点对应的函数值，此项可省略。fzero( )用来对一元方程求解，fsolve( )用来对多元方程求解。当然利用函数 fzero( )和 fsolve( )也可对线性方程进行求解。

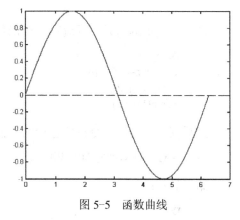

图 5-5 函数曲线

例 5-3 试求函数 $f=\sin(x)$ 在数值区间[0,2*pi]中的零点。

解 ① 为了更好地选择函数在[0,2*pi]之间零点的初值，首先利用以下 MATLAB 命令，绘制函数的曲线，如图 5-5 所示。

```
>>x=0:0.01:2*pi;y=sin(x);plot(x,y);hold on;line([0,7],[0,0])
```

② 由图 5-5 可知，在区间[0,2*pi]上，函数的零点有 3 个，分别位于 0，3 和 6 附近，求解这 3 个零点的 MATLAB 命令如下

```
>>x1=fzero('sin(x)',0);x2=fzero('sin(x)',[2,4]);x3=fzero('sin(x)',6);x=[x1,x2,x3]
```

结果显示：

```
x =
     0    3.1416    6.2832
```

结果表明，函数 $f=\sin(x)$ 在[0,2*pi]范围内有 3 个零点，它们分别为 0，3.1416 和 6.2832。

一般来讲，多元函数的零点问题比一元函数的零点问题更难解决，但当零点大致位置和性质比较好预测时，也可以使用数值方法搜索精确的零点。

例 5-4 试求以下非线性方程组在(1,1,1)附近的数值解。

$$\begin{cases} \sin x + y^2 + \ln z - 7 = 0 \\ 3x + 2y - z^3 + 1 = 0 \\ x + y + z - 5 = 0 \end{cases}$$

解 首先根据三元方程编写一个函数 ex5_4.m

```
%ex5_4.m
function q=ex5_4(p)
q(1)=sin(p(1))+p(2)^2+log(p(3))-7;
q(2)=3*p(1)+2*p(2)-p(3)^3+1;
q(3)=p(1)+p(2)+p(3)-5;
```

然后利用下面的命令在初值 $x_0=1$，$y_0=1$，$z_0=1$ 下调用 fsolve( )函数直接求出方程的解。

```
>>x=fsolve('ex5_4',[1  1  1])
```

结果显示：

```
x =
    0.6331    2.3934    1.9735
```

例 5-5 试求线性方程组的解。

$$\begin{cases} x-y=0 \\ x+y-6=0 \end{cases}$$

解 首先根据两元方程编写一个函数 ex5_5.m

```
%ex5_5.m
function z=ex5_5(p)
z(1)=p(1)-p(2);
z(2)=p(1)+p(2)-6;
```

然后利用下面的命令在任意给的初值 $x_0=0$，$y_0=0$ 下调用 fsolve( )函数直接求出方程的解。

```
>>xy=fsolve('ex5_5',[0  0])
```

结果显示：

```
xy =
    3.0000    3.0000
```

特别指出，对线性方程

$$Ax=B$$

在 A 的逆存在的条件下，有更简单的求解方法。在 MATLAB 下对以上线性方程组，可利用以下命令进行求解。

$$x=inv(A)*B$$

例如对于例 5-5 也可利用以下命令，得到以上结果。

```
>>A=[1  -1;1  1];b=[0;6];x=inv(A)*b
```

当然例 5-5 也可以利用前面介绍过的符号代数方程的求解函数 solve( )来求解，同样可以得到以上结果，即 x=3，y=3。

5.3.2 微分方程求解

MATLAB 中提供了求解常微分方程的函数 ode45( )，其调用格式为

$$x=ode45(fun, [t_0, t_f], x_0, tol)$$

其中，fun 为函数名，其定义同前；$[t_0, t_f]$ 为求解时间区间；x_0 为微分方程的初值；tol 用来指定误差精度，其默认值为 10^{-3}；x 为返回的解。

例 5-6 求微分方程

$$\ddot{x}-(1-x^2)\dot{x}+x=0$$

在初始条件：$x(0)=1; \dot{x}(0)=0$ 下的解。

解 首先将以上微分方程写成一阶微分方程组

令 $x_1=x$，$x_2=\dot{x}$，则可得

$$\begin{cases} \dot{x}_1=x_2 \\ \dot{x}_2=(1-x_1^2)x_2-x_1 \end{cases}, \begin{cases} x_1(0)=1 \\ x_2(0)=0 \end{cases}$$

然后根据以上微分方程组编写一个函数 ex5_6.m。

```
%ex5_6.m
function dx=ex5_6(t,x)
dx=[x(2);(1-x(1)^2)*x(2)-x(1)];
```

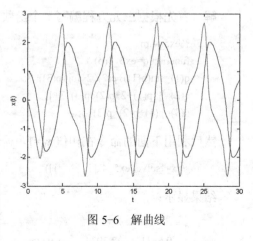

图 5-6 解曲线

最后利用以下的 MATLAB 命令，即可求出微分方程在时间区间[0,30]上的解曲线，如图 5-6 所示。

```
>>[t,x]=ode45('ex5_6',[0,30],[1;0]);
>>plot(t,x(:,1),t,x(:,2));xlabel('t');ylabel('x(t)')
```

5.4 MATLAB 的函数运算

5.4.1 函数极值

在 MATLAB 中，提供了两个基于单纯形算法求解多元函数极小值的函数 fmins( )（仅适用于 MATLAB6.5 及以前的版本）、fminsearch( )和 fminbnd( )，以及一个基于拟牛顿法求解多元函数极小值的函数 fminunc( )，其调用格式分别为

    [x,fval]=fmins(fun,x_0,options) 和 [x,fval]=fminsearch(fun,x_0,options)

    [x,fval]=fminbnd(fun,x_0,x_f,options) 和 [x,fval]=fminunc(fun,x_0,options)

其中，fun 表示函数名；x_0 表示函数极值点的初值，其大小往往能决定最后解的精度和收敛速度；x_f 表示函数极值点的终值；options 表示选项，它是由一些控制变量构成的向量，比如它的第一个分量不为 0 表示在求解时显示整个动态过程(其默认值为 0)，第二个分量表示求解的精度(默认值为 1e-4)；x 为所求极小值点；fval 为所求极小值点对应的函数值，此项可省略。可以指定这些参数来控制求解的条件。在调用以上函数时，首先应该写一个描述 f(·)的函数，其格式为

    y=fun(x)

例 5-7 求函数 $f(x)=3x-x^3$ 在数值区间(-3,3)中的极小值。

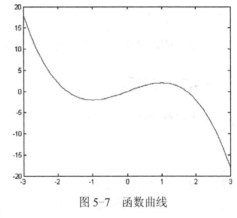

图 5-7 函数曲线

解 ① 为了更好地选择函数极值点处的初值，首先利用以下 MATLAB 命令，在区间(-3,3)绘制例题所给函数曲线，如图 5-7 所示。

```
>>x=-3:0.1:3;y=3.*x-x.^3;plot(x,y)
```

由图 5-7 可见，函数在区间(-3,3)中仅有 1 个极小值，且位于-1 附近，因此-2，-1 或 0 均可选作极小值点的初值，其结果均是一样的。同理，0,1 或 2 均可选作极大值点的初值。

② 然后根据方程编写一个函数 ex5_7.m

```
%ex5_7.m
function   y=ex5_7(x)
y=3*x-x^3;
```

③ 最后利用下面的命令调用 fminsearch( )函数求方程的解。

```
>>[x,fmin]=fminsearch('ex5_7',0)
```
或 `>>x=fminsearch('ex5_7',0),fmin =ex5_7(x)`

运行结果：

```
x=
    -1.0000
fmin=
    -2
```

结果表明，函数在 x=-1 时有极小值 fmin=-2。

以上函数的极值问题，也可直接利用以下命令得到与上面相同的结果。

>>f='3*x-x^3',[x,fmin]=fminsearch(f,0)
或　>>[x,fmin]=fminsearch('3*x-x^3',0)
>>[x,fmin]=fminbnd(' ex5_7',-2,0)
>>[x,fmin]=fminbnd('3*x-x^3',-2,0)

因为函数 $f(x)$ 的极小值问题等价于函数 $-f(x)$ 的极大值问题，所以利用函数 fminsearch( ) 也可用来求解函数 $f(x)$ 的极大值，这时只需在所求函数前加一负号即可。例求函数 $f(x)=3x-x^3$ 的极大值，可利用以下命令

>>f='-(3*x-x^3)',[x,fmin]=fminsearch(f,0);x,fmax=-fmin
或　>>f='-(3*x-x^3)',x=fminsearch(f,0),fmax=3*x-x^3

运行结果：

　　x =
　　　　1.0000
　　fmax=
　　　　2

结果表明，函数在 x=1 时有极大值 fmax=2。

5.4.2 函数积分

对于函数 $f(x)$ 的定积分

$$y = \int_a^b f(x)\,dx$$

在被积函数 $f(x)$ 相当复杂时，一般很难采用解析的方法求出定积分的值来，而往往要采用数值方法来求解，求解定积分的数值方法是多种多样的，如简单的梯形法、Simpson 法和 Romberg 法等，它们的基本思想都是将整个积分空间 $[a,b]$ 分割成若干个子空间 $[x_i, x_{i+1}]$，$i=1,2,\cdots,n$。其中 $x_1=a, x_{n+1}=b$，这样整个积分问题就分解为下面的求和形式：

$$\int_a^b f(x)\,dx = \sum_{i=1}^n \int_{x_i}^{x_{i+1}} f(x)\,dx$$

而在每一个小的子空间上都可以近似的求解出来，例如可以采用下面给出的 Simpson 方法来求解出 $[x_i, x_{i+1}]$ 上积分近似值。

$$\int_{x_i}^{x_{i+1}} f(x)\,dx \approx \frac{h_i}{12}[f(x_i) + 4f\left(x_i + \frac{h_i}{4}\right) + 2f\left(x_i + \frac{h_i}{2}\right) + 4f\left(x_i + \frac{3h_i}{4}\right) + f(x_i + h_i)]$$

式中，$h_i = x_{i+1} - x_i$。

MATLAB 基于此算法，采用自适应变步长方法给出了 quad( ) 函数来求取定积分，该函数的调用格式为

y=quad(fun,a,b,tol)

其中，fun 为函数名，其定义和其他函数一致；a,b 分别为定积分的上下限；tol 为变步长用的误差限，如不给出误差限，则将自动地假定 tol=10^{-3}；y 为返回的值。

例 5-8 试求以下积分的值

$$y = \frac{1}{\sqrt{2\pi}} \int_{-\infty}^{\infty} e^{-\frac{x^2}{2}} dx$$

解 这一无穷积分可以由有限积分来近似，一般情况下，选择积分的上下限为±15 就能保证相当的精度。

首先根据给定的被积函数编写下面的函数 ex5_8.m

```
%ex5_8.m
function f=ex5_8(x)
f=1/sqrt(2*pi)*exp(-x.^2/2);
```

然后通过下面的 MATLAB 语句可求出所需函数的定积分

```
>>format long; y=quad('ex5_8',-15,15)
```

结果显示：

```
y=
    1.000000072473564
```

以上函数的积分问题，也可直接利用以下命令得到与上面相同的结果。

```
>>format long; y=quad('1/sqrt(2*pi)*exp(-x.^2/2)',-15,15)
```
或
```
>>format long;f='1/sqrt(2*pi)*exp(-x.^2/2)';y=quad(f,-15,15)
```

另外，MATLAB 给出一种利用插值运算来更精确更快速求出所需要的定积分的函数 quadl( )，该函数的调用格式为

$$y=quadl(fun,a,b,tol)$$

其中，tol 的默认值为 10^{-6}，其他参数的定义及使用方法和 quad( )几乎一致。该函数可以更准确地求出积分的值，且一般情况下函数调用的步数明显小于 quad( )。

对于例 5-8，使用 quadl( )函数可得如下结果。

```
>>format long;f='1/sqrt(2*pi)*exp(-x.^2/2)';y=quadl(f,-15,15)
```

结果显示：

```
y=
    1.000000000003378
```

在二维情况下求积分实质上是求函数曲线与坐标轴之间所夹的封闭图形的面积，故利用 MATLAB 的 trapz( )函数，也可求取定积分。

例如对例 5-8 有

```
>>format long;x=-15:0.01:15;y= ex5_8(x);area=trapz(x,y)
```

结果显示：

```
area=
    1.00000000000000
```

当然例 5-8 也可利用前面介绍过的符号积分函数 int( )来求解。

5.5 MATLAB 的文件 I/O

在 MATLAB 中，提供了许多有关文件的输入和输出函数，它们具有直接对磁盘文件进行

访问的功能,使用这些函数可以很方便地实现各种格式的读取工作,不仅可以进行高层次的程序设计,也可以对低层次的文件进行读写操作,这样就增加了 MATLAB 程序设计的灵活性和兼容性。

5.5.1 处理二进制文件

对于 MATLAB 而言,二进制文件是相对比较容易处理的。和后面介绍的文本文件相比较,二进制文件是比较容易和 MATLAB 进行交互的。

对于和 MATLAB 同等层次的文件,可以使用 load、save 等命令对该文件进行操作,具体的操作方法前面已经介绍。这里将主要介绍如何在 MATLAB 中读取低层次数据文件方法,这些函数可以对多种类型的数据文件进行操作,常用的函数如表 5-2 所示。

表 5-2 二进制文件 I/O 函数

函 数	说 明	函 数	说 明
fopen( )	打开文件或获取已打开文件的信息	fscanf( )	按指定格式读入文件中数据
fclose( )	关闭文件	fprintf( )	按指定格式将数据写回文件
feof( )	测试光标是否到达文件末尾	fread( )	以二进制方式读入文件中数据
ferror( )	查询文件操作错误	fwrite( )	以二进制方式将数据写回文件
ftell( )	返回文件中光标位置	fgetl( )	返回不包括行尾终止符的字符串
fseek( )	设置文件中光标位置	fgets( )	返回包括行尾终止符的字符串
frewind( )	将文件中光标位置移动到文件头		

1. 文件的打开和关闭

在对文件进行处理的所有工作当中,打开文件或者关闭文件都是十分基础的工作。
MATLAB 利用函数 fopen( )打开或获取低层次文件的信息,该函数的调用格式为

[fid,message]=fopen('filename','mode')

其中,filename 表示打开的文件名;mode 表示打开文件的方式,其中"r"表示以只读方式打开,"w"表示以只写方式打开,并覆盖原来的内容,"a"表示以增补方式打开,在文件的尾部增加数据,"r+"以读写方式打开,"w+"表示创建一个新文件或删除已有的文件内容,并进行读写操作,"a+"表示以读取和增补方式打开;message 为打开文件的信息;fid 为文件句柄(或文件标识),如果该文件存在,则返回的文件句柄 fid 的值为非-1,以后就可以对该句柄指向的文件进行直接操作了,如果该文件不存在,则返回的句柄值为-1,但不会中断运行。

在默认的情况下,函数 fopen( )会选择使用二进制的方式打开文件,而在该方式下,字符串不会被特殊处理。如果用户需要用文本形式打开文件,则需要在上面的 mode 字符串后面填加"t",例如,"rt"、"rt+"等。

在打开文件后,如果完成了对应的读写操作,应该利用 fclose( )函数来关闭该文件,否则打开过多的文件,将会造成系统资源的浪费。该函数的调用格式为

status=fclose(fid)

其中,fid 为使用 fopen( )函数得到的文件句柄(或文件标识);status 为使用 fclose( )函数得到的结果,如 status=0 表示关闭文件操作成功,否则得到的结果为 status=-1。

例如用户想新建一个名为 myfile.txt 的文件,对其进行读写操作,则可以利用以下 MATLAB 命令

>>[myfid,message]=fopen('myfile.txt', 'w')

结果显示：

```
myfid =
     3
message =
     ''
```

完成了对该文件的读取操作后，用户可以调用 fclose(myfid)命令来关闭该文件。

2．读取 M 文件

常见的二进制文件包括 .m 和.dat 等文件，在 MATLAB 中可以使用函数 fread( )来读取对应的文件，该函数的调用格式为

$$[A,count] = fread(fid,size,'precision')$$

其中，fid 为打开文件的句柄；size 表示读取二进制文件的大小，其中当 size 为 n 时表示读取文件前面的 n 个整数并写入到向量中，size 为 inf 时表示读取文件直到结尾，size 为[m,n]时表示读取数据到 m×n 矩阵中（按照列排列，仅 n 可以为 inf）；precision 用来控制二进制数据转换成为 MATLAB 矩阵时的精度，如可取 precision 为 uchar、schar、int8、int16、int32、int64、uint8、uint16、uint32、uint64、single、float32、double 或 float64；A 为存放数据的向量或矩阵；count 表示 A 中存放数据的数目。

例 5-9 利用函数 fread( )读取 M 文件的内容。

解 首先利用 MATLAB 的 M 文件编辑器编写具有以下内容的 M 文件，并将其以 ex5_9.m 保存。

```
%ex5_9.m
a=3;b=6;c=a*b
```

然后利用以下 MATLAB 命令读取该文件。

```
>>fidex5_9=fopen('ex5_9.m','r+');A=fread(fidex5_9)
```

结果显示：

```
A =
    97
    61
    ...
    42
    98
```

从上面的结果可以看出，尽管打开的文件中是程序代码，但是使用 fread( )读取该文件后，得到的是数值数组。

利用以下命令可以得到该文件的程序代码。

```
>>disp(char(A'));
```

结果显示：

```
a=3;b=6;c=a*b
```

从结果的角度来看，上面的命令代码和"type ex5_9.m"是相同的，相当于将该文件中的所有代码都显示出来。

3. 读取 TXT 文件

TXT 文件也是比较常见的二进制文件,以下通过一个简单的例子来介绍如何在 MATLAB 中读取 TXT 文件。

例 5-10 在 MATLAB 中读取 ex5_10.txt 文件的内容。

解 首先将以上 M 文件 ex5_9.m 更名为 ex5_10.txt,然后利用以下 MATLAB 命令

```
>>fidex5_10=fopen('ex5_10.txt','r');A=fread(fidex5_10,'*char');sprintf(A)
```

结果显示:

```
ans =
    a=3;b=6;c=a*b
```

或利用以下命令

```
>>fidex5_10=fopen('ex5_10.txt','r');A1=fread(fidex5_10,9,'*char');
>>A2=fread(fidex5_10,5,'*char');A3=fread(fidex5_10,4,'*char');
>>A4=fread(fidex5_10,6,'*char');sprintf('%c',A1,A2,'+',A3,'+',A4)
```

结果显示:

```
ans =
    a=3; b=6; c=a*b
```

4. 写入二进制文件

在 MATLAB 中,如果用户希望按照指定的二进制文件格式,将矩阵的元素写入文件中,则可以使用函数 fwrite( ) 来完成。该函数的调用格式为

$$fwrite(fid,A,'precision')$$

其中,fid 为打开文件的句柄;A 表示写入数据的向量或矩阵;precision 用来控制将二进制数据转换成为 MATLAB 矩阵时的精度。

例 5-11 在 MATLAB 中使用函数 fwrite( ) 来写入二进制文件。

解 MATLAB 命令。

```
>>fidex5_11=fopen('ex5_11.txt','w');A=[1 2 3;4 5 6]
>>fwrite(fidex5_11,A,'int32');fclose(fidex5_11);
>>fidex5_11=fopen('ex5_11.txt','r');B=fread(fidex5_11,[2,3],'int32'),fclose(fidex5_11);
```

结果显示:

```
A =
    1    2    3
    4    5    6
B =
    1    2    3
    4    5    6
```

5.5.2 处理文本文件

MATLAB 的数据 I/O 操作支持多种数据格式,它们包括:文本数据、图形数据、音频和视频数据、电子表格数据和科学数据。针对不同数据类型的数据文件,提供了多种处理函数。其

中文本文件的读取函数如表 5-3 所示。文本文件中数据是按照 ASCII 码存储的字符或数字，它们可以显示在任何文本编辑器中。

表 5-3　文本文件 I/O 函数

函　　数	说　　明
csvread( )	以逗号为分隔符，将文本文件数据读入 MATLAB 工作区
csvwrite( )	以逗号为分隔符，将 MATLAB 工作区变量写入文本文件
dlmread( )	以指定的 ASCII 码为分隔符，将文本文件数据读入 MATLAB 工作区
dlmwrite( )	以指定的 ASCII 码为分隔符，将 MATLAB 工作区变量写入文本文件
textread( )	按指定格式，将文本文件数据读入 MATLAB 工作区
textwrite( )	按指定格式，将 MATLAB 工作区变量写入文本文件

1．读取文本文件

在 MATLAB 中，提供了多个函数来读取文本文件中的数据，其中比较常见的函数有 csvread( )、dlmread( ) 和 textread( )，这些函数有各自的使用范围和特点。它们的调用格式分别为

$$A=\text{csvread}('filename',row,col)$$
$$A=\text{dlmread}('filename',delimiter)$$
$$A=\text{textread}('filename','format',N)$$

其中，filename 为打开的文本文件名；row 和 col 分别为需要读取的数据行和列；delimiter 为用户自定义的分隔符；format 表示读取文件的变量格式；N 表示读取数据的循环次数；A 表示存放数据的向量或矩阵。

2．写入文本文件

利用函数 csvwrite( ) 和 dlmwrite( ) 可将数据写入文本文件，它们的调用格式分别为

$$\text{csvwrite}('filename',A,row,col)$$
$$\text{dlmwrite}('filename',A,'-append',delimiter)$$

其中，filename 为数据写入的文本文件名；A 表示写入数据存放的向量或矩阵；row 和 col 分别表示在原始数据基础上添加的数据行和列数；delimiter 为用户自定义的分隔符。

例 5-12　在 MATLAB 中使用函数 csvwrite( ) 或 dlmwrite( ) 来写入文本文件。

解　MATLAB 命令。

```
>>A=[1 2 3;4 5 6];csvwrite('ex5_12.dat',A);type ex5_12.dat
>>B=csvread('ex5_12.dat'),C=dlmread('ex5_12.dat')
```
或
```
>>A=[1 2 3;4 5 6];dlmwrite('ex5_12.txt',A);type ex5_12.txt;
>>B=csvread('ex5_12.txt',0,0),C=dlmread('ex5_12.txt')
```

结果显示：

```
1,2,3
4,5,6
B =
     1     2     3
     4     5     6
C =
     1     2     3
```

5.6 MATLAB 的图形界面

作为强大的科学计算软件，MATLAB 也提供了图形用户界面(GUI)的设计和开发功能。MATLAB 中的基本图形用户界面对象分为 3 类：用户界面控件对象(uicontrol)、下拉式菜单对象(uimenu)和内容式菜单对象(uicontextmenu)。其中，函数 uicontrol( )能建立按钮、列表框、编辑框等图形用户界面对象；函数 uimenu( )能建立下拉式菜单和子菜单等图形用户界面对象；函数 uicontextmenu( )能建立内容式菜单用户界面对象。利用上述函数，通过命令行方式，进行精心的组织，就可设计出一个界面良好、操作简单、功能强大的图形用户界面。

另外，为了能够像 Visual Basic,Visual C++等程序设计软件一样简单、方便地进行 GUI 的设计与开发，MATLAB 提供了一套方便、实用的 GUI 设计工具。GUI 设计工具比较直观，适宜进行被设计界面上各控件的几何安排。但从总体上讲，GUI 设计工具远不如直接使用指令编写程序灵活。由于篇幅所限，本文仅简单介绍 GUI 设计工具 GUI Builder。

5.6.1 启动 GUI Builder

在 MATLAB 中，可以用以下几种方法启动 GUI Builder。

（1）在 MATLAB 操作界面的命令窗口中直接键入 guide 命令；

（2）在 MATLAB 6.x/7.x 操作界面中，利用菜单命令 File→New→GUI，或单击左下角"Start"菜单中，"MATLAB"子菜单中的"GUIDE(GUI Builder)"选项；

（3）在 MATLAB 8.x/9.x 操作界面的主页(HOME)中，利用新建(New)菜单下的图形用户界面(GUI)命令。

选择以上任意一种方法，便可打开 GUI 设计工具的模板界面，如图 5-8 所示。

MATLAB 为 GUI 设计准备了 4 种模板：Blank GUI(默认)、GUI with Uicontrols(带控件对象的 GUI 模板)、GUI with Axes and Menu(带坐标轴与菜单的 GUI 模板)、Modal Question Dialog(带模式问话对话框的 GUI 模板)。不同的设计模板，在对象设计编辑器中的显示结果是不同的。在 GUI 设计模板界面中选择一种模板，然后单击[OK]按钮后，就会显示对象设计编辑器(Layout Editor)。图 5-9 为选择 Blank GUI 模板后显示的对象设计编辑器界面。

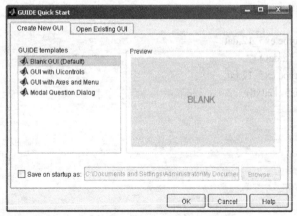

图 5-8 GUI 设计模板界面

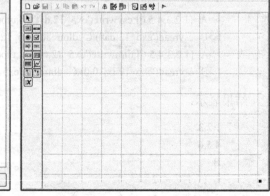

图 5-9 对象设计编辑器界面

5.6.2 对象设计编辑器

在对象设计编辑器界面的顶端工具栏中，特别给出了以下快捷工具：对齐对象(Align Objects)按钮"⊕"、菜单编辑器(Menu Editor)按钮"📝"、Tab 顺序编辑器(Tab Order Editor)按钮"🔳"、M 文件编辑器(M-file Editor)按钮"🔲"、属性检查器(Property Inspector)按钮"🔳"、对象浏览器(Object Browser)按钮"🎯"和显示设计结果(Run)按钮"▶"。利用菜单编辑器，可以创建、设置、修改下拉式菜单和内容式菜单。另外，利用菜单编辑器窗口界面左下角的第一个按钮[Menu Bar]也可创建下拉式菜单；第二个按钮[Context Menu]用于创建内容式菜单。而菜单编辑器界面左上角的第一个按钮用于创建下拉式菜单的主菜单；第三个按钮用于创建内容式菜单的主菜单；第二个按钮分别用于创建下拉式菜单和内容式菜单的子菜单。利用 Run 工具按钮可以随时查看设计的图形用户界面的显示结果。

用鼠标拖拉对象设计区(Layout Area)左边的按钮"[图标组]"，便可在对象设计区依次生成 Push Button(按钮)、Slider(滑块)、Radio Button(单选按钮)、Check Box(复选框)、Edit Text(可编辑文本)、Static Text(静态文本)、Pop-up Menu(弹出式菜单)、ListBox(列表框)、Toggle Button(切换按钮)、Table(表)、Axes(轴)、Panel(面板)、Button Group(按钮组)和 ActiveX Control(ActiveX 控件)等图形控件对象。创建对象后，利用鼠标右键可显示所选对象的一个弹出式菜单，在此可从中选择某一个子菜单项进行相应的设计。通过双击该对象，也会显示该对象的属性检查器(Property Inspector)，并对其属性值进行设置。

在对象设计区右击鼠标，会显示与编辑、设计整个图形窗口有关的弹出式菜单。

例 5-13 利用图形用户界面生成一个按钮，来执行例 4-2 中的 ex4_2.m 程序。

解 ① 利用 Blank GUI 模板，用鼠标拖拉在对象设计区生成一个"Push Button"按钮；

② 双击"Push Button"按钮，显示该按钮的属性检查器(Property Inspector)，并将"String"的属性值"Push Button"改为"绘制极坐标方程曲线"；

③ 利用鼠标右键单击"Push Button"按钮，显示该按钮的弹出式菜单，执行菜单中的 View Callbacks→Callback 命令，按要求给定一个.fig 文件名，如 ex5_13 后，自动打开一个同名的 M 文件，同时光标指向该按钮的回调函数 function pushbutton1_Callback(…)命令处；

④ 在 ex5_13.m 文件中的回调函数 function pushbutton1_Callback(…)命令后，增加一条命令：ex4_2。保存 ex5_13.m 文件后，同时也将对象设计编辑器中的文件自动保存为 ex5_13.fig。

⑤ 在 MATLAB 命令窗口中，直接输入命令 ex5_13，打开图形用户界面 ex5_13.fig 后，单击其"绘制极坐标方程曲线"按钮，便可显示如图 4-4 所示的结果。

5.7 MATLAB 编译器

MATLAB 在许多学科领域中成为计算机辅助设计与分析、算法研究和应用开发的基本工具和首选平台。但由于 MATLAB 采用伪编译的形式，在 MATLAB 中编写的程序无法脱离其工作环境而独立运行。针对这个问题，Mathworks 公司为 MATLAB 提供了应用程序接口，允许 MATLAB 和其他应用程序进行数据交换，并且提供了 C/C++数学和图形函数库，为在其他程序设计语言中调用 MATLAB 高效算法提供了可能。

如果要完成 M 文件的编译或 MATLAB 与 C 语言的交互，必须建立 MATLAB 的 mex，mcc 和 mbuild 三个编辑器。mex 编译命令可以将 C 语言编写的 C 文件转换成在 MATLAB 环境下能运行的各种 MATLAB 文件的形式。mcc 编译命令可以将 MATLAB 编写的 M 文件转换成为各种形式的 C 语言或 MEX 文件。如果是将 M 文件转换为可执行文件，mcc 先将 M 文件转换成 Win32 格式程序代码，再利用 mbuild 命令将其编译为 EXE 程序。如果是将 M 文件转换成 MEX 文件，mcc 先将 M 文件转换成 MEX 格式的 C 代码，再调用 mex 命令将其编译成 MEX 文件。

利用 MATLAB 编译器，不仅可以把 M 文件编译成 MEX 文件(扩展名为.dll)或独立应用的 EXE 程序(扩展名为.exe)，减少对语言环境本身的依赖性；而且可以通过编译，隐藏自己开发的算法，防止修改其内容。

5.7.1 创建 MEX 文件

利用 MATLAB 编辑器 mex 或 mcc 可把 C 源代码文件(扩展名为.c)或 M 文件(扩展名为.m)经由 C 源代码编译成 MEX 文件。当程序变量为实数，或向量化程度较低，或含有循环结构时，采用 MEX 文件可提高运行速度。另外，MEX 文件采用二进制代码生成，能更好地隐藏文件算法，使之免遭非法修改。MEX 文件可直接在 MATLAB 环境下运行，它的使用方法与 M 文件相同，但同名文件中的 MEX 文件被优先调用。MEX 文件最简便的创建方法是利用 MATLAB 内装的 MEX 编辑器(MATLAB Compiler)进行转换。

如果系统仅安装了一个标准编译器，在 MATLAB 环境下首次利用命令 "mex" 或 "mcc" 运行编辑器时，MATLAB 将自动完成配置；而如果系统安装了多个标准编译器，MATLAB 将提示用户指定一个默认编辑器。另外，也可利用命令 "mex -setup" 改变配置。

1. 利用 C 文件创建 MEX 文件

如果要在 MATLAB 的当前工作目录中，生成一个与 C 源代码程序同名的 MEX 文件，只需要在 MATLAB 命令窗口输入以下命令。

>>mex filename.c

以上命令中的 filename.c 为当前工作目录中将要创建 MEX 文件的 C 源代码程序名。

例 5-14 将 MATLAB 的自带文件 yprime.c 编译成 MEX 文件。

解 首先将子目录 matlab\extern\examples\mex 中的 yprime.c 文件复制到 MATLAB 的当前工作目录中，并更名为 ex5_14.c，然后在 MATLAB 命令窗口中输入以下命令。

>>mex ex5_14.c

编译成功后，便可在 MATLAB 的当前工作目录中，生成一个 MEX 文件 ex5_14.mexw32(MATLAB6.5 为 ex5_14.dll)。此时在 MATLAB 命令窗口输入以下命令。

>>y=ex5_14(1,1:4)

结果显示：
y =
    2.0000   8.9685   4.0000   -1.0947

2. 利用 M 文件创建 MEX 文件

如果要在 MATLAB 的当前工作目录中，生成一个与 M 文件同名的 MEX 文件，只需要简单地在 MATLAB 命令窗口输入以下命令：

>> mcc -x filename.m

以上命令中的 filename.m 为在 MATLAB 当前工作目录中将要创建 MEX 文件的 M 文件名；-x 为选项，表示由 M 文件创建 MEX 文件。在此，mcc 指令在把 M 文件变成 C 语言源代码文件之后，会自动调用 mex 指令把 C 源代码文件转换为 MEX 文件。如果将选项-x 换成-S 或-B pcode，则表示用于创建 MEX S 函数或 P 码文件。

值得注意的是，在将 M 文件转换成 MEX 文件时，M 文件中的函数文件和文本文件的转换过程略有不同。

（1）由 MATLAB 函数文件生成 MEX 文件

当 MATLAB 的 M 文件为函数文件 funname.m 时，在 MATLAB 命令窗口中，利用以下命令可直接在当前目录中生成与函数文件同名的 MEX 函数文件。

>>mcc –x funname.m

例 5-15 将以下函数文件 ex5_15.m 生成 MEX 文件。

%ex5_15.m
function y=ex5_15(x)
y=3*x+x.^3;

解 在 MATLAB 命令窗口中，输入以下命令。

>>mcc -x ex5_15.m

编译成功后，同样在 MATLAB 的当前工作目录中，生成一个 MEX 文件 ex5_15.dll 和其他许多无用的中间文件。为了确保 ex5_15.dll 文件的正确运行，将当前目录中的 ex5_15.m 文件和中间文件删除后，在 MATLAB 命令窗口输入以下命令。

>>x=-1;y=ex5_15(x)

结果显示：

y=
    -4

（2）由 MATLAB 文本文件生成 MEX 文件

当 MATLAB 的 M 文件为文本文件 filename.m 时，首先要在文本文件的开头加一行"function filename"变为函数文件，然后再在 MATLAB 命令窗口中，利用以下命令生成与文件同名的 MEX 文件。

>>mcc –x filename.m

例 5-16 将以下文本文件 ex5_16.m 生成 MEX 文件。

%ex5_16.m
a=5;b=6;c=a*b

解 首先要将以上文本文件改写为以下函数文件

%ex5_16.m
function ex5_16
a=5;b=6;c=a*b

然后再在 MATLAB 命令窗口中，输入以下命令。

>>mcc -x ex5_16.m

编译成功后，同样在当前工作目录中，生成一个 MEX 文件 ex5_16.dll 和其他许多中间文件。将该目录中的 ex5_16.m 和无用的中间文件删除后，在 MATLAB 命令窗口输入以下命令。

>>ex5_16

结果显示：

c=
   30

注意：编译器 mcc 的选项-x，在 MATLAB 7.x 及以上版本中已经不支持了，它仅可用于 MATLAB 6.5 及以前的版本。因为 MATLAB 7.x 及以上版本的 JIT 加速器已经可以把 M 文件的执行效率增加许多，MATLAB 7.5 已不应用 MEX 格式来加速程序的执行速度了。尽管 MATLAB 7.x 及以上版本无法利用编译器 mcc 的选项-x 编译 MEX 格式文件，但其编译器 mcc 仍有很多选项参数可以使用，而且有多种方法，具体细节可在 MATLAB 工作窗口中利用命令"help mcc"进行查看。

5.7.2 创建 EXE 文件

前面介绍的 MEX 文件虽然编码形式与 M 文件不同，但 MEX 文件仍是只能在 MATLAB 环境中运行的文件，它与 MATLAB 其他指令的作用依靠动态链接实现。MATLAB 编辑器 mbuild 或 mcc 可使 C 源代码文件或 M 文件经由 C 或 C++源代码生成独立的外部应用程序(扩展名为.exe)，即 EXE 文件。EXE 文件可以独立于 MATLAB 环境运行，但是往往需要 MATLAB 提供的数学函数库(MATLAB C/C++ Math Library)和图形函数库(MATLAB C/C++ Graphics Library)的支持。

如果系统仅安装有一个标准 C/C++编辑器，MATLAB 将在首次执行编译时自动完成配置；如果系统安装了多个标准编译器，那么在首次执行编译任务时，MATLAB 将提示用户指定一个默认编辑器。另外，也可利用命令"mbuild -setup"改变配置。

独立外部程序或完全由 M 文件转换产生，或完全由 C/C++文件转换产生，或由它们的混合文件转换产生，但不能由 MEX 文件转换得到。

1．利用 C 文件创建 EXE 文件

如果要在 MATLAB 的当前目录中，生成一个与 C 源代码程序同名的 EXE 文件，只需要在 MATLAB 命令窗口输入以下命令：

>>mbuild filename.c

以上命令中的 filename.c 为将要编译成 EXE 文件的 C 源代码程序名。

2．利用 M 文件创建 EXE 文件

MATLAB 在对 M 文件转换时，它首先被编译器翻译成 C/C++源代码文件。然后自动调用命令 mbuild，对产生的 C/C++源代码文件连同那些本来就是 C/C++的源代码文件一起再进行编译，并链接生成最终的可执行外部 EXE 文件。

如果要在 MATLAB 的当前目录中，生成一个与 M 文件同名的 EXE 文件，只需要在 MATLAB 命令窗口输入以下命令：

    >>mcc −m filename.m   %创建 C 独立应用程序
或   >>mcc −p filename.m   %创建 C++独立应用程序

以上命令中的 filename.m 为当前目录中将要编译成 EXE 文件的 M 文件名；选项-m 表示产生 C 语言的可执行外部应用程序；选项-p 表示产生 C++语言的可执行外部应用程序，但此时要确保系统已经安装有关 C++编译器(因 MATLAB 仅自带一个 Lcc C 编译器)，否则无法正常建立。在此，mcc 在把 M 文件变成 C 或 C++源代码文件之后，会自动调用 mbuild 指令把 C 或 C++源代码文件转换为可独立执行的 EXE 文件。如果在创建 C 或 C++语言的独立应用程序时，需要用到图形函数库，则需要利用以下相应的命令：

```
>>mcc –B sgl filename.m         %创建带绘图函数的 C 独立应用程序
```
或
```
>>mcc –B sglcpp filename.m      %创建带绘图函数的 C++独立应用程序
```

与创建 MEX 文件类似，在创建 EXE 文件时，当 M 文件为文本文件 filename.m 时，同样首先要在文本文件的开头加一行"function filename"，然后再利用以上命令进行转换。

例 5-17 将以下 M 文件 ex5_17.m 创建成独立应用程序 EXE 文件。

```
%ex5_17.m
function ex5_17
a=5;b=6;c=a+b
t=0:0.01:2*pi;plot(t,sin(t))
```

解 在 MATLAB 命令窗口中，输入以下命令。

```
>>mcc –B sgl ex5_17.m
```

编译成功后，同样在当前目录中，生成一个 EXE 文件 ex5_17.exe 和一个有用的 ex5_17.ctf 文件(MATLAB6.5 及以前版本为 bin 文件夹)，以及其他许多无用的中间文件。利用鼠标双击 ex5_17.exe 文件，便可得到以下结果和如图 4-2 所示的正弦曲线。

```
c =
    11
```

小　结

本章依次介绍了 MATLAB 的矩阵处理、数据处理、方程求解、函数运算和图形界面等。通过本章学习应重点掌握以下内容：

(1) MATLAB 的矩阵处理；
(2) MATLAB 的数据处理；
(3) MATLAB 的方程求解；
(4) MATLAB 的函数运算；
(5) MATLAB 图形用户界面(GUI)的简单设计；
(6) MATLAB 编译器的基本应用方法。

习　题

5-1 某城市在 1910—2000 年中，每隔 10 年统计一次该城市的人口数量(单位是百万)，如表题 5-1 所示。

表题 5-1

年代	1910	1920	1930	1940	1950	1960	1970	1980	1990	2000
人口	75.995	91.972	105.711	123.203	131.669	150.697	179.323	203.212	226.505	249.633

以表题 5-1 中的数据为基础，分别使用不同的插值方法，对没有进行人口统计年份的人口数量进行预测。

5-2 已知 $y(t) = e^{-t}\cos 10t$，求 t_s，使对于 $t > t_s$，有 $|y(t)| < 0.05$。

5-3 求解二元函数方程组 $\begin{cases} \sin(x-y) = 0 \\ \cos(x+y) = 0 \end{cases}$ 的解。

5-4 求函数 $y(t) = e^{-t}|\sin[\cos t]|$ 的极大值和最大值（$0 \leqslant t < \infty$）。

5-5 试求以下定积分的值

$$y = \frac{1}{\sqrt{2\pi}}\int_{-5}^{5} e^{-\frac{x^2}{2}} dx$$

本章习题答案可扫描右边二维码。

第 6 章　Simulink 动态仿真集成环境

Simulink 为用户提供了一个图形化的用户界面(GUI)。对于用方框图所表示的系统，通过 Simulink 图形界面，利用鼠标单击和拖拉方式，建立系统模型就像用铅笔在纸上绘制系统的方框图一样简单，它与用微分方程和差分方程建模的传统仿真软件包相比，具有更直观、更方便、更灵活的优点。它不但实现了可视化的动态仿真，也实现了与 MATLAB、C 或者 FORTRAN 甚至和硬件之间的数据传递，大大地扩展了它的功能。

6.1　Simulink 简介

Simulink 是一个用来对动态系统进行建模、仿真和分析的软件包。它支持连续系统、离散系统、线性系统和非线性系统，同时它也支持具有不同环节拥有不同采样率的多种采样速度的系统仿真。

6.1.1　Simulink 的启动

要启动 Simulink 必须先启动 MATLAB。在 MATLAB 中，有三种方法启动 Simulink：

（1）在 MATLAB 操作界面的命令窗口中，直接键入 simulink 命令；

（2）在 MATLAB 6.x/7.x 操作界面的工具栏中，单击 Simulink 的快捷启动按钮"🚂"；或在 MATLAB 8.x/9.x 操作界面的主页(HOME)中，单击 Simulink 的快捷启动按钮"🔲"；

（3）在 MATLAB 6.x/7.x 操作界面左下角的"Start"菜单中，单击"Simulink"子菜单中的"Library Browser"选项。

在 MATLAB 7.5(R2007b) 中，启动 Simulink 后，便可显示如图 6-1 所示的 Simulink 库浏览窗口 (Simulink Library Browser)，窗口左边列出了该系统中所有安装的一个树状结构的仿真模块集或工具箱，同时右边显示当前左边所选仿真模块集或工具箱中所包含的标准模块库。

Simulink 库浏览窗口由功能菜单、工具栏和模块集或工具箱三大部分组成，创建系统模型时，将从这些仿真模块集或工具箱中利用鼠标复制标准模块到用户模型编辑窗口中。

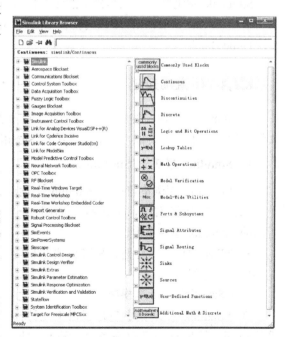

图 6-1　Simulink 模块库浏览窗口

6.1.2　Simulink 库浏览窗口的功能菜单

为了充分利用仿真模块集或工具箱中的标准模块对系统进行有效的动态仿真，在 Simulink

库浏览窗口中设计了以下各个功能菜单。

- File 文件操作菜单

New	新建用户模型编辑窗口/模块库窗口
Open	打开用户模型编辑窗口
Close	关闭用户模型编辑窗口
Preferences	设置命令窗口的属性

- Edit 编辑菜单

Add to the Current Model	增加到当前用户模型编辑窗口中
Find Block	查找模块
Find Next Block	查找下一个模块

- View 查看菜单

Toolbar	显示/关闭工具条开关
Status Bar	显示/关闭状态条开关
Description	显示/关闭描述窗口开关
Stay on Top	位于上层
Collapse Entire Browser	压缩整个树状结构
Expand Entire Browser	展开整个树状结构
Large Icons	大图标
Small Icons	小图标
Show Parameters for Selected Block	显示所选模块参数

Simulink 库浏览窗口工具栏中的四个按钮 "□ ☞ ⇥ 🗛" 分别用来快捷创建一个新用户模型编辑窗口(Create a new model)、打开一个模型(Open a model)、位于上层(Stay on Top)和查找模块(Find Block)。

6.1.3 仿真模块集

在 Simulink 库浏览窗口中,包含了由众多领域著名专家与学者以 MATLAB 为基础开发的大量实用模块集或工具箱。本节仅介绍与 Simulink 模块集和电气工程有关的几种模块集。

1. Simulink 模块集(Simulink)

在 Simulink 库浏览窗口的 Simulink 节点上,通过单击鼠标右键,便可打开如图 6-2 所示的 Simulink 模块集窗口。

Simulink 模块集由标题、标准模块库和功能菜单三部分组成。

(1) Simulink 的标准模块库

在 Simulink 模块集中包含了以下几种标准模块库,用鼠标左键双击各个标准模块库的图标,便可打开相应的标准模块库,在各标准模块库中均包含一些相应的标准模块。

① 信号源模块库(Sources)

Sources 库中所包含的各个标准模块及其功能如图 6-3 和表 6-1 所示。

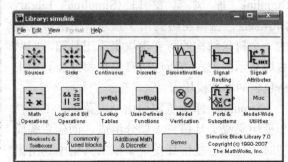

图 6-2 Simulink 模块集窗口

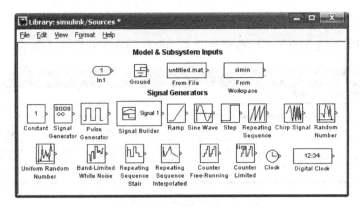

图 6-3　Sources 标准模块库

表 6-1　Sources 标准模块库

模 块 名	功　能	模 块 名	功　能
In1	输入接口	Repeating Sequence	重复序列
Ground	接地	Chirp Signal	线性调频信号
From File	从文件读数据	Random Number	正态分布的随机数
From Workspace	从工作空间读数据	Uniform Random Number	均匀分布的随机数
Constant	常量	Band-Limited White Noise	带限白噪声
Signal Generator	信号发生器	Repeating Sequence Stair	阶梯状重复序列发生器
Pulse Generator	脉冲信号发生器	Repeating Sequence Interpolated	内插式重复序列发生器
Signal Builder	信号编译器	Counter Free-Running	无限计算器
Ramp	斜坡函数	Counter Limited	有限计算器
Sine Wave	正弦函数	Clock	时钟
Step	阶跃函数	Digital Clock	数字时钟

② 接收模块库(Sinks)

Sinks 库中所包含的各个标准模块及其功能如图 6-4 和表 6-2 所示。

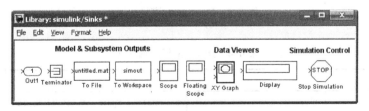

图 6-4　Sinks 标准模块库

表 6-2　Sinks 标准模块库

模 块 名	功　能	模 块 名	功　能
Out1	输出接口	Floating Scope	游离示波器
Terminator	接收终端	XY Graph	显示平面图形
To File	把数据输出到文件中	Display	数字显示器
To Workspace	把数据输出到工作空间	Stop Simulation	停止仿真
Scope	示波器		

③ 连续系统模块库（Continuous）

Continuous 库中所包含的各个标准模块及其功能如图 6-5 和表 6-3 所示。

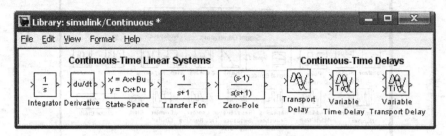

图 6-5　Continuous 标准模块库

表 6-3　Continuous 标准模块库

模　块　名	功　能	模　块　名	功　能
Integrator	积分器	Zero-Pole	零-极点函数
Derivative	微分器	Transport Delay	传输延迟模块
State-Space	状态空间表达式	Variable Time Delay	可变时间延迟模块
Transfer Fcn	传递函数	Variable Transport Delay	可变传输延迟模块

④ 离散系统模块库（Discrete）

Discrete 库中所包含的各个标准模块及其功能如图 6-6 和表 6-4 所示。

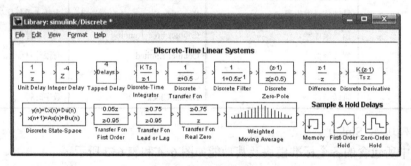

图 6-6　Discrete 标准模块库

表 6-4　Discrete 标准模块库

模　块　名	功　能	模　块　名	功　能
Unit Delay	单位延迟	Discrete State-Space	离散状态空间表达式
Integer Delay	积分延迟	Transfer Fcn First Order	一阶传递函数
Tapped Delay	多抽头积分延迟模块	Transfer Fcn Lead or Lag	带零极点补偿器的传递函数
Discrete-Time Integrator	离散时间积分器	Transfer Fcn Real Zero	带实零点的传递函数
Discrete Transfer Fcn	离散传递函数	Weighted Moving Average	权值移动平均模型
Discrete Filter	离散滤波器	Memory	记忆器
Discrete Zero-Pole	离散零-极点函数	First-Order Hold	一阶保持器
Difference	差分环节	Zero-Order Hold	零阶保持器
Discrete Derivative	离散微分环节		

⑤ 非线性系统模块库（Discontinuities）

Discontinuities 库中所包含的各个标准模块及其功能如图 6-7 和表 6-5 所示。

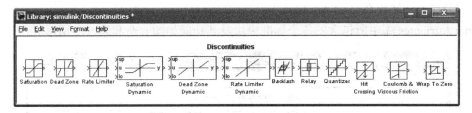

图 6-7　Discontinuities 标准模块库

表 6-5　Discontinuities 标准模块库

模　块　名	功　　能	模　块　名	功　　能
Saturation	饱和非线性特性	Backlash	间隙非线性特性
Dead Zone	死区非线性特性	Relay	继电器非线性特性
Rate Limiter	限速非线性特性	Quantizer	量化非线性特性
Saturation Dynamic	动态饱和非线性特性	Hit Crossing	过零检测非线性特性
Dead Zone Dynamic	动态死区非线性特性	Coulomb & Viscous Friction	库仑和粘性摩擦非线性特性
Rate Limiter Dynamic	动态限速非线性特性	Wrap To Zero	环零非线性特性

⑥ 信号路由模块库(Signal Routing)

Signal Routing 库中所包含的各个标准模块及其功能如图 6-8 和表 6-6 所示。

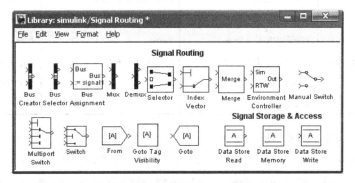

图 6-8　Signal Routing 标准模块库

表 6-6　Signal Routing 标准模块库

模　块　名	功　　能	模　块　名	功　　能
Bus Creator	总线产生器	Manual Switch	手动选择开关
Bus Selector	总线选择器	Multiport Switch	多端口开关
Bus Assignment	总线分配	Switch	选择开关
Mux	将多路输入组合成一个向量信号	From	信号来源
Demux	将一个向量信号分解成多路输出	Goto Tag Visibility	传出标记符的可见性
Selector	信号选择器	Goto	信号去向
Index Vector	索引向量	Data Store Read	将数据读到内存
Merge	信号合并	Data Store Memory	将数据存入内存
Environment Controller	环境控制器	Data Store Write	将数据写入内存

⑦ 信号属性模块库（Signal Attributes）

Signal Attributes 库中所包含的各个标准模块及其功能如图 6-9 和表 6-7 所示。

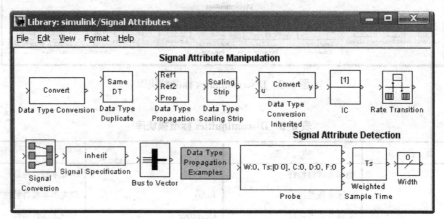

图 6-9　Signal Attributes 标准模块库

表 6-7　Signal Attributes 标准模块库

模　块　名	功　　能	模　块　名	功　　能
Data Type Conversion	数据类型转换	Signal Conversion	信号转换
Data Type Duplicate	数据类型复制	Signal Specification	信号规范
Data Type Propagation	数据类型继承	Bus to Vector	总线到向量
Data Type Scaling Strip	数据类型缩放比例条	Probe	探测器
Data Type Conversion Inherited	继承的数据类型转换	Weighted Sample Time	权值采样时间
IC	集成电路	Width	信号宽度
Rate Transition	速率转换		

⑧ 数学运算模块库（Math Operations）

Math Operations 库中所包含的各个标准模块及其功能如图 6-10 和表 6-8 所示。

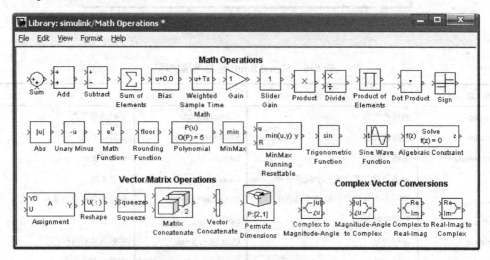

图 6-10　Math Operations 标准模块库

表 6-8 Math Operation 标准模块库

模 块 名	功 能	模 块 名	功 能
Sum	求和	Polynomial	多项式求值
Add	加法	MinMax	求最小或最大值
Subtract	减法	MinMax Running Resettable	带重置信号的求最小或最大值
Sum of Elements	元素和运算	Trigonometric Function	三角函数运算模块
Bias	将输入加一个偏移	Sine Wave Function	正弦函数运算模块
Weighted Sample Time Math	权值采样时间运算	Algebraic Constraint	代数约束模块
Gain	比例运算	Assignment	将输入信号抑制为零
Slider Gain	滑块增益	Reshape	改变输入信号的维数
Product	乘法	Squeeze	稀疏矩阵
Divide	除法	Matrix Concatenate	矩阵串联模块
Product of Elements	元素乘运算	Vector Concatenate	向量串联模块
Dot Product	点乘运算	Permute Dimensions	序列维数
Sign	符号运算	Complex to Magnitude-Angle	将复数信号分解成幅值和相角
Abs	绝对值	Magnitude-Angle to Complex	转换幅值和相角为复数信号
Unary Minus	一元减法	Complex to Real-Image	将复数信号分解成实部和虚部
Math Function	数学函数	Real-Image to Complex	转换实部和虚部为复数信号
Rounding Function	圆整函数		

⑨ 逻辑和位操作模块库(Logic and Bit Operations)

Logic and Bit Operations 库中所包含的各个标准模块及其功能如图 6-11 和表 6-9 所示。

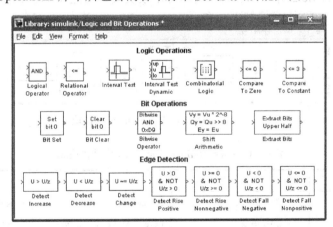

图 6-11 Logic and Bit Operations 标准模块库

表 6-9 Logic and Bit Operations 标准模块库

模 块 名	功 能	模 块 名	功 能
Logical Operator	逻辑运算	Shift Arithmetic	算术平移
Relational Operator	关系运算	Extract Bits	从输入中提取某几位输出
Interval Test	检测输入是否在某两个值之间	Detect Increase	检测输入是否增大
Interval Test Dynamic	动态检测输入是否在某两个值之间	Detect Decrease	检测输入是否减小
Combinatorial Logic	组合逻辑(真值表)	Detect Change	检测输入是否变化
Compare To Zero	与零进行比较	Detect Rise Positive	检测上升沿是否是正数
Compare To Constant	与常数进行比较	Detect Rise Nonnegative	检测上升沿是否是非负数
Bit Set	位置1	Detect Fall Negative	检测下降沿是否是负数
Bit Clear	位清零	Detect Fall Nonpositive	检测下降沿是否是非正数
Bitwise Operator	逐位操作运算		

⑩ 查表模块库(Lookup Tables)

Lookup Tables 库中所包含的各个标准模块及其功能如图 6-12 和表 6-10 所示。

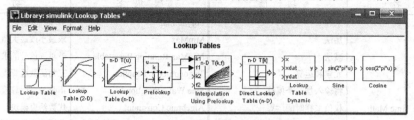

图 6-12　Lookup Tables 标准模块库

表 6-10　Lookup Tables 标准模块库

模 块 名	功 能	模 块 名	功 能
Lookup Table	一维线性内插查表	Direct Lookup Table(n-D)	n 维直接查表
Lookup Table(2-D)	二维线性内插查表	Lookup Table Dynamic	动态查表
Lookup Table(n-D)	n 维线性内插查表	Sine	正弦函数查表
PreLookup	预查询	Cosine	余弦函数查表
Interpolation using PreLookup	预查询内插运算		

⑪ 用户自定义函数模块库(User-Defined Functions)

User-Defined Functions 库中所包含的各个标准模块及其功能如图 6-13 和表 6-11 所示。

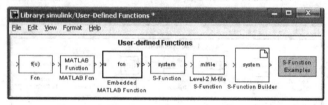

图 6-13　User-Defined Functions 标准模块库

表 6-11　User-Defined Functions 标准模块库

模 块 名	功 能	模 块 名	功 能
Fcn	自定义函数模块	S-Function	S-函数
MATLAB Fcn	MATLAB 函数	Level-2 M-file S-Function	M 文件编写的 S-函数
Embedded MATLAB Function	内置 MATLAB 的函数	S-Function Builder	S-函数编译器

⑫ 模型检测模块库(Model Verification)

Model Verification 库中所包含的各个标准模块及其功能如图 6-14 和表 6-12 所示。

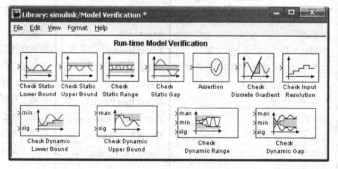

图 6-14　Model Verification 标准模块库

表 6-12 Model Verification 标准模块库

模 块 名	功 能	模 块 名	功 能
Check Static Lower Bound	检测静态下限	Check Input Resolution	检测输入精度
Check Static Upper Bound	检测静态上限	Check Dynamic Lower Bound	检测动态下限
Check Static Range	检测静态范围	Check Dynamic Upper Bound	检测动态上限
Check Static Gap	检测静态偏差	Check Dynamic Range	检测动态范围
Assertion	确定操作	Check Dynamic Gap	检测动态偏差
Check Discrete Gradient	检测离散梯度		

⑬ 端口与子系统模块库(Ports & Subsystems)

Ports & Subsystems 库中所包含的各个标准模块及其功能如图 6-15 和表 6-13 所示。

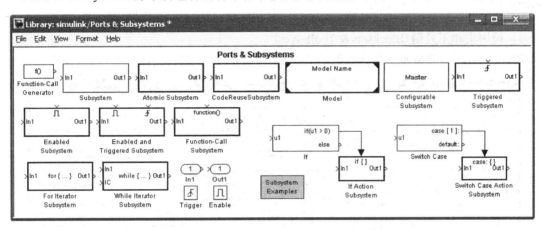

图 6-15 Ports & Subsystems 标准模块库

表 6-13 Ports & Subsystems 标准模块库

模 块 名	功 能	模 块 名	功 能
Function-Call Generator	函数调用发生器	For Iteator Subsystem	For 循环子系统
Subsystem	子系统	While Iteator Subsystem	While 循环子系统
Atomic Subsystem	原子子系统	In1	输入端口
CodeReuse Subsystem	代码重组子系统	Out1	输出端口
Model	模型	Trigger	触发操作
Configurable Subsystem	可配置子系统	Enable	使能操作
Triggered Subsystem	触发子系统	If	假设操作
Enabled Subsystem	使能子系统	If Action Subsystem	假设执行子系统
Enabled and Triggered Subsystem	使能与触发子系统	Swich Case	转换事件
Function-Call Subsystem	函数调用子系统	Swich Case Action Subsystem	条件选择执行子系统

⑭ 模型扩展功能模块库(Model-Wide Utilities)

Model-Wide Utilities 库中所包含的各个标准模块及其功能如图 6-16 和表 6-14 所示。

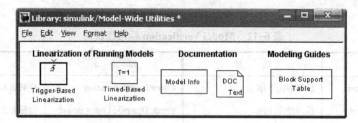

图 6-16 Model-Wide Utilities 标准模块库

表 6-14 Model-Wide Utilities 标准模块库

模 块 名	功 能	模 块 名	功 能
Trigger-Based Linearization	基于触发的线性化	DOC Text	Word 文本
Timed-Based Linearization	基于时间的线性化	Block Support Table	模块支持表
Model Info	模型信息		

⑮ 模块集和工具箱(Blocksets & Toolboxes)

Blocksets & Toolboxes 中所包含的模块集和工具箱如图 6-17 所示。

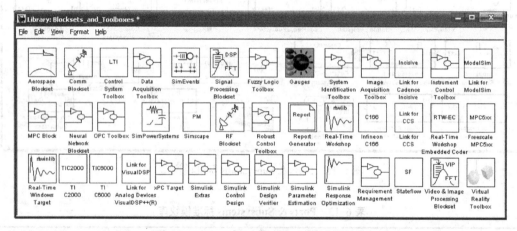

图 6-17 Blocksets & Toolboxes 标准模块库

在 Blocksets & Toolboxes 中所包含的模块库，其实就是 Simulink 库浏览窗口的左边所列的除 Simulink 模块集外所有的模块集或工具箱。

⑯ 常用模块库(Commonly Used Blocks)

Commonly Used Blocks 库中所包含的各个标准模块如图 6-18 所示。

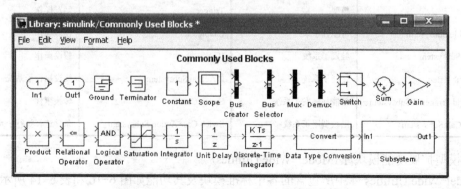

图 6-18 Commonly Used Blocks 标准模块库

在该模块库中所包含的标准模块，均是其他模块库中已有的模块，也就是说该库中没有新追加的模块。Simulink 为了方便用户使用，把经常使用的模块统一放在了该库中。

⑰ 附加数学与离散模块库（Additional Math & Discrete）

在 Additional Math & Discrete 库中包含了两个标准模块库：附加数学库（Additional Math）和附加离散库（Additional Discrete）。它们所包含的标准模块，分别如图 6-19 和图 6-20 所示。

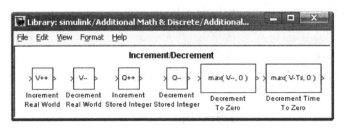

图 6-19　Additional Math 标准模块库

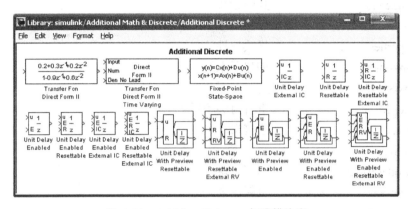

图 6-20　Additional Discrete 标准模块库

（2）Simulink 模块集的功能菜单

为了充分利用 Simulink 中的各个标准模块对系统进行有效的动态仿真，Simulink 模块集中设置了以下几个功能菜单。

● File　文件操作菜单

New	新建模型编辑窗口/模块库窗口
Open	打开模型文件
Close	关闭模型文件
Save	保存模型文件
Save As	另存模型文件
Soure Control	设置 Simulink 和 SCS 的接口
Model Properties	模型属性
Preferences	设置命令窗口的属性
Export to Web	输出到 Web
Print	打印
Printer Setup	打印设置
Print Details	生成 HTML 格式的模型报告文件
Exit MATLAB	退出 MATLAB

● Edit　编辑菜单

Can't Undo	不能撤销
Can't Redo	不能重复
Cut	剪切
Copy	复制
Paste	粘贴
Paste Duplicate Inport	粘贴复制导入
Delete	清除
Select All	全部选定
Copy Model to Clipboard	复制模型到剪切板
Find	查找
Open Block	打开模块
Explore	探测器
Mask Parameters	封装参数
SubSystem Parameters	子系统参数
Bolck Properties	模块属性
Create Subsystem	创建子系统
Mask Subsystem	封装子系统
Look Under Mask	查看封装子系统
Link Options	连接选项
Unlock Library	解锁库
Refresh Model Blocks	刷新模块
Update Diagram	更新图表

● View 查看菜单

Back	返回
Forward	向前
Go to Parent	转到根
Toolbar	显示/关闭工具条开关
Status Bar	显示/关闭状态条开关
Model Browser Options	模型浏览器选项
Block Data Tips Options	模块数据提示参数设置
System Requirements	系统需求
Library Browser	库浏览器
Model Explorer	模型浏览器
MATLAB Desktop	MATLAB 桌面
Zoom In	放大模块视图
Zoom Out	缩小模块视图
Fit System to View	将框图缩放到正好符合窗口的大小
Normal(100%)	显示框图的实际大小
Show Page Boundaries	显示页范围
Port Values	端口值
Remove Highlighting	取消辅助照明
Highlight	辅助照明

● Help 帮助菜单

关于某些菜单的进一步操作方法在本书后面的有关部分中将陆续详细介绍。

另外,当在一个模型或模块库窗口中单击鼠标右键时,也会显示前后相关的菜单。菜单的内容取决于是否选中模块,如果选中模块,菜单显示的命令仅仅适用于所选模块,否则,菜单显示的命令作用于整个模型或模块库。

2. Simulink 附加模块集(Simulink Extras)

在 Simulink 库浏览窗口的 Simulink Extras 节点上,通过单击鼠标右键,便可打开如图 6-21 所示的 Simulink Extras 模块集窗口。

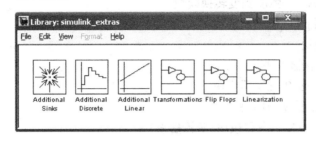

图 6-21 Simulink Extras 模块库

在 Simulink Extras 模块集中附加了以下几种模块库,用鼠标左键双击各个模块库的图标,便可打开相应的模块库,各模块库中所包含各个标准模块的功能如下。

(1)附加接收模块库(Additional Sinks)

Power Spectral Density——功率谱密度模块

Averaging Power Spectral Density——平均功率谱密度模块

Spectrum Analyzer——谱分析器模块

Averaging Spectrum Analyzer——平均谱分析器模块

Cross Correlator——互相关器模块

Auto Correlator——自相关器模块

Floating Bar Plot——浮动棒图模块

(2)附加离散系统模块库(Additional Discrete)

Discrete Transfer Fcn(with initial states)——具有初始状态的离散传递函数模块

Discrete Transfer Fcn(with initial outputs)——具有初始输出的离散传递函数模块

Discrete Zero-Pole Fcn(with initial states)——具有初始状态的离散零极点函数模块

Discrete Zero-Pole Fcn(with initial outputs)——具有初始输出的离散零极点函数模块

Idealized ADC quantizer——理想化的 ADC 量化器模块

(3)附加线性模块库(Additional Linear)

Transfer Fcn(with initial states)——具有初始状态的传递函数模块

Transfer Fcn(with initial outputs)——具有初始输出的传递函数模块

Zero-Pole Fcn(with initial states)——具有初始状态的零极点函数模块

Zero-Pole Fcn(with initial outputs)——具有初始输出的零极点函数模块

State-Space(with initial outputs)——具有初始输出的状态空间模块

PID Controller——PID 控制器模块

PID Controller(With Approximate Derivative)——具有实际微分的 PID 控制器模块

（4）转换库(Transformations)

Polar to Cartesian——极坐标到笛卡儿坐标转换模块
Cartesian to Polar——笛卡儿坐标到极坐标转换模块
Spherical to Cartesian——球坐标到笛卡儿坐标转换模块
Cartesian to Spherical——笛卡儿坐标到球坐标转换模块
Fahrenheit to Celsius——华氏温度到摄氏温度转换模块
Celsius to Fahrenheit——摄氏温度到华氏温度转换模块
Degrees to Radians——度到弧度转换模块
Radians to Degrees——弧度到度转换模块

（5）触发器库(Filp Flops)

Clock——时钟模块
D Latch——D 锁存器模块
S-R Flip-Flop——S-R 触发器模块
D Flip-Flop——D 触发器模块
J-K Flip-Flop——J-K 触发器模块(负沿触发)

（6）线性化库(Linearization)

Switched derivative for linearization——转换导数模块
Switched transport delay for linearization——转换传递延迟模块

3．Simulink 响应优化模块集(Simulink Response Optimization)

在 Simulink 库浏览窗口的 Simulink Response Optimization 节点上，通过单击鼠标右键，便可打开如图 6-22 所示的 Simulink Response Optimization 模块集窗口。

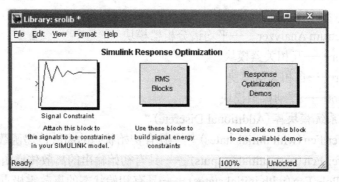

图 6-22　Simulink Response Optimization 模块集

在 Simulink Response Optimization 模块集中包含了以下一个模块和两个模块库。
- Signal Constraint——信号约束模块；
- RMS Blocks ——RMS 模块库；
- Response Optimization Demos——响应优化设计演示模块库。

用鼠标左键双击各个模块库的图标，便可打开相应的模块库。而利用该模块集中的信号约束模块(Signal Constraint)可对非线性系统进行设计，即对其系统参数进行优化。

4．电力系统模块集(SimPowerSystems)

电力系统模块集(SimPowerSystems) 是在 Simulink 环境下专用于电路、电力电子、电气传动和电力系统仿真的模型库，其数学模型是基于电磁和机电方程。SimPowerSystems 中的模块可以和 Simulink 模块集中的模块相连接，建立包含电气系统和控制回路的模型，观察不同控制方案下的系统性能指标，为系统设计提供依据。

在 Simulink 库浏览窗口的 SimPowerSystems 节点上，通过单击鼠标右键后，便可打开如图 6-23 所示的电力系统模块集（SimPowerSystems）窗口。

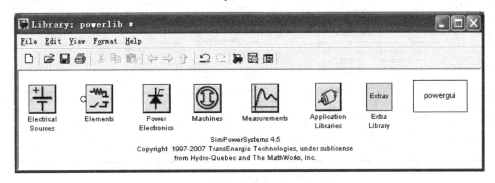

图 6-23　SimPowerSystems 模块集

在 SimPowerSystems 中提供了电力系统用到的各种元器件模型，它包含在以下 7 类模块库中，用鼠标左键双击各个模块库的图标，便可打开相应的模块库，各模块库中所包含各个标准模块的功能如下。

（1）电源模块库（Electrical Sources）

在电源模块库（Electrical Sources）库中，包含了产生电信号的各种模块，其符号及其功能如图 6-24 和表 6-15 所示。

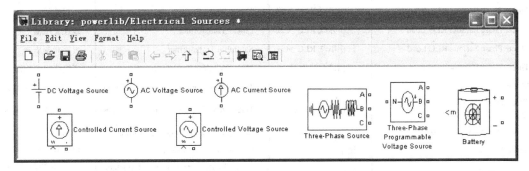

图 6-24　Electrical Sources 模块库

表 6-15　Electrical Sources 标准模块及其功能

模　块　名	功　能	模　块　名	功　能
DC Voltage Source	直流电压源	Controlled Voltage Source	受控电压源
AC Voltage Source	交流电压源	Three-Phase Source	三相电源
AC Current Source	交流电流源	Three-Phase Programmable Voltage Source	三相可编程电压源
Controlled Current Source	受控电流源	Battery	电池

（2）元器件模块库（Elements）

在元器件模块库（Elements）库中，包含了元件（Elements）、线路（Lines）、断路器（Circuit Breakers）和变压器（Transformers）等几类标准模块。它基本上涵盖了绝大多数电路所需要的元器件，其符号及其功能如图 6-25 和表 6-16 所示。

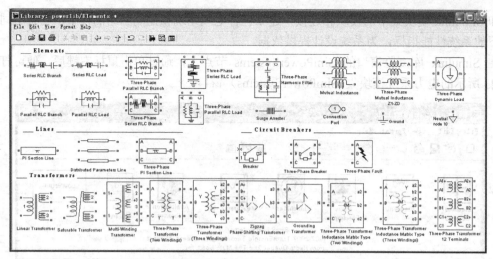

图 6-25 Elements 模块库

表 6-16 Electrical Sources 标准模块及其功能

模 块 名	功 能	模 块 名	功 能
Series RLC Branch	串联 RLC 支路	PI Section Line	π 型线路
Series RLC Load	串联 RLC 负载	Distribution Parameters Line	分布参数线路
Parallel RLC Branch	并联 RLC 支路	Three-Phase PI Section Line	三相 π 型线路
Parallel RLC Load	并联 RLC 负载	Breaker	断路器
Three-Phase Parallel RLC Branch	三相并联 RLC 支路	Three-Phase Breaker	三相断路器
Three-Phase Serious RLC Branch	三相串联 RLC 支路	Three-Phase Fault	三相故障
Three-Phase Parallel RLC Load	三相并联 RLC 负载	Linear Transformer	线性变压器
Three-Phase Serious RLC Load	三相串联 RLC 负载	Saturable Transformer	可饱和变压器
Three-Phase Harmonic Filter	三相谐波滤波器	Multi-Winding Transformer	多线绕组变压器
Mutual Inductance	互感器	Three-Phase Transformer (Tow Windings)	三相双绕组变压器
Three-Phase Harmonic Mutual Inductance Z1-Z0	三相谐波互感器	Three-Phase Transformer (Three Windings)	三相三绕组变压器
Three-Phase Dynamic Load	三相动态负载	Zigzag Phase-Shifting Transformer	移相变压器
Surge Arrester	过电压保护	Grounding Transformer	接地变压器
Connection Port	接口	Three-Phase Transformer Inductance Matrix Type (Tow Windings)	三相双绕组变压器电感矩阵型
Ground	接地点/端	Three-Phase Transformer Inductance Matrix Type (Three Windings)	三相三绕组变压器电感矩阵型
Neutral node 10	中性点	Three-Phase Transformer 12 Terminals	12 接线端子三相变压器

（3）电力电子模块库(Power Electronics)

Power Electronics 库中所包含的各个标准模块及其功能如图 6-26 和表 6-17 所示。

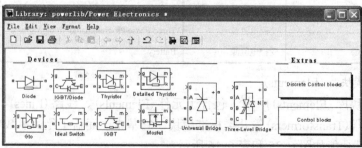

图 6-26 Power Electronics 模块库

表 6-17　Power Electronics 标准模块及其功能

模　块　名	功　　能	模　块　名	功　　能
Diode	二极管	Ideal Switch	理想开关
IGBT/Diode	IGBT/二极管	IGBT	绝缘栅门双极晶体三极管
Thyristor	晶闸管	Mosfet	MOS 场效应晶体管
Detailed Thyristor	详细的晶闸管	Universal Bridge	通用电桥
Gto	门极可关断晶闸管	Three-Level Bridge	3 电平变换桥

另外电力电子模块库(Power Electronics)，还附加了离散控制模块库(Discrete Control blocks)和连续控制模块库(Control blocks)。在这两个模块库中包含了控制系统常用的各类模块，如各种滤波器(Filters)、控制器(Controllers)、信号发生器(Signal Generators)、PWM 发生器(PWM Generators)、脉冲发生器(Pulse Generators)、锁相环路系统(Phase-Locked Loop Systems)、晶闸管脉冲发生机与控制器(Thyristor Pulse Generators & Controllers)和各种各样其他模块(Miscellaneous)等以便用户选择使用。

（4）电机模块库(Machines)

在电机模块库(Machines)库中，包含了同步机(Synchronous Machines)、异步机(Asynchronous Machines)、直流电机(DC Machines)、电动机(Motor)和原动机及调节器(Prime Movers and Regulators)等几类标准模块，其符号及其功能如图 6-27 和表 6-18 所示。

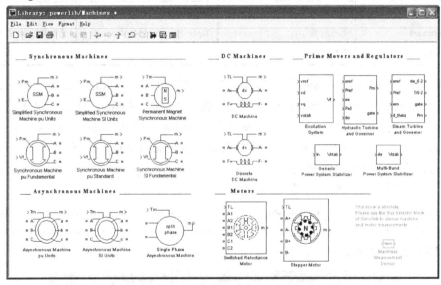

图 6-27　Machines 模块库

表 6-18　Machines 标准模块及其功能

模　块　名	功　　能	模　块　名	功　　能
Simplified Synchronous Machine pu Units	简化同步电机(标幺值单位)	DC Machine	直流电机
Simplified Synchronous Machine SI Units	简化同步电机(国际单位)	Discrete DC Machine	离散直流电机
Permanent Magnet Synchronous Machine	永磁同步电机	Excitation System	励磁系统
Synchronous Machine pu Fundamental	基本同步电机(标幺值单位)	Hydraulic Turbine and Governor	水轮机及其调速器
Synchronous Machine pu Standard	标准同步电机(标幺值单位)	Stream Turbine and Governor	蒸汽轮机及其调速器
Synchronous Machine SI Fundamental	基本同步电机(国际单位)	Generic Power System Stabilizer	通用电力系统稳定器
Asynchronous Machine pu Units	异步电机(标幺值单位)	Multi-Band Power System Stabilizer	多频段电力系统稳定器
Asynchronous Machine SI Units	异步电机(国际单位)	Switched Reluctance Motor	开关磁阻电机
Single Phase Asynchronous Machine	单相异步电机	Stepper Motor	步进电机

（5）测量模块库（Measurements）

Measurements 库中所包含的各个标准模块及其功能如图 6-28 和表 6-19 所示。

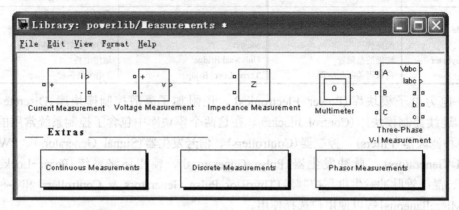

图 6-28　Measurements 模块库

表 6-19　**Measurements** 标准模块及其功能

模　块　名	功　　能	模　块　名	功　　能
Current Measurement	电流测量	Multimeter	万用表
Voltage Measurement	电压测量	Three-Phase V-I Measurement	三相电压-电流测量
Impedance Measurement	阻抗测量		

另外测量模块库（Measurements），还附加了连续变量测量（Continuous Measurements）、离散变量测量（Discrete Measurements）和相量测量模块库（Phasor Measurements）。在这三个模块库中包含了系统常用的各类测量模块，如单相测量（Single-Phase Measurements）、三相测量（Three-Phase Measurements）、功率测量（Power Measurements）和各种各样其他模块（Miscellaneous）等以便用户选择使用。

（6）应用模块库（Application Libraries）

在应用模块库（Application Libraries）库中，包含了三种模块库：电能驱动库（Electric Drives library）、交流输电系统库（Flexible AC Transmission Systems Library）和分布式资源库（Distributed Resources Library），如图 6-29 所示。

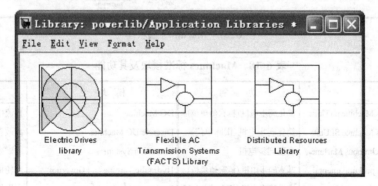

图 6-29　Application Libraries 模块库

用鼠标左键双击各个模块库的图标，便可打开相应的模块库，它们包含的标准模块的符号、名称及封装形式分别如图 6-30(a)、(b) 和 (c) 所示。

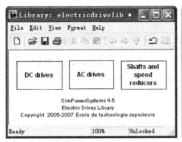 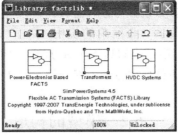 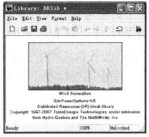

(a) 电能驱动库　　　　　　(b) 交流输电系统库　　　　　(c) 分布式资源库

图 6-30　Application Libraries 模块库中的子模块库

（7）附加模块库（Extra Library）

为了提供更多的应用模块，又在附加模块库（Extra Library）中，附加了以下 5 种模块库：连续变量测量模块库（Measurements）、离散变量测量模块库（Discrete Measurements）、连续系统控制模块库（Control Blocks）、离散系统控制模块库（Discrete Control Blocks）和相量模块库（Phasor Library），如图 6-31 所示。

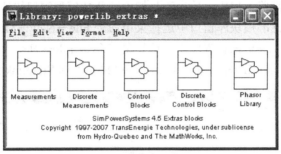

图 6-31　Extra Library 模块库

用鼠标的左键双击各个附加模块库的图标，也可打开相应的模块库。

（8）电力系统参数设置图形用户界面（powergui）

电力系统参数设置图形用户分析界面（powergui）模块是一种用于电路和系统分析的图形接口界面，如图 6-32 所示。该窗口分为三大部分：第一部分是仿真类型（Simulation type）：包括相量仿真（Phasor simulation）、离散系统仿真（Discretize electrical model）和连续系统仿真（Continuous）三种类型。第二部分是选项（Options）：包括在分析过程中显示消息（Show messages during analysis）和恢复被禁用的链接（Restore disabled links?），其中 Restore disabled links? 下拉式菜单中的可选项有：yes，warning 和 no。第三部分是分析工具（Analysis tools）：包括稳态电压和电流（Steady-Voltages and Currents）、初始状态设置（Initial States Setting）、负载流和机器初始化（Load Flow and Machine Initialization）、使用线性浏览器（Use LTI Viewer）、阻抗与频率测量（Impedance vs Frequency Measurement）、快速傅里叶分析（FFT Analysis）、生成报告（Generate Report）、滞后的设计工具（Hysteresis Design Tool）和计算可编程控制器的线路参数（Compute PLC Line Parameters）等分析工具。用鼠标左键单击

图 6-32　Extra Library 模块库

各分析工具便可打开其对应的参数设置与分析窗口。

以上仅对主要的库函数做了一些简单的说明。本章下面将重点介绍 Simulink 模块集(Simulink)的各模块库中主要标准模块的具体使用方法。而电力系统模块集(SimPowerSystems)的各模块库中主要标准模块的具体使用方法,将分别在第 7~10 章中予以详细介绍。

6.2 模型的构造

Simulink 完全采用方框图的"抓取"功能来构造动态系统模型,系统的创建过程就是绘制方框图的过程。在 Simulink 环境中方框图的绘制完全依赖于鼠标操作。

6.2.1 模型编辑窗口

若想新建一个系统方框图,则首先应该打开一个标题为"Untitled"的空白模型编辑窗口,如图 6-33 所示。创建一个新的模型编辑窗口有以下三种方法:

(1) 在 Simulink 库浏览窗口中,单击工具栏中的新建模型窗口快捷按钮"⬜"或"⬚";

(2) 在 Simulink 的标准模块库窗口中选择菜单命令 File→New→Model;

(3) 在 MATLAB 6.x/7.x 操作界面中,选择菜单命令 File→New→Model;或在 MATLAB 8.x/9.x 操作界面的主页(HOME)中,利用新建(New)菜单下的 Simulink Model 命令。

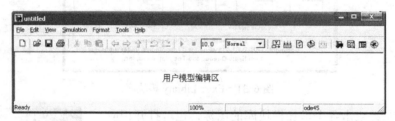

图 6-33 模型编辑窗口

模型编辑窗口由功能菜单、工具栏和用户模型编辑区三部分组成。在模型编辑窗口中允许用户对系统的方框图进行编辑、修改和仿真。

对系统方框图的绘制必须在用户模型编辑区中进行,方框图中所需的各种模块,可直接从 Simulink 库浏览窗口中的各模块集或工具箱中复制相应的标准模块得到。

模型编辑窗口的标题实际上是扩展名为.mdl 的模型文件名,它可利用菜单命令 File→Save as 将其任意更名保存。

为了方便用户建模,模型编辑窗口中设计了以下多种功能菜单。

- File 文件操作菜单

参见 Simulink 模块集中功能菜单的 File 项。

- Edit 编辑菜单

参见 Simulink 模块集中功能菜单的 Edit 项。

- View 查看菜单

参见 Simulink 模块集中功能菜单的 View 项。

- Simulation 仿真操作菜单

Start	开始仿真
Stop	停止仿真
Configuration Parameters	设置仿真参数

Normal	正常的
Accelerator	加速的
External	外部的

● Format 格式菜单

Font	字体设置
Text Alignment	文字对齐
Enable TeX Commands	能运行 TeX 指令
Flip Name	模块名置于模块的相反一边
Flip Block	模块旋转 180 度
Rotate Block	模块顺时针方向旋转 90 度
Hide/Show Name	隐藏/显示模块名
Show Drop Shadow	显示阴影
Show Port Labels	显示端口标注
Foreground Color	前景颜色设置
Background Color	背景颜色设置
Screen Color	屏幕颜色设置
Port/Signal Displays	端口/信号线显示
Block Displays	模块显示
Library Link Display	库连接显示

● Tools 工具菜单

Simulink Debugger	Simulink 调试器
Fixed-point Settings	定点运算设置
Model Advisor	模型指导
Model Reference Graph	模型参考图表
Lookup Table Editor	查表编辑器
Data Class Designer	数据类设计器
Bus Editor	总线编辑器
Profiler	外形制作
Coverage Settings	区域设置
Requirements	系统需求
Inspect Logged Signals	检查信号
Signals & Scope Manager	信号与显示管理器
Real-time Workshop	实时工作空间
External Mode Control Panel	外部方式控制面板
Control Design	控制设计
Parameter Estimation	参数估计
Report Generator	报告产生器
HDL Coder	产生 HDL 代码
Link for TASKING	连接任务
Data Object Wizard	数据目标
System Test	系统测试
Mplay Video Viewer	视频浏览器

● Help 帮助菜单

如果系统方框图模型文件已经存在，则可利用以下三种方法打开一个模型编辑窗口：

（1）在 Simulink 库浏览窗口中，单击工具条中的打开模型文件按钮"🗁"，然后选择或者输入要编辑的模型文件名；

（2）在 Simulink 库窗口中选择菜单命令 File→Open，然后选择或者输入要编辑的模型文件名；

（3）在 MATLAB 指令窗口中直接键入模型文件名(不带.mdl 扩展名)。

通常，利用 MATLAB 高版本可以打开由 MATLAB 低版本编辑的模型文件，但 MATLAB 低版本打不开由高版本编辑的模型文件。而对于 MATLAB 的 M 文件，高低版本均可打开。

模型编辑窗口工具栏中的按钮"🗋 🗁"分别用来快捷新建和打开一个模型窗口；按钮"🖫🖨✂📋📄⇐⇒⇑↻↺"对应的功能与 Windows 操作系统类似；按钮"▶ ■ 100.0 Normal ▼ 🔲"分别用来快捷启动仿真、停止仿真、设置仿真时间、设置仿真加速模式和准备系统仿真；按钮"🏭 📄 ♻ 📄"分别用来快捷产生 RTW 程序代码、刷新系统、更新系统和为子系统产生程序代码；按钮"🔗 📊 🖥 ⊕"，分别用来快捷显示 Simulink 库浏览窗口、打开模块管理器、打开/隐藏模型浏览器和打开调试器。

6.2.2 对象的选定

在建模操作中，诸如复制一个模块或者删除一条连线，都需要首先选定一个或多个模块或连线，我们把这些模块或连线称做对象。

（1）选定单个对象

用鼠标单击待选对象，小黑四方块的"句柄"就会出现在被选中模块的四个角上，或在被选中连线的两个端点旁。

（2）选定一组对象

选定一组对象的方法有以下三种：

① 选定一组不连续对象。在按下【Shift】键的同时，用鼠标单击每一待选的对象。

② 选定一组连续对象。按住鼠标左键向右下方拉出一个矩形虚线框，将所有待选模块包围在其中，然后松开按键，则矩形框里所有的对象同时被选中。

③ 选定整个模型。要选定一个活动窗口的所有对象，只要选择窗口菜单下的 Edit→Select all 命令即可。但不能通过此种方法来选择所有的模块和连线来创建子系统模块。

如果想放弃选中的对象，则只需在空白处单击即可。

6.2.3 模块的操作

模块是 Simulink 模型构造的基本元素，利用鼠标单击和拖拉方式可将仿真模块集或工具箱中标准模块复制到用户模型编辑窗口中，将其相互连接后，便可得到系统方框图。

1. 模块的复制

（1）从一个窗口复制模块到另一个窗口

建立模型时，会经常从 Simulink 模块集、其他模块集或者模型编辑窗口中复制标准模块到当前正在编辑的模型编辑窗口中。复制标准模块，可按以下步骤进行。

① 打开相关的模块集或工具箱或模型编辑窗口以及正在编辑的模型编辑窗口；

② 将光标定位于要复制的模块上，按下鼠标左键并保持住，拖动鼠标到正在编辑的模型编辑窗口中的适当位置，然后松开鼠标左键，就会在选定的位置上复制出相应的模块。新复制

的模块和原模块的名字相同，且继承了原模块的所有参数。但在复制 Sum、Mux、Demux 和 Bus Selector 模块时，Simulink 会隐藏其名字，以避免模型图中不必要的混乱，增加可读性。

由此可见，从一个窗口拖动模块到另一个窗口，其实是从一个窗口复制模块到另一个窗口。

（2）在同一窗口中复制模块

在按下【Ctrl】键的同时，用鼠标左键选中待复制的模块后，将其拖放到希望位置后，松开按键，便完成复制工作。如果采用鼠标右键拖拉，以上复制过程就省掉按【Ctrl】键了。如果同一模块在同一窗口中复制了一次以上，它们会自动在模块名字末加进次序号，以示区别。

另外，还可通过 Edit 菜单下的 Copy 和 Paste 命令来复制模块。

2．模块的移动

（1）从一个窗口移动模块到另一个窗口

模块的移动，可按以下步骤进行。

① 打开相关的模块集或工具箱或模型编辑窗口以及正在编辑的模型编辑窗口；

② 在按下【Shift】键的同时，从一个窗口拖动模块到另一个窗口。

（2）在同一窗口中移动模块

在同一窗口中移动单个模块时，只需将光标置于待移动模块图标上，按住鼠标左键将模块拖放到合适的位置放开鼠标即可，模块移动时，与模块的连线也随之移动，这时 Simulink 将会自动地重画与被移动模块相连的连线。

当移动多个模块及其连线时，首先选中要移动的模块和连线，然后把光标置于待移动模块及其连线的任一处，将其拖动到指定位置即可。

另外，也可通过 Edit 菜单下的 Cut 和 Paste 命令来移动模块。

3．模块的删除

按【Delete】或【Backspace】键即可删除所选定的一个或多个模块。另外，也可通过 Edit 菜单下的 Cut 或 Clear 命令来删除所选定的模块。但 Edit→Cut 命令，可将选定的模块移到 Windows 的剪贴板上，可供 Edit→Paste 命令重新粘贴。

4．模块的旋转

因从标准模块库中复制到模型编辑窗口中的模块，在默认状态下是输入端（大于符号）在左，而输出端（三角符号）在右。在绘制系统方框图时，有时为了使得连线更容易，避免不必要的交叉线，增加框图的可读性，需要对某些模块翻转或旋转，使得其输入端和输出端改变方向。如在反馈回路中的模块希望输入端在右输出端在左。在 Simulink 下实现这一功能是轻而易举的事情，首先用鼠标选中要旋转处理的模块，然后执行 Format→Flip block 命令将此模块旋转 180°；或执行 Format→Rotate block 命令将此模块顺时针方向旋转 90°。

6.2.4 模块间的连接线

系统方框图中的信号沿模块间的连接线传输，连接线可传输标量或向量信号。

（1）模块间的连接线

模块间的连接线是从某模块的输出端（三角符号）出发直指另一模块的输入口（大于符号）的有向线段。它的生成方法是：把鼠标光标移到起点模块的输出端，按鼠标左右的任何一键，看到光标变为"+"字后，拖动"+"字光标到终点模块的输入端，再释放鼠标按钮，则会自动产生一条带箭头的线段，将两个模块连接起来，箭头方向表示信号流向。如想消去某段连线，可先用鼠标单击的方法选定该连线后，再按【Delete】键，则可删除选定的连线。

Sinmulink 在默认状态下使用水平或垂直线段连接模块，若要画斜线，则应在画线时按住【Shift】键。

（2）画支线

支线是从一条已存在的有向线段上任意一点出发，指向另一模块输入口的有向线段。已存在的有向线段和支线传输的是相同的信号，使用支线可以将一个信号传输给多个模块，它一般用于连接方框图中的反向模块。这类支线生成的方法是：把鼠标光标移到有向线段上的任意点处，在按下【Ctrl】键的同时，按下鼠标左键，光标由箭头变为"+"字，拖动鼠标到适当位置后放开左键，屏幕上就出现一条由此点引出的箭头线，再从此箭头开始按住鼠标左右任何一键，沿另一方向拖放到适当位置后松开按键，照此操作，直到整个支线绘完为止。如果采用鼠标右键，以上过程中就省掉按【Ctrl】键了。

6.2.5 模型的保存

在模型编辑窗口中编辑好系统方框图后，可用窗口中的菜单命令 File→Save 将其保存为模型文件(扩展名为.mdl)，模型文件中存有模块图和模块的一些属性，它是以 ASCII 码形式存储的，它也可用窗口中的菜单命令 File→Save as 将其任意更名保存。模型文件名必须是以字母开头的且不能超过 31 个字母、数字和下划线组成的字符串。

例 6-1 建立如图 6-34 所示的系统模型，并将其保存为 ex6_1.mdl 模型文件。

解 ① 首先应该新建一个如图 6-33 所示的空白"Untitled"模型编辑窗口准备绘制系统的方块图，拖动窗口的边线或四角可改变模型编辑窗口的大小。

② 用鼠标左键双击信号源模块库(Source)的图标，打开信号源模块库，并调整该信号

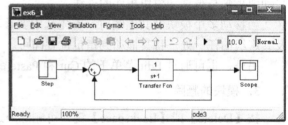

图 6-34　系统方框图模型

源窗口和"Untitled"空白模型编辑窗口互不重叠，然后将光标移到阶跃信号模块(Step)的图标上，按住鼠标左键，将它拖放到用户空白模型编辑窗口中后放开按键，则阶跃信号就被复制到"Untitled"窗口中了。利用信号源模块库窗口右上角的"×"图标关闭该模块库窗口。

③ 用同样的方法分别从数学运算模块库(Math Operations)、连续系统模块库(Conutinuous)和接收模块库(Sinks)中，把求和模块(Sum)、传递函数模块(Trancefer Fun)和示波器模块(Scope)复制到"Untitled"窗口，并把各模块的位置调整到如图 6-34 所示。

④ 用鼠标单击阶跃信号模块(Step)的输出口(三角符号)，拖动鼠标到求和模块(Sum)的左边输入口，放开鼠标按键，则屏幕上就出现一条由信号发生器到求和模块的箭头线。采用相同的方法连接求和模块(Sum)到传递函数模块(Transfer Fcn)、传递函数模块(Transfer Fcn)到示波器模块(Scope)间的连线。

⑤ 把鼠标光标移到传递函数模块和示波器间连线的中点附近，单击鼠标右键，光标由箭头变为"+"字，往下拖动鼠标到适当位置后放开右键，屏幕上就出现一条由中点引出的箭头线，再从此箭头开始按住鼠标左键或右键水平向左画线到适当位置松开鼠标键，照此操作直到光标移到求和模块的下边输入口为止。

⑥ 在模型编辑窗口"Untitled"中选择 File→Save(或 File→Save as)命令，并在弹出的对话框的"文件名"栏填写用户自定义的文件名如 ex6_1，再单击【保存】按钮，便完成了 ex6_1.mdl 模型文件的保存，如图 6-34 所示。

以后在模型编辑窗口中执行命令 File→Open,并选择文件 ex6_1(或在 MATLAB 指令窗下直接运行 ex6_1),便会重新打开如图 6-34 所示的 ex6_1.mdl 模型文件。

6.2.6 模块名字的处理

(1)模块名字的修改

模块名字是指标识模块图标的字符串,为了增加可读性,那些被用户所复制到用户窗口中的标准模块的标题常需做必要的修改,具体方法如下:先用鼠标单击所选标题,输入新的标题(MATLAB 7.5 版仅限英文标题,MATLAB 6.5 版和某些也汉化的 MATLAB 版本允许使用中文标题)然后用鼠标单击窗口中的任一地方,修改工作完成。模块名字的字体、字形和大小也可通过选择菜单命令 Format→Font 来改变。

(2)模块名字位置的改变

模型中所有模块的名字都必须是唯一的,并且必须包含至少一个字符。默认情况下,如果模块的端口在它的左右两边时,模块的名字显示在它的下面,而如果模块的端口在它的上下两边时,模块的名字显示在它的左边。但所选模块的模块名字可通过以下两种方法改变位置:

① 将模块名用鼠标拖至模块相反的一边;
② 选择菜单命令 Format→Flip name,可将所选模块的名字置于模块的相反一边。

(3)模块名字的显示与隐藏

选择 Format 菜单下的 Hide name 或 Show name 命令,便可隐藏或显示所选模块的模块名。

6.2.7 模块内部参数的修改

被复制到用户窗口中的各种模块,保持着与原始标准模块一样的内部参数设置,即内部参数开始均为默认值。如:阶跃信号模块(Step)的默认起始阶跃时间(Step time)是 1,而不是 0;传递函数模块(Trancefer Fcn)的默认值为 $1/(s+1)$ 等。为了适合用户的不同需要,常需对模块的内部参数做必要的修改。此时,用鼠标左键双击待修改内部参数模块的图标,则可打开该模块的参数设置对话框,通过改变对话框中适当栏目中的数据便可。在参数设置时任何 MATLAB 工作内存中已有的变量、合法表达式和 MATLAB 语句等都可以填写在设置栏中,某些模块的方框大小是可以用鼠标调整的。

例 6-2 把例 6-1 中的系统模型修改成图 6-35 所示的系统模型。

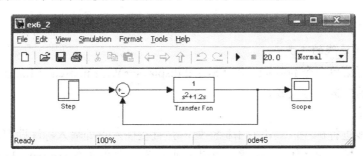

图 6-35 系统模型

解 ① 传递函数模块参数的修改

首先用鼠标左键双击传递函数模块(Trancefer Fun)图标后,弹出其对话框。这时分别在 Numerator coefficient(分子多项式系数)和 Denominator coefficient(分母多项式系数)引导的编辑框中填写系统传递函数的分子和分母多项式系数(由高到低,默认补零)。如在此例中仅把

Denominator coefficient 栏中的默认值[1 1]改成[1 1.2 0]后，单击【OK】键，原传递函数模块图标中的函数表达式就自动变成图 6-35 中的形式。假如传递函数表达式太长，原方框容纳不下，可以用鼠标把它拉到适当大小，使整个方框图标美观易读。

② 求和模块输入极性的修改

用鼠标左键双击求和模块(Sum)，就会弹出其对话框，在对话框中把 List of signs(符号列表)选项中的默认值"＋＋"改为"＋－"后，单击【OK】键，这时求和模块图标便自动改成图 6-35 中所示的形式。

6.2.8 模块的标量扩展

标量扩展是指将一个标量值转变成一个具有相同元素的向量。几乎所有的模块都能接受标量输入或向量输入，产生标量或向量输出，并且允许用户来定义标量或向量参数，这样的模块将称之为向量化了的模块。用户可通过 Format 菜单中的 Wide nonscalar lines 命令来定义模型中的哪些信号线传递的是向量信号，并且将向量信号连线用粗线表示，标量信号连线用细线表示。利用 Edit 菜单中的 Update Diagram 选项可随时更新显示。另外，在仿真开始时也可进行这样的更新显示。

（1）输入的标量扩展

当模块有一个以上的输入时，可以把向量输入和标量输入混合起来。在这种情况下，那个标量输入信号就要进行标量扩展，形成一个具有和向量输入信号维数一样，并具有相同元素的向量，如图 6-36 所示。

（2）参数的标量扩展

对于可以进行标量扩展的那些模块，其参数既可以定义为标量，也可以定义为向量。当为一个向量参数时，向量参数中的每一个元素与输入向量中的每一个元素相对应。而当定义为一个标量参数时，Simulink 就对标量参数进行标量扩展，自动形成一个具有相应维数的向量，如图 6-37 所示。

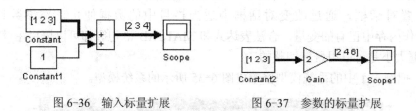

图 6-36　输入标量扩展　　　　　图 6-37　参数的标量扩展

（3）显示/关闭连线的宽度

可以通过选择菜单命令 Format→Port/Signal displays→Wide nonscalar Lines 来显示和关闭模型中用粗线表示的向量信号连线。

（4）信号标注

要对某一连线进行标注，只需双击标注处，并且在插入点处输入标注即可，标注可移动到连线的任何位置。标注的字体、字形和大小也可通过选择菜单命令 Format→Font 来改变。

6.3　连续系统的数字仿真

创建好系统模型后，就可以在用户模型窗口中利用 Simulink 的菜单命令或者在 MATLAB 的命令窗口中利用 MATLAB 的指令操作方式对系统进行仿真了。

6.3.1 利用 Simulink 菜单命令进行仿真

Simulink 的菜单命令方式对于交互式工作非常方便，这种在 Simulink 窗口下进行的仿真最直观，它可使用 Scope 模块或者其他的显示模块，在运行仿真时观察仿真结果。仿真的结果还可保存到 MATLAB 工作空间的变量中，以待进一步的处理。另外，在这种仿真方式下，无论是对框图模型本身还是对数值算法及参数的选择都可以很方便地修改和操纵。模型及仿真参数不仅在仿真前允许编程和修改，而且在仿真过程中也允许做一定程度的修改。在这种菜单仿真方式下，在一个系统仿真的同时，允许打开另一个系统。

1. 仿真参数设置

在启动仿真开始之前，首先应选择系统模型窗口中的 Simulation→Configuration（或 Model Configuratio) Parameters 命令（MATLAB 7.x/8.x/9.x 版）或 Simulation→Simulation parameters（MATLAB 6.x 版）命令来设置仿真算法和参数，这时将给出一个如图 6-38 所示的对话框，它包括 5~7 个页面和四个功能按钮。其中，前两个页面是经常需要用户改变设置的。

(a) MATLAB 7.x/8.x/9.x 版的 Solver 页面

(b) MATLAB 6.x 版的 Solver 页面 1

(c) MATLAB 6.x 版的 Solver 页面 2

图 6-38　Solver 页面对话框

(1) 求解器(Solver)页面

该页面用来设置仿真开始和停止时间、选择仿真算法和指定算法的参数等,如图 6-38 所示。

1) 仿真时间(Simulation time)

仿真时间是由参数对话框中的开始时间(Start time)和停止时间(Stop time)框中的内容来确定的,它们均可修改,默认的开始时间为 0.0 秒,停止时间为 10.0 秒。在仿真过程中允许实时修改仿真的终止时间(Stop time)。

2) 求解器选项(Solver options)

仿真涉及常微分方程组的数值积分,由于动态系统行为的多样性,目前还没有一种算法能够保证所有模型的数值仿真结果总是准确、可靠的。为此,Simulink 在算法类型(Type)选项中,提供了变步长(Variable-step)和定步长(Fixed-step)两大类数值积分算法供用户选择。对于变步长(Variable-step)算法,可以设定最大步长(Max step size)、最小步长(Min step size)、起始步长(Initial step size)、相对容差(Relative tolerance)和绝对容差(Absolute tolerance)。对于定步长(Fixed-step)算法,可以设定固定步长(Fixed-step size)和选择仿真模式(Mode)。因此为得到准确的仿真结果,用户必须针对不同模型仔细选择算法及参数。

① 仿真算法

在求解器选项(Solver options)最上面的两个选择框中,可选择相应的仿真算法。

● 变步长(Variable-step)算法

可以选择的变步长算法有以下几种。默认情况下,采用 ode45。

discrete(no continuous states):discrete 是 Simulink 在检测到模型中没有连续状态时所选择的一种算法。

ode45(Dormand-Prince):ode45 是基于显式 Rung-Kutta(4,5)(四/五阶龙格-库塔法)公式和 Dormand-Prince 公式。它采用的是单步法,也就是说它在计算当前结果时,仅仅使用前一步的值。该算法对于大多数系统有效,最常用,但不适用于刚性(Stiff)系统。

ode23(Bogacki-Shampine):ode23 基于显式 Rung-Kutta(2,3)公式和 Bogacki-Shampine 公式,它采用的是单步法。对于宽误差容限和存在轻微刚性的系统,它比 ode45 更有效一些。

ode113(Adams):ode113 是变阶 Adams-Bashforth-Moulton PECE 算法。它采用的是多步法,即为了计算当前的结果,不仅要知道前一步结果,还要知道前几步结果。在误差容限比较严时,它比 ode45 更有效。它也称阿达姆斯预估-校正法,该方法适用于光滑、非线性、时间常数变化范围不大的系统。

ode15s(stiff/NDF):ode15s 是基于数值微分公式(NDFs)的变阶算法,它与后向微分公式 BDFs(也叫 Gear 方法)有联系,但比它更有效,它采用的是多步法。对于一个刚性系统,或者在用 ode45 时仿真失败或不够有效时,可用 ode15s。

ode23s(stiff/Mod.Rosenbrock):ode23s 基于一个二阶改进的 Rosenbrock 公式。因为它采用的是单步法,所以对于宽误差容限,它比 ode15s 更有效。对于一些用 ode15s 不是很有效的刚性系统,可以用它解决。

ode23t(mod.stiff/Trapezoidal):ode23t 是使用自由内插式梯形规则来实现的。如果系统是适度刚性的,而且需要没有数字阻尼的结果,可采用该算法。

ode23tb(stiff/TR-BDF2):ode23tb 是使用 TR-BDF2 来实现的,即基于隐式 Rung-Kutta 公式,其第一级是梯形规则步长,第二级是二阶反向微分公式,两级计算使用相同的迭代矩阵。与 ode23s 相似,对于宽误差容限,它比 ode15s 更有效。

● 定步长(Fixed-step)算法

可以选择的定步长算法有以下几种。默认情况下，采用 discrete。

discrete(no continuous states)：discrete 是一种实现积分的定步长算法，适用于无连续状态的系统。

ode5(Dormand-Prince)：ode5 是 ode45 的一个定步长算法，基于 Dormand-Prince 公式。

ode4(Rung-Kutta)：ode4 基于四阶龙格-库塔公式。

ode3(Bogacki-Shampine)：ode3 是 ode23 的一个定步长算法，基于 Bogacki-Shampine 公式。

ode2(Heun)：ode2 是 Heun 方法，也叫作改进的欧拉法(Euler)。

ode1(Euler)：ode1 是欧拉法(Euler)，是一种最简单的算法，精度最低，仅用来验证结果。

② 仿真步长

在求解器选项(Solver options)下面的选择框中。对于变步长算法，可以设定最大步长(Max step size)、最小步长(Min step size)和起始步长(Initial step size)。对于定步长算法，可以设定固定步长(Fixed-step size)。默认情况下，这些参数均为 auto，即这些参数将被自动地设定。

对于变步长算法，采用变步长的方法进行仿真，仿真开始时是以起始步长作为计算步长的，在仿真过程中，算法会把算得的局部估计误差与误差容限相比较，在满足仿真精度的前提下，自动拉大步长，提高计算效率。

一般情况下，最大步长可以选择一个较大的数值，但如果选择的过大，可能会出现在仿真点处的仿真结果是正确的，但仿真曲线不是很光滑的情况，故最大步长一般选择为仿真范围的 1/50。通常，最小步长都取的很小，但如果取的太小，会增大计算量。仿真的最小步长和最大步长均可在仿真过程中进行实时修改。

在定点算法中，采用定步长的方法进行仿真，计算步长始终不变。

③ 误差容限

相对容差(Relative tolerance)和绝对容差(Absolute tolerance)中所填写的容差值是用来定义仿真精度的。在变步长仿真过程中，算法会把算得的局部估计误差与这里填写的容许误差限来相比较，当误差超过这一误差限时会自动地对仿真步长做适当的修正，所以说在变步长仿真时，误差限的设置是很重要的，它将关系到微分方程求解的精度。误差限经常在 0.1 和 1e-6 之间取值，它越小，积分的步数就越多，精度也越高，但是过小(如 1e-10)由于计算舍入误差的显著增加，而影响整个精度，误差限在仿真过程中允许实时修改。

④ 仿真模式(Mode)

在采用定步长(Fixed-step)算法进行仿真时，需要在求解器选项(Solver options)下面的仿真模式(Mode)选择框列表中选择仿真模式。

● 多任务模式(Multi Tasking)

如果检测到模块间进行非法采样速率转换，即直接相连模块之间以不同的采样速率运算，单模式会出现错误。在实时多任务系统中，任务间非法采样速率转换可能导致当另一个任务需要时，某一任务输出不能用。通过此类转换检查，多任务模式可以帮助创建现实中合法的多任务系统模型。

使用采样速率转换(rate transition)模块来减少模型中的非法采样速类转换。Simulink 提供了两种这样的模块：Unit delay 模块和 Zero-order hold 模块。减少非法的慢到快转换，插入一个 Unit delay 模块，在慢输出端口和快输入端口之间以低速率运行。减少非法的快到慢转换，插入一个 Zero-order hold 模块，在快输出端口和慢输入端口之间以慢速率运行。

● 单任务模式(Single Tasking)

该模式不检查模块间的采样速率转换。该模式对于建造单任务系统模型非常有用，在此类系统中，任务同步不是问题。

● 自动模式（Auto）

当选用此模式时，如果模型中所有模块运行于同样的采样速率下，Simulink 使用单任务模式；如果模型包含有不同采样速率运行的模块，则使用多任务模式。

3）输出选项（Output options）

在 MATLAB 6.x 版的输出选项（Output options）中，可以选择以下三种输出。

① 细化输出（Refine output）

如果仿真输出太粗糙，该选项可提供额外的输出点。该参数提供时间步之间的整数输出点数，如当细化因子（Refine factor）为 2 时，在时间步输出的同时，在其中间提供输出。细化因子用于变步长求解器，改变细化因子不会改变仿真的步长。

② 产生额外的输出（Produce additional output）

使用该选项，求解器可以在指定的额外的时间产生输出。选定该选项后，Simulink 就会在 Solver 页面上出现一个输出时间域，在该域输入一个 MATLAB 表达式来计算额外时间，也可以指定一个额外时间向量。在额外时间的输出是由连续扩展公式求出的。与细化因子不同，该选项改变仿真的步长，使得时间步长与指定的额外输出时间一致。

③ 只产生指定的输出（Produce specified output only）

该选项只提供指定输出时间的仿真输出，该选项也改变仿真步长，以使时间步长与指定产生输出的时间一致。

（2）数据输入/输出（Data Import/Export）页面

该页面可以将仿真的输出结果保存到 MATLAB 的工作空间变量中，也可以从 MATLAB 的工作空间取得输入和初始状态，如图 6-39 所示。

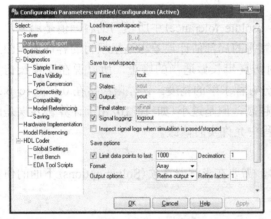
(a) MATLAB 7.x/8.x/9.x 版

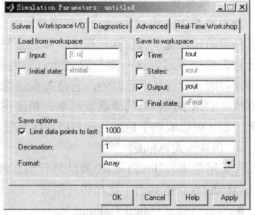
(b) MATLAB 6.x 版

图 6-39 数据输入/输出页面对话框

1）从 MATLAB 的工作空间装入输入和初始状态（Load from workspace）

系统开始仿真时的初始状态，通常在模块中指定，也可以在该页面的 Load from workspace 域的初始状态（Initial states）编辑框中重新指定，以重新装载在模块中指定的初始条件。

Simulink 也可以把 MATLAB 工作空间的变量值当作模型的输入信号，它是通过输入端口输入到模型中的。要指定这一选项，在该页面的 Load from workspace 域中，选中 Input 选框，然后在其后的编辑框中输入外部输入变量（默认内容为[t,u]），并选择【Apply】或【OK】按钮。

外部输入可采用下列任何一种形式。
- 外部输入矩阵(Array)

外部输入矩阵的第一列必须是升序排列的时间向量,其余列指定输入值。每列代表不同输入模块信号序列,每行则是相应时间的输入值。如果选择了数据插值(interpolate data)选项,必要时 Simulink 对输入值进行线性插值或外推。输入矩阵的总列数必须等于 $n+1$,其中 n 为进入模型的信号输入端口总数。如果在 MATLAB 工作空间中定义了 t 和 u,则可以直接采用默认的外部输入标识[t,u]。

- 具有时间的结构(Structure with Time)

Simulink 可以从 MATLAB 工作空间中读入结构形式的数据,但其名字必须在 Input 后的编辑框中指定。输入结构必须有两个字段:时间和信号。时间字段包含一列仿真时间的向量;信号字段包含子结构数组,每个对应模型的一个输出端口;每个子结构有值字段;值字段包含相应输入端口的输入列向量。

- 结构(Structure)

结构格式与具有时间的结构格式一样,只是其时间字段为空。如在下例中,可以指定:ex.time=[ ]。

例 6-3　利用图 6-40 所示的系统对外部输入向量进行显示。

解　① 图中的 Mux 模块(信号合成模块)能将多个标量输入信号合成一个向量输出信号,标量输入信号的数目由 Mux 模块参数对话框中的输入数目(Number of inputs)栏的内容确定;

② 首先在 MATLAB 命令窗口中,利用以下命令定义具有时间结构的外部输入向量 ex。

```
>>ex.time=(0:0.05:10)';
>>ex.signals(1).values=sin(ex.time);
>>ex.signals(2).values=2*cos(ex.time);
>>ex.signals(3).values=3*sin(ex.time).*cos(ex.time);
```

③ 打开示波器(Scope)模块窗口,见图 6-41。

④ 然后利用模型窗口图 6-40 中的 Simulation→Configuration Parameters 命令打开仿真控制面板,并选定数据输入/输出(Data Import/Export)页面中 Load from workspace 区域的 Input 可选框,将系统指定为外部输入,然后在其编辑框中输入结构名 ex,单击【Apply】或【OK】键后,执行 Simulation→Start 命令启动仿真过程,其输出结果如图 6-41 所示。

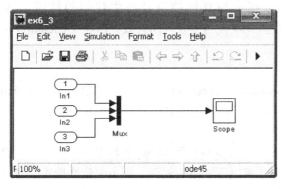

图 6-40　仿真模型

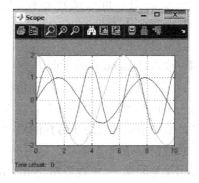

图 6-41　结果显示

2)将结果保存到 MATLAB 的工作空间变量中(Save to workspace)

Simulink 将仿真结果存放在 Save to Workspace 域中指定名字的向量中。它可以通过在 Data Import/Export 页面的 Save to workspace 域中,任意选择时间(Time)、状态(States)、输出

(Output)和最终状态(Final states)选框，并指定返回的变量名。变量名可任意指定，也可采用默认值。若要将某一结果输出到多个变量中，可在此参数输入框中同时指定多个变量名，各变量名之间用逗号分开后外加方括号。指定的返回变量使得 Simulink 将时间、状态、输出和最终状态值输出到 MATLAB 工作空间中，以便进一步对其分析。如果想保存一个稳定状态的结果并从那个已知的状态重新启动仿真，那么保存最终状态(Final state)将非常有用。

3）保存选项(Save options)

可以通过 Save options 域来限制保存输出的数量和指定输出存储的格式。

① 如果计算出来的结果太多，要限制数据的点数，可选择 Limit data points to last 编辑框。一般情况下，该参数选择为 1000 也就足够了。要使用抽取(Decimation)因子，在 Decimation 文本框中输入数值。例如，在 Decimation 文本框中输入的值为 2 时，产生的点将每隔一个保存一个。

② 输出存储格式(Format)选项可以指定输出数据采用下列任何一种形式输出。

● 矩阵(Array)

Simulink 将所选定的以上输出结果分别存储在 Save to Workspace 域中各编辑框命名的矩阵中，默认值分别为 tout, xout, yout 和 xFinal。矩阵的每一列与模型的一个输出或状态相对应，第一行与初始时间相对应。

● 具有时间的结构(Structure with Time)

Simulink 保存模型的结果到一个结构中，该结构的名字是由 Save to Workspace 域中各编辑框命名的，该结构有两个顶层字段：时间和信号。时间字段包含仿真时间向量；信号字段包含子结构数组，每个子结构对应一个模型输出端口或与具有状态的模块相对应。每个子结构包含三个字段：值、标签、模块名。值字段包含相应输出端口的输出向量；标签字段指定与输出相连的信号标签；模块名字段指定输出端口的名字。Simulink 存储模型的状态到一个结构组成相同的模型输出结构中。

● 结构(Structure)

该格式与前面所述的结构基本一样，只是不保存仿真时间到结构的时间字段中。

③ MATLAB 7.5 版该页面中的输出选项(Output options)与 MATLAB 6.5 版求解器(Solver)页面中的输出选项(Output options)一样，也可选择细化输出(Refine output)、产生额外的输出(Produce additional output)和只产生指定的输出(Produce specified output only)三种形式。

（3）优化(Optimization)页面

在该页面中，可以选择不同的选项来提高仿真性能以及产生代码的性能。其中，Simulation and code Generation 栏设置对模型仿真及代码生成共同有效；Code Generation 栏设置仅对代码生成有效。

（4）诊断(Diagnostics)页面

在该页面中，可以设定一致性检查(Consistency checking)和边界检查(Bounds checking)。对于每一事件类型，可以选择是否需要提示消息，是警告消息还是错误消息。警告消息不会终止仿真，错误消息则会终止仿真的运行。

一致性检查是一个调试工具，用它可以验证 Simulink 的 ODE 求解器所做的某些假设。它的主要用途是确保 S-函数遵循 Simulink 内建模块所遵循的规则。因为一致性检查会导致性能的大幅度下降(高达 40%)，所以一般应将它设为关的状态。使用一致性检查可以验证 S-函数，并有助于确定导致意外仿真结果的原因。

一致性检查的另一个目的是保证当模块被一个给定的时间值 t 调用时，它产生一常量输出。这对于刚性算法(ode23s 和 ode15s)非常重要，因为当计算 Jacobi 行列式时，模块的输出函数可能会被以相同的时间值 t 调用多次。

如果选择了一致性检查，Simulink 重新计算某些值，并将它们与保存在内存中的值进行比较，如果这些值有不相同的，将会产生一致性错误。

（5）硬件设置（Hardware Implementation）页面

该页面主要针对计算机系统模型，如嵌入式控制器。允许设置一些用来表示系统的硬件参数。

（6）模型参考（Model Referencing）页面

该页面允许用户设置模型中的其他子模型，或者包含在其他模型中的此模型，以便仿真的调试和目标代码的生成。

（7）实时工作空间（Real-time Workshop）页面

在该页面中，可以设置影响 Real-time Workshop 生成代码和构建可执行文件的诸多参数和选项。

2．仿真结果分析

设置完以上仿真控制参数后，则可选择 Simulation→Start 命令来启动仿真过程，在仿真结束时会自动发出一声鸣叫。在仿真过程中还允许采用 Simulation 菜单下的 Pause 和 Continue 命令来暂停或继续仿真过程，若选择 Simulation→Stop 命令，则人为终止仿真过程。结果分析有助于模型的改进和完善，同时结果分析也是仿真的主要目的。仿真结果可采用以下几种方法得到。

（1）利用示波器模块（Scope）得到输出结果

当利用示波器模块作输出时，它不仅会自动地将仿真的结果从示波器上实时地显示出来。而且也可同时把示波器缓冲区存储的数据，送到 MATLAB 工作空间指定的变量中保存起来，以便利用绘图命令在 MATLAB 命令窗口里绘制出图形。

在示波器模块的窗口中，利用参数（parameters）设置快捷按钮"📋"或"⚙"，可打开如图 6-42 所示的示波器模块参数对话框。

(a) General 参数　　　　　　　　　　(b) Data history 参数

图 6-42　示波器参数设置对话框

示波器参数对话框中有两个页面，图 6-42(a)为一般参数设置（General）窗口，图 6-42(b)为数据存储参数设置（Data history）窗口。

图 6-42(a)中的参数设置窗口，主要是针对示波器窗口的坐标系与曲线显示方面的设置，如示波器窗口内的坐标系个数（Number of axes）、信号显示的时间范围（Time range）、坐标系标注标识（Tick labels）与否。利用"Sampling"下拉菜单，可以分别设置数据的显示频度（Decimation）和显示点的采样时间间隔（Sample time）。另外，"floating scope"被选中时，示波器为游离状态，该状态下的示波器也称为游离示波器。所谓游离示波器是指在模型视窗中与系统模型没有任何可见连线的示波器（也无输入端口），它在仿真过程中可实时观察任何一

点的动态波形。具体使用方法为：在启动仿真前，首先打开游离示波器，并用鼠标单击其窗口，以使其处于击活状态。这时游离示波器就处于工作状态，以等待信号的输入；然后用鼠标左键单击选定待观察信号波形的连接线，以将其信号作为游离示波器待观察的信号。在启动仿真后，便可在游离示波器中看到待观察点的信号波形。在仿真过程中用鼠标可任意更改游离示波器的待观察点。

图 6-42(b) 中的参数设置窗口，主要是针对示波器的数据存储与传送方面的设置。如"Limit data points to last"栏可设置示波器缓冲区存储数据的最大长度。"Save data to workspace"项用来把示波器缓冲区存储的数据送到 MATLAB 工作空间，且由"Variable name"栏指定的变量中。这里数据保存的格式(Format)，也有三种选择：Array(矩阵)、Structure(结构)和 Structure with time(带时间的结构)。

例 6-4 对图 6-43 所示的系统进行仿真。

解 ① 用鼠标左键双击信号发生器(Signal Generator)的图标，就会给出一个如图 6-44 所示的对话框。

该模块中提供了 4 种输入方式：正弦、方波、锯齿波和随机信号，用户可以从中选择一种输入信号。而对于幅值(Amplitude)和 Frequency(频率)栏目中的数值可任意改变。

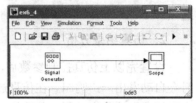

图 6-43 仿真模型

在此例中除幅值改为 3 和坐标单位(Units)采用 Hertz 外，波形和频率均采用默认值。设置完参数后单击【OK】按钮，接收新参数。

② 打开示波器的参数设置(parameters)对话框。在"Data history"页面中，首先选中"Save data to workspace"项，把"Variable name"中的变量名改为 y；再将数据保存的格式(Format)选为 Array(矩阵)后，单击【OK】按钮返回。

③ 在 Simulink 中，仿真中的动态数据的计算都是由数值积分实现的。尽管本例从信号发生器到示波器没通过其他环节(实际上可认为经过一个增益为 1 的比例环节)，但动态数据仍是经数值积分计算得到的，因此在仿真前，仍需执行 Simulation→Configuration Parameters 命令来设置仿真控制面板中相应的参数，参见图 6-38。此例中在求解器选项（Solver options)页面中选择定步长(Fixed-step)算法，并把固定步长(Fixed-step size)一栏中的默认值 auto 改为 0.05，以确保最大仿真步长小于周期的 1/10，否则波形会失真。设置完参数后用鼠标单击【OK】按钮接收新参数，同时关闭此对话框。

④ 选择 Simulation→Start 命令启动仿真过程，便可在示波器上看到相应的曲线。另外，在 MATLAB 命令窗口中利用以下命令，便可得到如图 6-45 所示的输出曲线。

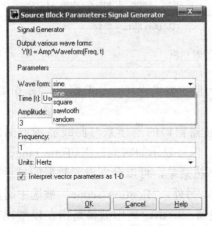

图 6-44 信号发生器对话框

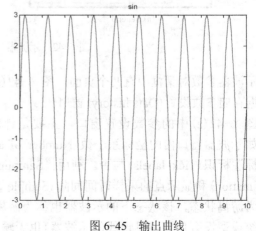

图 6-45 输出曲线

```
>>plot(y(:,1),y(:,2));title('sin')
```

除了示波器形象的输出之外，用户还可以用 To Workspace 模块或 Out1 模块将仿真结果返回到 MATLAB 的工作空间变量中，这样返回的结果当然可以利用 MATLAB 命令来进一步处理。

（2）利用输出接口模块(Out1)得到输出结果

利用输出接口(Out1)模块把仿真结果返回到 MATLAB 的工作空间时，就必须选定图 6-39 所示的 Data Import/Export 页面中的时间变量(Time)和输出变量(Output)对话框，对话框中的变量名既可采用默认的，也可根据需要更名。状态变量(States)和终值状态变量(Final state)对话框为任选。

例 6-5　对图 6-46 所示的模型框图进行仿真。

解　① 双击阶跃信号模块(Step)的图标可打开其对话框。将阶跃信号模块的起始阶跃时间(Step time)改为 0(默认值为 1)，其余参数采用默认值，单击【OK】按钮返回。

② 选择 Simulation→Configuration Parameters 命令，打开仿真参数控制面板，在图 6-38 所示的求解器选项 (Solver options)页面，把终止时间(Stop time)栏中的内容改为 20，其余参数采用默认值；在图 6-39 所示的数据输入/输出(Data Import/Export)页面，把时间变量(Time)和输出变量(Output)对话框中的变量改为 t 和 y，其余参数采用默认值，单击【OK】按钮返回。

③ 选择 Simulation→Start 命令开始仿真，等听到一声嘟后仿真便结束，此时可返回到 MATLAB 工作窗口，运行命令

```
>> plot(t,y)
```

便可得到图 6-47 所示的输出响应曲线。

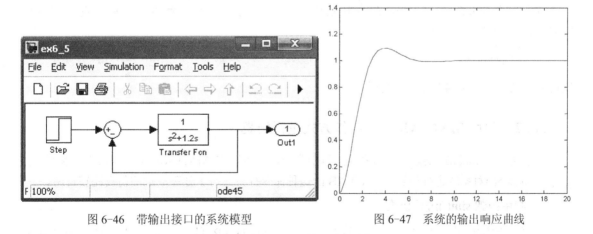

图 6-46　带输出接口的系统模型　　　　图 6-47　系统的输出响应曲线

（3）利用把数据传送到工作空间模块(To Workspace)得到输出结果

利用 To Workspace 模块向 MATLAB 工作空间传送数据时，应该为其指定一个变量名，它是通过用鼠标左键双击该模块的图标来完成的，这将给出如图 6-48 所示的对话框。用户可以在 Variable name (变量名)引导的编辑框中输入相应的变量名。

例 6-6　对图 6-49 所示系统模型进行仿真。

解　① 阶跃信号模块的起始阶跃时间(Step time)改为 0，其余采用默认值。

② 将 To Workspace 和 To Workspace1 模块参数对话框中的变量名(Variable name)一栏中的内容分别改为 y 和 t，并选择保存类型(Save format)一栏中的选项均为列矩阵的形式(Array)。

图 6-48 To Workspace 参数设置对话框

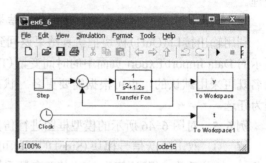
图 6-49 带 To workspace 模块的系统模型

③ 选择 Simulation→Configuration Parameters 命令，打开如图 6-38 所示的求解器选项 (Solver options) 页面，把终止时间（Stop time）栏中的内容改为 20，其余参数均采用默认值；在图 6-39 所示的数据输入/输出(Data Import/Export)页面中，不选任何对话框。最后单击【OK】按钮返回。

④ 模型框图 6-49 中的时钟模块(Clock)是必须的，它由信号源模块库(Sources)复制而得，因在变步长的仿真过程中，在把输出传送到 MATLAB 工作空间的同时，还应把时间信号 t 也传送过去，以便根据需要绘制输出特性曲线。当然在图 6-39 所示的数据输入/输出(Data Import/Export)页面中，如果选定时间变量(Time)对话框，且把对话框中的变量改为 t 时，图 6-49 中的 Clock 和 To Workspace1 模块可以省略。

⑤ 选择 Simulation→Start 命令开始仿真，等听到一声嘟响后仿真结束，此时可返回 MATLAB 工作窗口，运行命令

```
>> plot(t,y)
```

便可同样得到如图 6-47 所示的图形。

6.3.2 利用 MATLAB 指令操作方式进行仿真

除了利用 Simulink 菜单命令对系统进行仿真外，还可以在 MATLAB 工作窗口中，利用函数 sim( )或 ode45( )对系统进行仿真，MATLAB 的这种命令行方式对于处理成批的仿真比较有用。

1．利用函数 sim( )进行仿真

当系统的数学模型以系统方框图描述时，在 MATLAB 的工作窗口中，通常利用函数 sim( )对系统进行仿真，函数 sim( )的调用格式为

[t,x,y]=sim('model',tspan,options,ut)

或

[t,x,y1,y2,…,yn]=sim('model',tspan,options,ut)

说明：（1）在这两种调用格式中，除第一个输入参数 model 外，其余输入参数均可默认。所有被指定为空矩阵([ ])的参数值都会采用 Simulation→Configuration Parameters 对话框中已设定的仿真参数，而命令中指定的可选参数重置了 Simulation→Configuration Parameters 对话框中设定的参数；

（2）输入参数 model 是待仿真系统的模型文件名，它既可由 Simulink 的模型编辑窗口建成，也可直接由字处理器编写；

(3) 对于 M 文件和 MEX 文件形式的 S-函数，model 和 tspan 参数是必需的；

(4) 输入参数 tspan 为仿真时间区间，当其为标量 tf 时，默认仿真时间区间为[0,tf]，当其为二元行向量[t0,tf]时，仿真时间区间为[t0,tf]；

(5) 输入参数 options 是结构图的可选仿真参数，它由 simset 命令指定。

(6) 输入参数 ut 为被仿真系统的外部输入函数，它可以是字符串或数值表，如字符串 "one(2,1)*sin(3*t)" 表示二元输入列向量，输入数值表的格式是第一列为时间序列，其余每列代表在该时间序列上的各输入向量。

(7) 输出参数 t,x,y 的含义：t 为取积分值的时间点序列向量；x 为系统的状态序列矩阵；y 为系统输出序列矩阵，每列表示一个输出的时间序列。

(8) 输出参数 y1,…, yn 仅适用于模块图模型，n 是输出接口 Out1 模块的个数，每一模块的输出返回在相应的 yi 中。

当模型框图上有输出接口 Out1 模块时，才能得到输出参数 y 或 y1,…, yn。否则所得的输出 y 或 y1,…, yn 将是空"[ ]"。

函数 simset( )创建一个叫作 options 的结构，该结构中指定了有关的仿真参数和求解器属性的值。结构中没有指定的参数和属性值取它们的默认值。要唯一地识别某一参数和属性，只需输入最前面的足够多的字符就可以了，输入的字符不分大小写。它的调用格式为：

     options=simset(property,value,…)
     options=simset(old_opstruct,property,value,…)
     options=simset(old_opstruct,new_opstruct)

上面的第一条命令设置被指名属性的值，并保存在 options 结构中；第二条命令修改已存在的结构 old_opstruct 中的被指名属性的值，并保存在 options 结构中；第三条命令将已存在的结构 old_opstruct 和 new_opstruct 合并成 options，任何 new_opstruct 中定义的属性将重写 old_opstruct 中定义的相同属性。

不带任何参数的函数 simset( )显示所有属性的名字和它们的值。

例 6-7 对例 6-5 中图 6-46 所示系统进行初始状态不同设置的仿真。

解 ① 对于图 6-46 所示的系统模型 ex6_5，在数据输入/输出(Data Import/Export)页面中，选定从工作空间输入参数功能栏(Load from workspace)中的初始状态选择框(Initial state)，并输入初始状态向量[0.5，0]，其余参数同例 6-5，在接收以上参数后，将其另存为模型文件 ex6_7；

② 在 MATLAB 指令窗口中，运行以下指令，可得图 6-50 所示的相轨迹图。

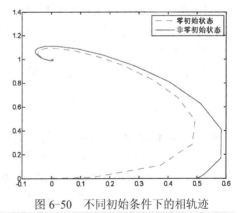

图 6-50 不同初始条件下的相轨迹

```
>>[t,x1,y1]=sim('ex6_5',20);[t,x2,y2]=sim('ex6_7',20);
>>plot(x1(:,1), x1(:,2), 'r:', x2(:,1), x2(:,2),'b-');legend('零初始状态','非零初始状态')
```

对图 6-49 所示方框图模型，采用以上命令将不可能获得输出响应，因为 To Workspace 模块不同于输出接口模块(out1)，因由这条指令运行所得的输出 y 将是空"[ ]"。

2．利用函数 ode45( )进行仿真

当系统的数学模型以微分方程给出时，通常在 MATLAB 的工作窗口中，利用函数 ode45( )对系统进行仿真求解运算，函数 ode45 ( )的调用格式为

$$[t,x]=ode45(fun,tspan,x0,tol)$$

其中，fun 为函数名，用来描述系统状态方程的 M 函数文件；tspan 为仿真时间区间，当其为标量 tf 时，默认仿真时间区间为[0,tf]，当其为二元行向量[t0,tf]时，仿真时间区间为[t0,tf]；x0 为状态方程的初始向量值；tol 用来指定精度，其默认值为 10^{-3}；返回变量 t 为时间，x 为状态方程的解向量。

另外，利用函数 ode23( )、ode113( )、ode15s( )、ode23s( )、ode23t( )和 ode23tb( )也可对系统进行同样的仿真，它们的调用格式与函数 ode45( )完全相同。这些函数的使用范围与 Simulink 求解器选项(Solver options)中变步长仿真算法相对应。

例 6-8 求微分方程

$$\begin{cases} \dot{x}_1 = x_2 \\ \dot{x}_2 = (1-x_1^2)x_2 - x_1 \end{cases}, \quad \begin{cases} x_1(0) = 1 \\ x_2(0) = 0 \end{cases}$$

在其初始条件下的解。

解 首先根据以上微分方程编写一个函数 ex6_8.m。

```
%ex6_8.m
function dx=ex6_8(t,x)
dx=[x(2);(1-x(1)^2)*x(2)-x(1)];
```

再利用以下 MATLAB 命令，即可求出微分方程在时间区间[0,30]上的解曲线(见图 5-6)。

```
>>[t,x]=ode45('ex6_8',[0,30],[1;0]);plot(t,x(:,1),t,x(:,2));xlabel('t');ylabel('x(t)')
```

6.3.3 模块参数的动态交换

1. 在 MATLAB 工作空间中定义变量

方框图模块在仿真时所需的参数和初始变量取自模块对话框，而模块对话框中填写的 MATLAB 变量以及表达式又来自 MATLAB 工作空间，不管仿真以何种方式进行，总可以在 MATLAB 工作空间中为 Simulink 模块预定义参数和初始变量，也可以在指令窗口或命令文件中交互地进行变量的数值传递。

例 6-9 假设单输入双输出的状态空间表达式

$$\begin{cases} \dot{x} = Ax + bu \\ y = Cx + du \end{cases}$$

其中，矩阵 A,b,C,d 和初始条件向量 x_0 分别为

$$A = \begin{bmatrix} -0.3 & 0 & 0 \\ 2.9 & -0.62 & -2.3 \\ 0 & 2.3 & 0 \end{bmatrix}, \quad b = \begin{bmatrix} 1 \\ 0 \\ 0 \end{bmatrix}, \quad C = \begin{bmatrix} 1 & 1 & 0 \\ 1 & -3 & 1 \end{bmatrix}, \quad d = \begin{bmatrix} 0 \\ 1 \end{bmatrix}, \quad x_0 = \begin{bmatrix} 1 \\ 1 \\ 1 \end{bmatrix}$$

解 ① 构造如图 6-51 所示的方框图系统并将其保存为 ex6_9 模型文件；

② 输入接口(In1)和输出接口(Out1 和 Out2)分别用于接收外输入信号 u 和输出系统的两个输出变量 y1 和 y2；

③ Demux 模块(信号分离模块)将一个向量信号分解为若干个输出信号，输出信号的数目由 Demux

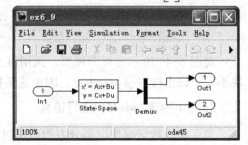

图 6-51 仿真系统的方框图模型

模块参数对话框中的输出数目(Number of outputs)栏中的内容确定，如本例设为2；

④ 打开状态空间模块(State-Space)的参数对话框，并将 A,b,C,d 分别填入参数对话框中的 A,B,C,D 四个矩阵参数输入栏中，而在初始条件(Initial Conditions)栏中直接填入初始向量参数 [1;1;1]，如图 6-52 所示；

⑤ 在 MATLAB 指令方式下，运行以下指令，可得图 6-53。

```
>>A=[-0.3,0,0;2.9,-0.62,-2.3;0,2.3,0];b=[1;0;0];C=[1,1,0;1,-3,1];d=[0;1];
>>[t,x,y]=sim('ex6_9',10);plot(t,y(:,1),':b',t,y(:,2),'-r'); legend('y1','y2')
```

在本例中如把矩阵 A,b,C,d 的值直接填入状态空间参数对话框中相应的栏目中，则以上第 1 行的指令可省略。当然初始向量 x_0 的值也可利用以下 MATLAB 命令给定，但此时需将初始条件(Initial Conditions)栏中的内容变为 x0。

```
>>x0=[1;1;1];
```

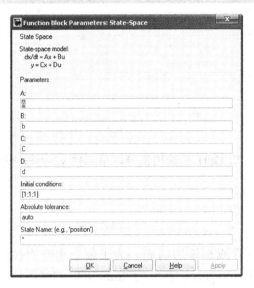

图 6-52 状态空间参数对话框

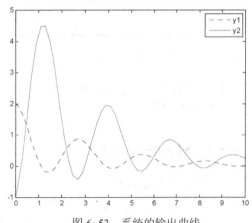

图 6-53 系统的输出曲线

2. 使用全局变量实现数据交换

在参数优化、灵敏度等计算中，常需要实现几个文件之间的数据交换，那么采用前面所说的预定义方式是不可行的，这时，可以采用全局变量来实现数据传递，定义全局变量的命令格式如下

$$\text{global a b c}$$

在此，参数 a,b,c 被定义为全局变量。使用全局变量要注意，全局变量应在使用它们的所有命令文件、函数文件、工作内存中加以定义才能被共享。即当其中某一个文件使全局变量数值发生改变后，新值马上传送到其他文件，当然也包括参与运行的框图模型。

3. 使用 set_param( )指令传送数据

指令 set_param( )是专门设计用来更改 Simulink 模块参数的。事实上，模块对话框中的参数设置都是靠这个指令来实现的，该函数的调用格式为

$$\text{set\_param(Name,Parameter1,Value1,Parameter2,Value2,…)}$$

其中，Name 是系统/模块名；Parameter 是待修改的参数名；Value 是新指定值。

例 6-10 对图 6-54 所示系统模型进行仿真。

解 ① 将图 6-54 所示的简单系统以文件名 ex6_10 保存，为了保证以下指令正常运行，系统模型 ex6_10 窗口不要关闭；

② 在 MATLAB 指令方式下，运行以下命令，可得图 6-55 所示的输出曲线。

```
>>set_param('ex6_10/Gain', 'Gain', '2');    %把 ex6_10 中 Gain 模块中的增益(Gain)设为 2
>>[t,x,y]=sim('ex6_10',10);plot(t,y(:,1),':b',t, y(:,2),'-r');legend('y1','y2')
```

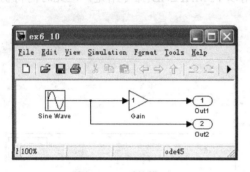

图 6-54 系统模型

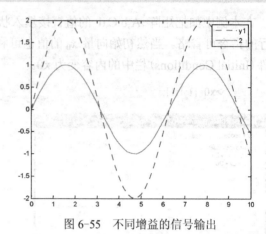

图 6-55 不同增益的信号输出

仿真所得系统输出 y 矩阵的第一列 y1 为输出接口 Out1 的输出信号，第二列 y2 为输出接口 Out2 的输出信号。

6.3.4 Simulink 调试器

由用户建立的系统模型，有时可能会出现这样或那样的问题，为了便于用户查找问题，Simulink 设置了动态仿真调试器(Simulink Debugger)。在利用 Simulink 调试器调试时，系统能实时地显示模型的状态和模块的数据传输。用户可以一步一步地进行仿真，以便发现系统模型问题所在。Simulink 调试器(Simulink Debugger)的启动，可采用以下两种方法：

（1）在模型窗口的工具条中，单击 Simulink Debugger 的快捷启动按钮"❋"；

（2）在模型窗口的功能菜单中，执行命令 Tools→Simulink Debugger。

启动 Simulink 调试器后，便可显示如图 6-56 所示的 Simulink Debugger 窗口。该窗口由快捷键、控制选项和结果输出三部分组成。

在 Simulink Debugger 窗口工具栏中设置了以下快捷按钮：

　进入当前方法；　　　　　　　　　跨过当前方法；

　暂时离开当前方法；　　　　　　　在下一个时间步返回第一个方法；

　运行到下一个模块；　　　　　　　开始或者继续仿真；

　暂停仿真；　　　　　　　　　　　终止调试过程；

　在被选择的模型前设置断点；　　　在被选择的模型处设置显示点；

　显示被选择的模块当前时间步的输入输出；

　开启或关闭动画；　　　　　　　　动画延迟时间。

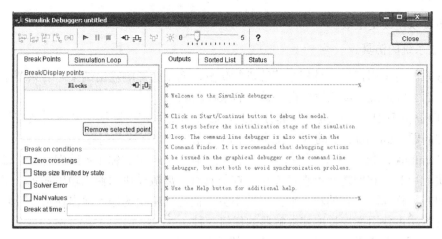

图 6-56　Simulink 调试器窗口

在控制选项中，可以设置中断点（Break Points）及仿真路线（Simulation Loop），其中设置中断点项包括以下选项：

Zero Crossing——过零点检测时产生断点；
Step size limited state——在状态受到条件约束时产生断点；
Solver Error——求解器页面错误时产生断点；
NaN values——遇到无限大时产生断点。

在结果输出项中，可以得到调试过程中输出和状态的有关信息。

6.4　离散系统的数字仿真

Simulink 具有仿真离散系统的能力。模型可以是多采样率的，也就是说，它们可以包含有以不同速率采样的模块。模型还可以是既包含有连续模块，又包含有离散模块的混合模型。

1．离散模块

在离散模块中均包含一个采样时间（Sample time）参数设定栏，见图 6-57 所示离散传递函数模块（Discrete Transfer Fcn）的参数设置对话框。

离散模块中的采样时间参数用来设定离散模块状态改变的采样时间，通常，采样时间被设成标量变量，然而，它也可以通过在该参数域中指定一个包含有两个元素的向量来指定一个时间偏移量。例如若仅在采样时间（Sample time）参数设定栏填写一个标量参数，那么它就是采样时间。若在此栏中填写二元向量[T_s,offset]，那么该量的第一个元素指定采样时间 T_s，第二个元素设置偏移时间 offset，实际采样时间为 $t=n*T_s$ + offset。在此，n 为整数，offset 是绝对值小于采样时间 T_s 的实数。若要求模型必须在某时刻更新，或要求一些离散模块必须比另外一些离散模块更新得早一些或晚一些时，就必须借助 offset 的设置来实现。

图 6-57　离散传递函数模块的参数设置对话框

当仿真正在运行时，不能改变模块的采样时间。如果需要改变模块的采样时间，必须停止并重启动仿真以使改变生效。

2. 离散系统的仿真

纯离散系统可使用任何一种积分算法进行仿真，而不会影响输出结果。若只要采样瞬间的输出数据，那么应把最小步长设置得比最大的采样间隔大。

在对连续-离散混合系统进行仿真分析时，必须考虑系统中连续信号与离散信号采样时间之间的匹配问题。Simulink 中的变步长连续求解器充分考虑了这些问题。

由于 Simulink 的每个离散模块都有一个内置的输入采样器和输出零阶保持器，故连续模块和离散模块混用时，它们之间可直接连接。在仿真时，离散模块的输入输出在每个采样周期更新一次，即在采样间隔内它的输入输出保持不变；而连续模块的输入输出在每个计算步长更新一次。仿真算法可使用变步长连续求解器的任何一种。

例 6-11 设人口变化的非线性离散系统的差分方程为

$$p(k) = rp(k-1)[1 - \frac{p(k-1)}{N}]$$

其中，k 表示年份；$p(k)$ 为某一年的人口数目；$p(k-1)$ 为上一年的人口数目。

如果设人口初始值 $p(0)=200000$，人口繁殖速率 $r = 1.05$，新增资源所能满足的个体数目 $N=1000000$，要求建立此人口动态变化系统的系统模型，并分析人口数目在 0 至 100 年之间的变化趋势。

解 ① 根据上式建立如图 6-58 所示仿真模型 ex6_11；
② 图中增益模块 Gain 表示人口繁殖速率，故将其增益改为 1.05；
③ 图中增益模块 Gain1 表示新增资源所能满足的个体数目的倒数 1/N，故将其增益改为 1/1000000；
④ 将图中单位延迟模块 Unit Delay 的初始条件设为 200000，表示人口初始值；
⑤ 将图中求和模块关系符改为 "- +"；
⑥ 将仿真时间设为 100，打开示波器，启动仿真便可得到如图 6-59 所示的仿真曲线。

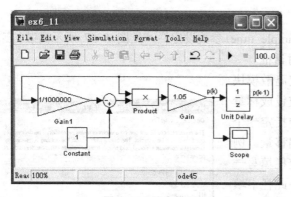

图 6-58　仿真模型

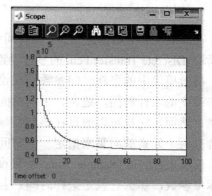

图 6-59　仿真曲线

由仿真结果可知，人口在最初的 20 年内下降很快，在(20,60)年之间下降变得较为缓慢，在[60,100]年之间人口基本趋于平稳。

3. 多频采样系统的仿真

多频采样系统包含有不同采样速率的离散模块。在 Simulink 中，多频采样纯离散系统和多频采样连续-离散混合系统的建模与仿真都可以进行。

例 6-12 对图 6-60 所示双速率采样系统进行仿真。

解 ① 设两个离散传递函数模块的采样时间和偏离时间分别为[1,0.1]和[0.7,0]，并把两个离散模块的标题分别改为"T_f=1,offset=0.1"和"T_f=0.7,offset=0"，如图6-60所示；

② 把阶跃信号模块(Step)的起始阶跃时刻设置为0；

③ 利用 Format→Port/Signal Displays→Sample time color 命令，用颜色显示出两个模块采样时间的不同；

④ 在 MATLAB 命令窗口中，运行以下命令，可得如图6-61所示曲线。

```
>>[t,x,y]=sim('ex6_12',3);stairs(t,y); legend('y1','y2')
```

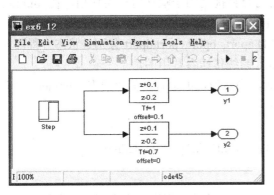
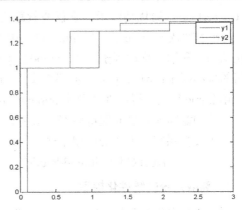

图6-60 多采样速率的离散系统　　　　图6-61 不同采样速率模块的输出结果

6.5 仿真系统的线性化模型

在一般的非线性系统分析中，常需要在平衡点处求系统的线性化模型，同样利用 Simulink 提供的基本函数，也可对非线性系统进行线性化处理。

1. 平衡点的确定

利用 Simulink 提供的函数 trim( )可根据系统的模型文件来求出系统的平衡点，但在绘制 Simulink 模型时注意首先应该将系统的输入和输出用输入/输出接口模块(In1/Out1)来表示。该函数的调用格式如下

$$[x,u,y,dx]=\text{trim}('model',x0,u0,y0,ix,iu,iy)$$

其中，输入参数 model 是模型文件名；输入参数 x0,u0,y0 分别为系统的状态向量、输入向量和输出向量的初始值；输入参数 ix,iu,iy 都是整数向量，它们的元素指示初始向量 x0,u0,y0 哪些分量将固定不变；输出参数 x,u,y,dx 分别为系统在平衡点处的状态向量、输入向量、输出向量和状态向量的变化率。

由于该函数是通过极小化的算法来求出系统的平衡点的，所以有时不能保证状态向量的变化率等于零。也即除非问题本身的最小值唯一，否则不能保证所求的平衡点是最佳的，因此，若想寻找全局最佳平衡点，必须多试几组初始值。

当系统有不连续状态时，函数 trim( )一般不适用，而 trim4( )函数也许能给出较好的结果。

对于函数 trim( )的调用，也可写成如下的格式

$$[x,u,y,dx]=\text{trim}('model')$$

这时会在默认的输入与输出下求出系统的平衡点来，这样的方法尤其对线性系统有效。

2. 连续系统的线性化模型

利用 Simulink 提供的函数 linmod( )和 linmod2( ) 可以根据模型文件（系统的输入和输出必须由 Connections 库中的 In1 和 Out1 模块来定义）得到线性化模型的状态参数 A、B、C 和 D，它们的调用格式为

$$[A,B,C,D]=\text{linmod}('model',x,u,\text{pert},\text{xpert},\text{upert},p1,\ldots,p10)$$

$$[A,B,C,D]=\text{linmod2}('model',x,u,\text{pert},\text{apert},\text{bpert},\text{cpert},\text{dpert},p1,\ldots,p10)$$

其中，model 为待线性化的模型文件名；x 和 u 分别为平衡点处的状态向量和输入向量，默认为 0；pert 是全局扰动因子，它仅在紧跟其后的分类扰动因子默认时产生作用。在 linmod( ) 中，pert 的默认值为 1e-5，在 linmod2( )中为 1e-8；在 linmod( ) 中的 xport 和 uport 分别是状态扰动因子和输入扰动因子，在 linmod2( ) 中的 aport, bport,cport,dport 分别是状态方程四元矩阵组的扰动因子；p1,…,p10 是向模型文件 model 系统传送参数用的。

由 linmod2( )所得线性模型比 linmod( )准确，当然所需的运行时间也更多，linmod2( )会在圆整误差和截断误差之间取得最好的折中。

对于线性系统，上面的调用格式可简写为

$$[A,B,C,D]=\text{linmod}('model') \quad \text{和} \quad [A,B,C,D]=\text{linmod2}('model')$$

3. 离散系统的线性化模型

Simulink 提供的函数 dlinmod( ) 能够从非线性离散系统中提取一个在任何给定的采样周期 T 下的近似线性模型。当 T 取零时，就可得到近似的连续线性模型，否则，得到离散线性模型。该指令的一般调用格式为

$$[A,B,C,D]=\text{dlinmod}('model',T,x,u,\text{ pert},\text{xpert},\text{upert},p1,\ldots,p10)$$

其中，T 为指定的采样周期，其他参数同连续系统。

在原系统稳定的前提下，若 T 是原系统所有采样周期的整数倍，则由 dlinmod( ) 函数所得线性模型在 T 采样点上与原系统有相同的频率响应和时间响应，即便在上述条件不满足的情况下，该指令仍可能给出有效的线性化模型。

当 $T=0$ 时，若 A 的所有特征根在[s]左半平面，则系统稳定，当 $T>0$ 时，A 特征根在[z]平面的单位圆内，则系统稳定。如果原系统不稳定或 T 不是原系统采样周期的整数倍，所得 A,B 有可能是复数。即便如此，A 的特征根仍可能为原系统的稳定性提供相应的信息。

利用函数 dlinmod( )可以把系统从一种采样周期模型变换到另一种采样周期下的模型，可以把离散模型变成连续模型，也可以把连续模型变成离散模型。

例 6-13 求图 6-62 所示非线性系统的平衡工作点，及在平衡工作点附近的线性模型。

解 ① 在 Simulink 中建立如图 6-62 所示的模型并保存为 ex6_13 文件，其中饱和非线性模块(Saturation)输出的上下限幅大小，通过修改参数对话框中输出下限(Lower limit)和输出上限(Upper limit)两个编辑框中的内容即可，此例采用默认设置±0.5，如图 6-63 所示。

② 在 MATLAB 命令窗口中，运行以下命令可求出平衡点。

```
>>x0=[ ];ix=[ ];              %不固定状态
>>u0=[ ];iu=[ ];              %不固定输入
>>y0=[1;1]; iy=[1;2];         %固定输出 y(1)和 y(2)均为 1
>>[x,u,y,dx]=trim('ex6_13', x0,u0,y0,ix,iu,iy);x
```

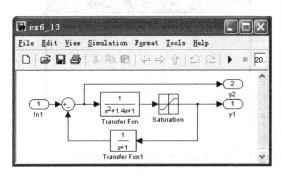

图 6-62 单输入-双输出非线性系统

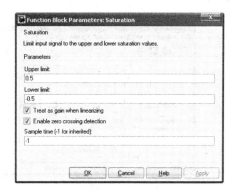

图 6-63 饱和非线性模块参数对话框

结果显示:

③ 在 MATLAB 命令窗口中,运行以下命令可得到系统在平衡工作点附近的线性模型

>>[A,B,C,D]=linmod('ex6_13');[num,den]=ss2tf(A,B,C,D);printsys(num,den,'s')

结果显示:

```
num(1)/den =                              num(2)/den =
    -8.8818e-016 s^2 + 1 s + 1                s^3 + 2.4 s^2 + 2.4 s + 1
   -----------------------------             -----------------------------
    s^3 + 2.4 s^2 + 2.4 s + 2                 s^3 + 2.4 s^2 + 2.4 s + 2
```

6.6 创建子系统

随着动态模型中模块数量和复杂性的增加,可以将模型编辑窗口中所包含的模块及其模块间的关系按功能分成不同的组,组成若干个子系统(Subsystem),子系统的建立有利于管理大型系统,它可以减少模型编辑窗口中的模块数量,可以将功能上有关联的模块放在一起,以及可以建立一个具有层次结构的模块图。

子系统的建立一般有两种方法:菜单法和模块法。

1. 通过菜单法建立子系统

如果模型编辑窗口中,已经包含了组成子系统的模块,则可利用菜单法建立子系统,其方法非常简单,首先用鼠标选定待构成子系统的各个模块(包括它们间的连线在内),然后选择 Eidt→Create subsystem 菜单命令(或利用鼠标右键弹出的子菜单命令 Create Subsystem 或 Create Subsystem from Slection),则会自动将选定范围内的模块及连线用子系统(Subsystem)模块代替,如有必要可以把子系统的标题 Subsystem 改变为合适的标题。如想改变子系统中的具体内容,则需用鼠标左键双击该子系统的图标,这时就会自动弹出一个子系统模型窗口,将该子系统的具体内容显示出来,用户可以在这一窗口内修改任何内容,修改完后关闭此窗口即可。

例 6-14 将图 6-64(a)中给出的 PID 控制器模块组表示成子系统形式,并把图标下的标题改变成"PID Controller"。

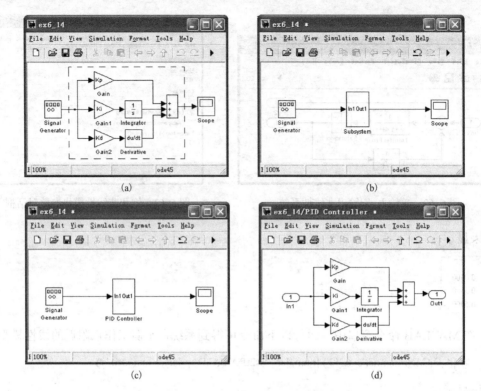

图 6-64 PID Controller 子系统

解 ① 按图 6-64(a)建立系统模型,并将比例模块 Gain、Gain1 和 Gain2 的比例系数 (Gain)一栏中的内容分别改为 Kp、Ki、Kd 后,将其以 ex6_14 模型文件名进行保存;

② 用鼠标选定图 6-64(a)虚框中的全部内容后,执行 Eidt→Create Subsystem 菜单命令(或利用鼠标右键弹出的子菜单命令 Create Subsystem),则图 6-64(a)就自动变成了图 6-64(b)所示的子系统模块的形式;

③ 用鼠标右键点选子系统模块的标题"Subsystem",待反向显示后,输入字符"PID Controller",图 6-64(b)将变为图 6-64(c)的形式;

④ 如想改变"PID Controller"中的内容,则用鼠标左键双击该子系统的图标,这时就会自动弹出一个子系统模型窗口,如图 6-64(d)所示。

2. 通过模块法建立子系统

通过模块法建立子系统的步骤如下:

(1)首先打开一个空白模型编辑窗口,并从端口与子系统模块库(Ports & Subsystems)中复制一个子系统模块 Subsystem,如图 6-65 所示;

(2)用鼠标双击该子系统模块 Subsystem 的图标,打开如图 6-66 所示子系统模块 Subsystem 的编辑窗口;

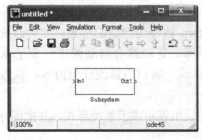

图 6-65 Untitled 模型编辑窗口

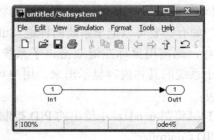

图 6-66 子系统模块 Subsystem 编辑窗口

（3）在子系统模块 Subsystem 的编辑窗口中加入子系统所包含的所有模块及其连接关系，并用窗口中的 File→Save 命令将其按用户指定的子系统名进行保存，或用 File→Save as 命令将其更名。在创建子系统的过程中要保证使用输入模块(In1)代表该子系统从外部的输入，使用输出模块(Out1)代表该子系统的输出。例如，在图 6-66 子系统模块 Subsystem 的编辑窗口中加入 PID 控制器模块组，如图 6-67 所示，并将其以 pid 名进行保存，关闭图 6-67 窗口后，便可得到如图 6-68 所示的 PID 子系统。

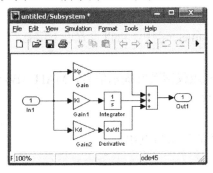 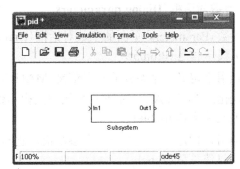

图 6-67 PID 子系统模块编辑窗口　　　　　　图 6-68 PID 子系统模块

6.7　封装编辑器

利用 Simulink 的封装功能，可以为一个子系统创建新的对话框和图标，对于一个具有一个模块以上的子系统来说，封装的重要目的是帮助用户创建一个新的对话框来统一接收子系统所含模块的所有参数，这样就无须分别多次打开子系统中各个模块的对话框来逐个输入参数，而是把封装后的子系统当作一个 Simulink 的标准模块来处理。像其他标准模块一样，这个封装后的子系统具有独特的图标和方便易用的对话框。通过封装技术，用户可以建立自己的 Simulink 模块和模块库。子系统封装时，首先选定对象，在执行封装子系统命令 Edit→Mask Subsystem(或利用鼠标右键弹出的子菜单命令 Mask Subsystem 或 Mask→Create Mask)后将给出一个如图 6-69 所示的封装子系统编辑器对话框，用户通过在该对话框定义新模块的标题、参数域、初始化命令、图标和帮助文本来创建一个封装后新模块的对话框和图标。如果需要更改封装后子系统的属性或内容，在选定该封装子系统后，可使用 Edit→Edit mask 命令或利用鼠标右键弹出的子菜单命令 Mask→Create Mask 来进行修改。

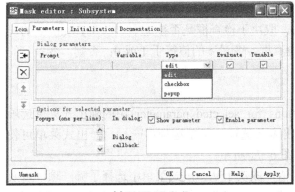 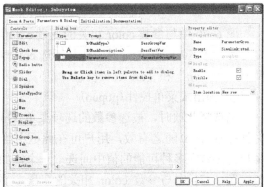

(a) MATLAB 6.x/7.x　　　　　　　　　　　(b) MATLAB 8.x/9.x

图 6-69 封装编辑器对话框

封装子系统编辑器由四个页面和五个功能按钮组成。

6.7.1 参数(Parameters)页面

该页面用来定义封装子系统对话框的提示信息及用来接收对话框中用户输入参数值的变量名。该页面包括以下几个对话框和功能按钮，如图 6-69 所示。

1. 参数对话框(Dialog parameters)

在参数(Parameters)页面的参数对话框(Dialog parameters)中，可以设置以下信息。

(1) 提示信息(Prompt)

该项用来定义一个参数的提示信息(MATLAB7.5 版仅限英文提示信息，MATLAB6.5 版和某些也汉化的 MATLAB 版本允许使用中文提示信息)。

(2) 变量名(Variable)

该项用来指定一个变量以保存参数值，它与参数的提示信息相对应。

(3) 控件类型(Type)

该项用来选择参数值的输入方法，提供了以下三种类型的控件：

① 编辑控件(edit)

当选择此项时，用户可在封装模块的对话框中输入参数值。

② 检查控件(checkbox)

当选择此项时，用户可以在选与不选该检查框之间选择其一。如图 6-70 所示。

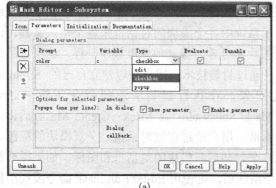
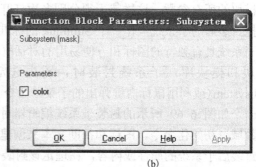

(a)　　　　　　　　　　　　　　　　　　(b)

图 6-70　检查控件

图 6-70 中与参数 color 相关的变量 c 的值，取决于检查框是否被选中，以及 Evaluate 的选定与否。当 Evaluate 选定时，选与不选 color 检查框，变量 c 的值等于 1 或 0；否则，变量 c 的值分别为 "on" 和 "off"。

③ 弹出式菜单控件(popup)

当选择此项时，被选参数的选项菜单(Options for selected parameter)中的弹出式菜单选项对话框(Popup)随之有效，用户可在此框中给出多条选项，每条选项占一行。弹出式菜单可使用户为参数在多种可能的值中间选取一个，如图 6-71 所示。

图 6-71 中与参数 color 相关的变量 c 的值，取决于从弹出式菜单中选择了哪一项，以及 Evaluate 的选定与否。如果 Evaluate 选定时，则从弹出式菜单的选择列中选择那一项的索引，第一项的索引为 1，若选择了第三项，则 c 的值为 3；否则，c 值为被选择的字符串，若选择了第三项，则 c 的值为 "Blue"。

（4）赋值方式（Evaluate）

该选项用来定义参数值如何保存于变量名中。当选 Evaluate 项时，用户在封装模块对话框中输入的参数值在赋给变量之前先由 MATLAB 计算出来；否则，用户在封装模块对话框中输入的参数值不会先被计算，而是作为一个字符串赋给变量。

如果既需要字符串，又需要求它的值，应不选 Evaluate 项，然后在初始化命令框中使用 MATLAB 的 eval( ) 命令。

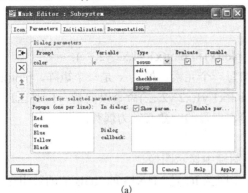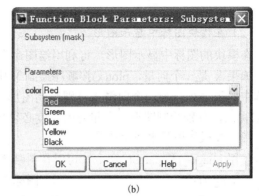

(a)　　　　　　　　　　　　　　(b)

图 6-71　弹出式菜单控件

2. 参数设置按钮

（1）在 MATLAB 6.x/7.x 参数（Parameters）页面的左边设置了以下四个按钮。

① 增加按钮 "⊞"。按此按钮会在此按钮右边的参数列表框中增加一条参数列表项，参数列表项的内容包括了参数提示、变量名、控件类型和赋值方式等，它们会自动从各自的对话框中选取当前值。每一条参数列表项对应一个封装模块的参数对话框。

② 删除按钮 "✕"。按此按钮会删除一条选中的参数列表项。

③ 移动按钮 "↑ & ↓"。要在参数列表框上下移动一条参数列表项，首先选取要移动的参数列表项，再单击上移或下移按钮。最上面一条参数列表项对应封装模块的第一个参数对话框，依此类推。

（2）在 MATLAB 8.x/9.x 参数对话框（Parameters & Dialog）页面的左边 Controls 栏 Parameters 中，则设置了更多的参数增加按钮，拖拉或单击它们会在中间的 Dialog box 栏中增加一条参数列表项，用户在此可以输入变量的提示信息（Prompt）和变量名（Name），同时将该行的参数属性及控件类型显示在右边的 Property editor 栏中，如参数属性及控件类型需要改变，则可在此直接修改。利用键盘的 Delete 键可删除已选定的一条参数列表项。

6.7.2　图标（Icon）页面

在 Icon 页面中可以定义封装子系统的图标及其属性。

1. 绘图命令对话框（Drawing commands）的定义

通过在 Drawing commands 域中设定绘图命令，可以在封装后模块的图标中显示描述文本、状态方程、图形和图像。如果输入了多条命令，结果是按命令的先后次序依次出现在图标中的。绘图命令可以访问 MATLAB 工作空间和初始化命令中的所有变量。

（1）在模块图标中显示文本

在模块的图标中显示文本，可利用以下几条命令。

```
disp('text')                    %在图标的中央显示文本 text;
disp(variablename)              %在图标的中央显示变量 variablename 的值;
text(x,y, 'text')               %在图标的指定位置(x,y)显示文本 text;
text(x,y, string)               %在图标的指定位置(x,y)显示字符串 string 的内容;
fprintf('text')                 %在图标的中央显示文本 text。
```

以上命令中的变量 variablename 的值和字符串 string 的内容要在 MATLAB 工作空间中定义。要显示多行文本，可用"\n"表示换行。

（2）在模块图标中显示图形

在模块的图标中显示图形，可利用绘图命令：plot(x)和 plot(x1,y1,x2,y2,…)。

如果 x 是一个向量，plot(x)按顺序绘制 x 中的每一个元素，如果 x 是一个矩阵，plot(x)将矩阵中的每一列作为一个向量来分别绘制图形。plot(x1,y1,x2,y2,…)命令以向量 y1 对 x1，y2 对 x2，…，分别绘制图形。向量对的长度必须相等，向量的个数必须为偶数。

（3）在模块图标中显示图像

使用 image( )和 patch( )命令，可以在封装模块图标中显示图像。

```
image(I)                        %在图标中显示图像 I(I 是 M*N*3 的 RGB 值的数组);
image(I,[x,y,w,h])              %在图标的指定位置产生图像;
image(I,[x,y,w,h],rotation)     %在图标的指定位置产生一个旋转的图像;
patch(x,y)                      %产生由坐标向量(x,y)指定形状的实体块;
patch(x,y,[r g b])              %产生由坐标向量(x,y)指定形状的实体块，颜色向量[r g b]
                                %中的 r 为红色成分；g 为绿色成分；b 为蓝色成分，如:
                                %patch([0 .5 1],[0 1 0],[1 0 0])在图标中画一个红色三角形。
```

（4）在模块图标中显示传递函数

在被封装模块的图标中显示传递函数，可利用以下命令：

```
dpoly(mun,den)                  %显示一个以 s 的降幂表示的连续传递函数;
dpoly(mun,den, 'z')             %显示一个以 z 的降幂表示的离散传递函数;
dpoly(mun,den, 'z-')            %显示一个以 1/z 的升幂表示的离散传递函数;
dpoly(z,p,k)                    %显示一个零极点增益传递函数。
```

其中，mun 和 den 是表示系统的传递函数分子和分母系数的向量；z,p 和 k 分别表示系统传递函数零点、极点和增益向量，它们均应在 MATLAB 工作空间中进行定义。

如果遇到以下情况，封装模块的图标中会出现三个问号(???)，并显示告警信息。

① 当以上命令中使用的参数值还没有定义时；

② 当封装模块所包含模块的参数或绘图命令输入不正确时。

2. 控制图标的属性

在 Icon 页面的图标选项(Icon options)中，还可通过某些选项来控制封装模块的图标属性，如图标的边框、透明性、旋转和坐标。

（1）边框(Frame)

图标的边框是包围模块的矩形框。可以通过设定 Icon frame 的内容来显示或隐藏图标边框。其中 Visible 表示显示图标边框，Invisible 表示不显示图标边框。

（2）透明性(Transparency)

通过设定 Icon transparency 的内容 Opaque（不透明）和 Transparent（透明），可将图标设置成透明的或是不透明的，以显示或隐藏图标后面的区域。

（3）旋转(Rotation)

当模块被旋转或翻转时，通过设定 Icon rotation 的内容 Fixed（不旋转）和 Rotates（旋转），来选择是否旋转或翻转它的图标。

（4）坐标(Units)

在利用 plot 和 text 命令绘制封装模块的图标时，可通过设定 Drawing coordinates 的内容来控制坐标系。

① 自动缩放坐标系(Autoscale)：在模块边框内自动缩放图标，当改变模块边框的大小时，图标的大小也跟着改变。

② 像素坐标系(Pixel)：用以像素为单位 x 和 y 值绘制图标，当改变模块边框的大小时，图标的大小并不自动地跟着改变。

③ 归一化坐标系(Normalized)：模块边框的左下角为(0,0)，右上角为(1,1)，plot 和 text 命令中的 x 和 y 的值必须在 0 到 1 之间，当改变模块边框的大小时，图标的大小也跟着改变。

6.7.3 初始化(Initialization)页面

初始化(Initialization)页面中的初始化命令对话框(Intialization commands)用来定义在封装子系统编辑器所有页面中使用的变量。在初始化命令对话框中，可为在绘制模块图标命令中使用的所有参数赋值，也可直接为封装子系统编辑器参数对话框中的变量赋值。初始化命令应该是合法的 MATLAB 表达式，表达式若用分号结束，可防止在 MATLAB 工作命令窗口中显示结果。初始化命令不能访问 MATLAB 工作空间或其他工作空间中的变量。

另外，在初始化(Initialization)页面中的左边，同时也显示了当前在参数(Parameters)页面的参数对话框(Dialog parameters)中已有的所有变量名，并且可对其进行更名。

6.7.4 描述(Documentation)页面

在 Documentation 页面中可以定义封装模块的类型、描述说明和帮助文件。

（1）封装模块类型对话框(Mask type)

该项用来定义封装后所得模块的类型，用户可以写入任何字符串对模块进行描述，它与模块的性能没有任何关系，仅作为说明用。封装后模块在新出现对话框中的模块类型名后面都会自动加上"(mask)"，以将封装模块与标准模块区分开来。封装模块的类型对话框显示在封装子系统编辑器的所有页面中。

（2）描述说明对话框(Mask description)

模块描述是显示在封装模块新出现对话框中的模块类型下面边框内的信息文本。

（3）帮助文件对话框(Mask help)

该栏填写的内容将成为新封装模块对话框中与[Help]按钮对应的弹出帮助信息。

6.7.5 功能按钮

下面分别简单介绍一下封装子系统编辑器底部的几个功能按钮。

（1）OK 按钮：单击该按钮，表示接收封装子系统编辑器所有页面中新设定的参数，并关闭封装子系统编辑器，封装子系统过程结束。

（2）Cancel 按钮：单击该按钮，表示不接收封装子系统编辑器各页面中新设定的参数，并关闭封装子系统编辑器。

(3) Help 按钮：单击该按钮，会显示有关帮助内容。

(4) Apply 按钮：单击该按钮，将使用封装子系统编辑器所有页面中提供的信息创建或改变模板。

(5) Unmask 按钮：该按钮的作用是对在封装过程中的子系统，撤销最近一次的封装设置操作，回到最近一次设置操作之前的状态。这样即可通过该按钮对封装子系统进行不断的修改，直到满意为止。

若要查看一个封装模块所包含的内容时，在选定该模块后，可使用该模块所在模型用户窗口中的 Edit→Look under mask 命令来显示封装子系统所包含的所有模块及其连接关系。

例 6-15 将图 6-64(c)中的 PID 控制器子系统进行封装。

解 用单击鼠标选定图 6-64(c)中的 PID Controller 子系统后，再选择 Eidt→Mask system 命令，这时将会出现一个如图 6-69 所示的封装子系统编辑器对话框。

① Parameters 页面的填写

在 MATLAB 6.x/7.x 的 Parameters 页面中首先用鼠标按一下增加"➕"按钮，然后在参数提示信息框(Prompt)、变量名框(Variable)、控件类型选择框(Type)和赋值方式选择框(Evaluate)中依次输入或选择：Proportion Gain(或在 MATLAB6.5 中输入：比例增益)、K_p、Edit 和 Evaluate。同时它们会自动显示在上面的参数列表框中。采用相同的方法分别输入或选择以下两组参数：Integral Gain(或在 MATLAB6.5 中输入：积分增益)、K_i、Edit 及 Evaluate 和 Differential Gain(或在 MATLAB6.5 中输入：微分增益)、K_d、Edit 及 Evaluate，如图 6-72(a)所示。

或在 MATLAB 8.x/9.x 参数对话框(Parameters & Dialog)页面的左边 Controls 栏 Parameters 中，首先用鼠标按一下增加"Edit"参数增加按钮，然后在中间 Dialog box 栏中的参数提示信息框(Prompt)和变量名框(Name)中依次输入：Proportion Gain(或比例增益)和 K_p。采用相同的方法分别输入以下两组参数：Integral Gain(或积分增益)和 K_i；Differential Gain(或微分增益)和 K_d，如图 6-72(b)所示。

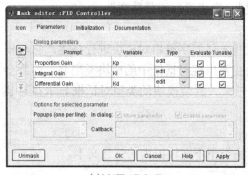
(a) MATLAB 6.x/7.x

(b) MATLAB 8.x/9.x

图 6-72 例 6-15 封装编辑器参数对话框

② Icon 页面的填写

在 Icon 页面的绘图命令对话框(Drawing commands)中输入命令：

$$\text{disp(' PID')}$$

控制图标的属性各项采用默认值。

③ Documentation 页面的填写

在 Documentation 页面的封装模型类型对话框(Mask type)中输入：

$$\text{PID Controller}$$

在描述说明对话框(Mask description)中输入如下字符串：

PID Controller:

u=Kpe+Ki(Integral e)+Kd(de/dt)

在帮助文件对话框(Mask help)中输入如下字符串：

Kp--Proportion Gain; Ki--Integral Gain; Kd--Differential Gain

当以上工作完成后，单击【OK】按钮，于是 PID Controller 子系统就被封装结束，封装后的新模块图标如图 6-73(a)所示。用鼠标左键双击图中的 PID Controller 新模块的图标，会弹出封装后的 PID Controller 模块对话框，如图 6-73(b)所示。

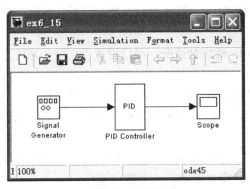
(a) 子系统封装后新模块图标

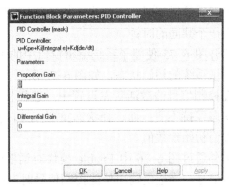
(b) 封装后 PID 控制器的对话框

图 6-73　例 6-15 封装后的 PID 控制器及其对话框

6.8　条件子系统

子系统最基本的应用是将一组相关的模块封装到一个单一的模块之中，以利于用户建立和分析系统模型。在前面的介绍中，无论是使用 Subsystems 模块库中的 Subsystem 模块，还是对已有的模块生成的子系统，子系统都可看作是具有一定输入输出的单个模块，其输出直接依赖于输入的信号；也就是说，对于一定的输入，子系统必定会产生一定的输出。但是在有些情况下，只有满足一定的条件时子系统才被执行；也就是说子系统的执行依赖于其他的信号，这个信号称之为控制信号，它从子系统单独的端口即控制端口输入。这样的子系统称之为条件执行子系统。在条件执行子系统中，子系统的输出不仅依赖于子系统本身的输入信号，而且还受到子系统控制信号的控制。

条件执行子系统的执行受到控制信号的控制，根据控制信号对条件子系统执行的控制方式不同，可以将条件执行子系统划分为如下的几种基本类型。

1. 使能子系统(Enabled Subsystem)

使能子系统除输入和输出外，还有一个唯一的控制信号输入端口，被称为激活端口，只有当它的控制信号输入为正时，也就是说当子系统激活时，使能子系统才开始执行，并且只要控制信号保持为正它就一直执行下去。使能子系统的控制信号可以是标量或向量。如果控制信号是标量，当信号值大于零时子系统就执行；如果控制信号是向量，则当输入向量的任一元素的值大于零时，子系统就执行。

对于图 6-74 所示的使能子系统，双击其图标便可打开如图 6-75 所示的编辑窗口。

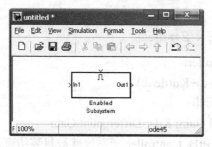
图 6-74　使能子系统图标

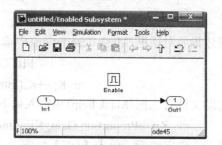
图 6-75　使能子系统编辑窗口

使能子系统能够包含任何模块，可以是连续的也可以是离散的。使能子系统中的离散模块只有当子系统激活时，且仅当它们的采样时间同步时，它们才执行。使能子系统和所包含的模块使用一个共同的时钟。

打开图 6-75 使能子系统编辑窗口中的 Enable 模块对话框，可以设置当使能子系统重新激活时，子系统的初始状态，如图 6-76 所示。

在控制信号的激活状态设置中，选择状态保持 held 表示在使能子系统开始执行时，系统中的状态保持不变；而选择状态重置 reset 表示在使能子系统开始执行时，系统中的状态被重新设置为初始参数值。

另外通过图 6-76 中 Enable 模块对话框中的 Show output port 选框，可以选择是否输出激活控制信号。当选定输出使能控制信号时，Enable 模块便增加一个输出端口。

尽管使能子系统在非激活状态时不执行，但其输出信号仍然可以提供给另外的模块。当使能子系统处于非激活状态时，利用图 6-75 使能子系统编辑窗口中 Out1 模块对话框，可以选择保持它的输出信号为在它变为非激活状态前的值，或重置为初始值，如图 6-77 所示。

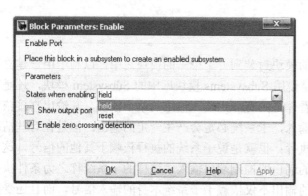
图 6-76　使能子系统的 Enable 模块对话框

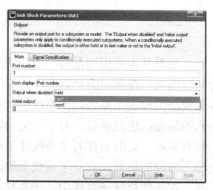
图 6-77　使能子系统的 Out1 模块对话框

在图 6-77 中选择状态 held，以使输出保持为其最近的值；而选择 reset，以使输出重新设置为初始参数值 Initial output。

例 6-16　利用使能子系统将一幅值为 5 的交流信号转换为同幅值的直流信号。

解　① 建立如图 6-78 所示的系统模型；

② 将图 6-78 中正弦信号(Sine Wave)的幅值设为 5；增益模块(Gain)的增益设置为-1；

③ 在图 6-78 的两个使能子系统(Enabled Subsystem 和 Enabled Subsystem1)中，各增加一

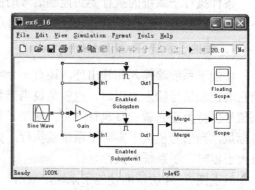
图 6-78　交直流信号转换的系统模型

个增益模块(Gain)，且将其增益分别设置为 1 和-1，如图 6-79 和图 6-80 中所示；

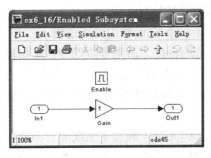
图 6-79 增益为正的使能子系统

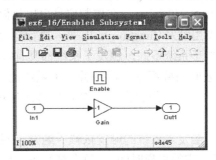
图 6-80 增益为负的使能子系统

④ 图 6-78 中的合并模块(Merge) 用于合成信号，Floating Scope 模块为游离示波器；

⑤ 将仿真时间设为 20。打开系统模型中的两个示波器，首先用鼠标左键单击游离示波器，使其处于击活状态，以准备接收信号；然后再用鼠标左键单击 Sine Wave 模块的输出信号连接线，以将其信号作为游离示波器待观察的信号，用鼠标单击后的连接线如图 6-78 中所示；最后启动仿真，便可分别在游离示波器和示波器中观察到原交流信号和转换后直流信号的波形，如图 6-81 和图 6-82 所示。

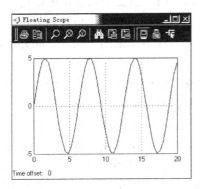
图 6-81 原交流信号

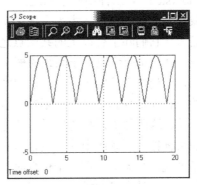
图 6-82 转换后的直流信号

2．触发子系统(Triggered Subsystem)

触发子系统除输入和输出外，也有一个唯一的控制信号输入端口，被称为触发端口，它决定子系统是否执行。可以从图 6-83 触发子系统编辑窗口 Trigger 模块对话框中的四种触发事件中选择一种强制一个触发子系统开始执行，如图 6-84 所示。

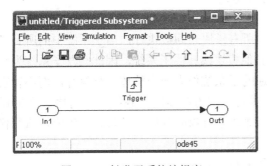
图 6-83 触发子系统编辑窗口

图 6-84 触发子系统的 Trigger 对话框

上升沿触发(rising)——在控制信号出现上升沿时开始执行；

下降沿触发(falling)——在控制信号出现下降沿时开始执行；

边沿触发(either)——在控制信号出现任何过零时开始执行；

函数调用触发(function-call)——执行与否取决于一个S-函数的内部逻辑。

与使能子系统不同，触发子系统都具有零阶保持的特性。所谓零阶保持，是指输出结果在触发事件之间保持不变。对于触发子系统而言，系统在触发信号控制下开始执行的时刻，系统由输入产生相应的输出；当触发信号产生过零时，系统输出保持在原来的输出值，并不发生变化。

此外，触发子系统的触发依赖于触发控制信号，因此对于触发子系统而言不能指定常值采样时间(即固定的采样时间)，只有带继承采样时间的模块才能够在触发子系统中应用。在这个系统之中，对于上升沿和下降沿触发子系统来说，其采样周期为两个触发时刻之间的时间间隔(即触发控制方波信号的两个相邻上升沿或下降沿之间的间隔)；对于双边沿触发子系统来说，其采样周期为触发控制方波信号的相邻的上升沿或下降沿之间的间隔。

3. 原子子系统(Atomic Subsystem)

（1）原子子系统的概念

前面介绍了通用子系统(Subsystem)、使能子系统(Enabled Subsystem)以及触发子系统(Triggered Subsystem)等三种不同子系统的概念及其应用。虽然子系统都可以将系统中相关模块组合封装成一个单独的模块，大大方便了用户对复杂系统的建模、仿真和分析；但是对于不同的子系统而言，它们除了有以上的共同点之外，还存在着本质的不同。下面介绍这三种子系统的不同本质，并简单介绍原子子系统的概念。

众所周知，无论对于通用子系统还是使能子系统，Simulink在进行系统仿真时，子系统中的各个模块的执行并不受到子系统的限制。也就是说，系统的执行与通用子系统或使能子系统的存在与否无关。这两种子系统的使用均是为了使Simulink框图模型形成一种层次结构，以增强系统模型的可读性。子系统中的模块在执行过程中与上一级的系统模块统一被排序，模块的执行顺序与子系统本身无关，在一个仿真时间步长之内，系统的执行可以多次进出同一个子系统。子系统相当于一种虚设的模块组容器，其中的各模块与系统中的其他模块(子系统)的信号输入输出不受到任何影响。因此，对于通用子系统与使能子系统这两种子系统，我们称之为"虚子系统"。

对于触发子系统而言，其工作原理与上述两种子系统的概念不同。在触发子系统中，当触发事件发生时，触发子系统中所有模块一同被执行。只有当子系统中的所有模块都被执行完毕后，Simulink才会转移到系统模型中的上一层执行其他的模块。这与上述子系统中各模块的执行方式根本不同。这样的子系统称之为"原子子系统"。

（2）建立原子子系统

触发子系统在触发事件发生时，子系统中所有模块一同被执行，当子系统中的所有模块都被执行完毕后，Simulink才开始执行上一级其他模块或其他子系统，因此触发子系统为一原子子系统。但是在有些情况下，需要将一个普通的子系统作为一个整体进行执行，而不管它是不是触发子系统。这对于多速率复杂系统尤其重要，因为在多速率系统中，时序关系的任何差错，都会导致整个系统设计仿真的失败，而且难以进行诊断分析，尤其是在生成可执行代码时更为重要。

在Simulink中有两种方法可以建立原子子系统：

① 建立一个空的原子子系统

选择使用Subsystems模块库中的Atomic Subsystem子系统模块，然后编辑原子子系统。

② 将已经建立好的子系统强制转换为原子子系统

首先选择子系统，然后选择 Simulink 模型编辑器的 Edit 菜单下的 Block Parameters 模块参数框，选 Treat as Atomic Unit（作为原子子系统）即可，或单击鼠标右键，在弹出菜单中选择相同选项也可。

注意：对于使能子系统而言，不能将其转换为原子子系统，这是因为使能子系统中模块执行顺序不能被改变。

4. 使能与触发子系统（Enabled and Triggered Subsystem）

对于某些条件执行子系统而言，其控制信号可能不止一个。在很多情况下，条件执行子系统同时具有触发控制信号与使能控制信号，这样的条件执行子系统一般称之为触发使能子系统。顾名思义，使能与触发子系统指的是子系统的执行受到激活信号与触发信号的共同控制，也就是说，只有当激活条件与触发条件均满足的情况下，子系统才开始执行。

使能与触发子系统的工作原理如下：系统等待一个触发事件的发生（也就是触发信号的产生），当触发事件发生后，Simulink 检测使能控制信号，如果激活信号为正，则子系统执行一次，否则不执行子系统。由此可知，只有激活条件与触发条件均满足时，子系统才能够被执行。

对于实际的动态系统而言，其中某些子系统很可能受到多个控制信号的控制（也就是系统输出受到多个条件的约束），因此在相应的系统模型建立时，应该使用多个控制信号输入。用户在建立这样的条件执行子系统时，需要注意的是，在一个系统模块中不允许有多个 Enable 信号或 Trigger 信号。如果必须使用多个控制信号，用户可以使用逻辑操作符，先将相关的控制信号（即子系统执行条件）相组合，以产生单一的触发控制信号或使能控制信号。

5. 函数调用子系统（Function-Call Subsystem）

使用 S-函数的状态而非普通的信号作为触发子系统的控制信号。函数调用子系统属于触发子系统，在触发子系统中触发模块 Trigger 的参数设置中选择 Function-Call 可以将普通信号触发的触发子系统转换为函数调用子系统。

需要注意的是，在使用函数调用子系统时，子系统的函数触发端口必须使用 Signals & Systems 模块库中的函数调用发生器 Function-Call Generator 作为输入。这里需要使用 S-函数（至于 S-函数的生成与编写，见参考文献 2）。

6. For 循环子系统（For Iterator Subsystem）

For 循环子系统的目的是在一个仿真时间步长之内循环执行子系统。用户可以指定在一个仿真时间步长之内子系统执行的次数，以达到某种特殊的目的。有兴趣的读者可以参考 Simulink 的示例：sl_subsys_for1.mdl，在 MATLAB 命令窗口中键入文件名即可打开此系统模型。

7. 选择执行子系统（Switch Case Action Subsystem）

在某些情况下，系统对于输入的不同取值，分别执行不同的功能。选择执行子系统必须同时使用 Swich Case 模块与 Switch Case Action Subsystem 模块（均在 Subsystem 模块库中）。

8. While 循环子系统（While Iterator Subsystem）

与 For 循环子系统相类似，While 循环子系统同样可以在一个仿真时间步长之内循环执行子系统，但是其执行必须满足一定的条件。While 循环子系统有两种类型：当型与直到型，这与其他高级语言中的 While 循环类似。

9. 表达式执行子系统（If Action Subsystem）

为了与前面的条件执行子系统相区别，这里我们称 If Action Subsystem 为表达式执行子系统。此子系统的执行依赖于逻辑表达式的取值,这与 C 语言中的 If else 语句类似。需要注意的是,表达式执行子系统必须同时使用 If 模块与 If Action Subsystem 模块(均在 Subsystem 模块库中)。

10. 可配置子系统(Configurable Subsystem)

用来代表用户自定义库中的任意模块,只能在用户自定义库中使用。

小 结

本章主要介绍了动态仿真集成环境——Simulink 的功能特点和使用方法。它实际上就是根据仿真原理而编写的一种具有可视化界面的仿真软件包,它与用微分方程和差分方程建模的传统仿真软件包相比,具有更灵活、更方便的优点。通过本章学习应重点掌握以下内容:

(1)注意区分书中 Simulink 库浏览窗口与 Simulink 模块集的区别;
(2)熟悉 Simulink 模块集和 Simulink 附加模块库中常用标准模块的功能及其应用;
(3)熟悉利用 Simulink 标准模块在用户模型窗口中建立系统仿真模型;
(4)熟悉利用 Simulink 进行系统仿真的两种仿真方法:菜单法和行命令法;
(5)熟悉仿真算法和参数以及常用标准模块参数的设置;
(6)熟悉仿真结果的三种处理方法,并注意输出接口模块(Out1)和将数据输出到工作空间模块(To Workspace)的不同用法及其利用它们输出信号时的仿真参数的设置;
(7)了解利用 MATLAB 求解非线性系统的线性化模型;
(8)熟悉子系统的两种建立方法:菜单法和模块法,以及条件子系统的应用;
(9)模型封装子系统编辑器的参数设置及系统模型的封装步骤。

习 题

6-1 已知单变量系统如图题 6-1 所示,试利用 Simulink 求输出量 y 的动态响应。

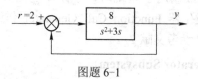

图题 6-1

6-2 假设某一系统由图题 6-2 所示的四个典型环节组成,试利用 Simulink 求输出量 y 的动态响应。

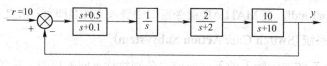

图题 6-2

6-3 已知非线性系统如图题 6-3 所示,试利用 Simulink 求输出量 y 的动态响应。

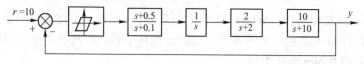

图题 6-3

6-4 已知采样系统结构如图题 6-4 所示,试利用 Simulink 求系统的输出响应。

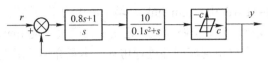

图题 6-4

6-5 已知非线性系统如图题 6-5 所示，试利用 Simulink 分析非线性环节的 c 值与输入幅值对系统输出性能的影响。

图题 6-5

6-6 已知线性定常系统的状态方程为

$$\begin{bmatrix} \dot{x}_1(t) \\ \dot{x}_2(t) \end{bmatrix} = \begin{bmatrix} 0 & 1 \\ -2 & -3 \end{bmatrix} \begin{bmatrix} x_1(t) \\ x_2(t) \end{bmatrix} + \begin{bmatrix} 0 \\ 1 \end{bmatrix} u(t)$$

初始状态为 $\begin{bmatrix} x_1(0) \\ x_2(0) \end{bmatrix} = \begin{bmatrix} 1 \\ -1 \end{bmatrix}$，试利用 Simulink 求 $u(t)$ 为单位阶跃函数时系统状态方程的解。

本章习题答案可扫下面二维码 8。

第7章 MATLAB在电力电子变流中的应用

电力电子技术是使用电力电子器件对电能进行变换和控制的技术，可以实现电压、电流、频率以及相数的变换。在MATLAB中，Simulink环境下的电力系统模块集(SimPowerSystems)中包含了常用的电力电子器件模型、整流电路模块、逆变电路模块以及相应的触发模块，使用这些模块可以方便地构建电力电子电路仿真模型并进行仿真。本章介绍常用电力电子器件的MATLAB仿真模型及其参数设置方法，以及几种常用电力电子变换电路的MATLAB仿真模型构建方法和仿真分析方法。

7.1 电力电子器件模型

电力电子器件是构成电力电子变流电路的核心单元。MATLAB电力电子器件模型使用简化的宏模型，其外特性与实际器件的特性相符，但并没有考虑器件内部的细微结构，其模型较为简单。电力电子器件在使用时一般都并联有RC缓冲电路，MATLAB电力电子器件模型也已经并联了简单的RC串联缓冲电路，缓冲电路的RC值可以在参数设置对话框中设置，较复杂的缓冲电路需要另外建立。本节介绍几种常用电力电子器件的仿真模型和参数设置方法。

7.1.1 二极管

二极管(Diode)是一种具有单向导电性的半导体器件，即正向导通，反向截止，属于不可控器件。其阳极标识符号为a，阴极标识符号为k，其符号如图7-1(a)所示。

1. 二极管的仿真模型

在MATLAB中，所有二极管的仿真模型均采用如图7-1(b)所示的图标，可通过参数设置来区分不同种类的二极管。图7-1(b)中，二极管输入端为阳极a，输出端为阴极k，m为测量端子。其中，测量端子m用于测量二极管的电流和电压向量[Iak, Vak]。

二极管仿真模型内部并联了一个R_s-C_s串联缓冲电路，当缓冲电阻设置为inf，或将缓冲电容设置为0时，则二极管模型取消缓冲电路部分；如果缓冲电阻不为0时，设置缓冲电容inf，则为纯电阻缓冲电路。

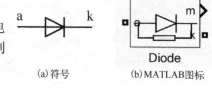

(a) 符号　　(b) MATLAB图标

图7-1　二极管

2. 二极管仿真模型的参数设置

二极管仿真模型的参数设置对话框如图7-2所示。其主要参数有：

(1) Resistance Ron(ohms)：二极管导通电阻(Ω)。当元件内电感参数Lon设置为0时，内电阻Ron不能为0。

(2) Inductance Lon(H)：二极管导通电感(H)。当元件内电阻参数Ron设置为0时，内电感不能为0。

(3) Forward voltage Vf(V)：二极管正向导通压降(V)。当二极管两端正向电压大于所设定的Vf值时，二极管导通。

（4）Initial current Ic(A)：初始电流(A)。通常情况下设置为 0。当 Ic 设置值非 0 时，二极管内电感值应大于 0，且仿真电路其他储能元件也设置了初始值。

（5）Snubber resistance Rs(ohms) 和 Snubber capacitance Cs(F)：二极管吸收电阻(Ω)和二极管吸收电容(F)。通常情况下 Rs 设置为几十欧姆，Cs 设置为 0.01～0.1μF。当需要消除缓冲时，将 Rs 设置为 inf，或者将 Cs 设置为 0；当需要得到纯电阻缓冲电路时，可将 Cs 设置为 inf。

（6）勾选图 7-2 中底端的 Show measurement port 选项，则二极管模型中的测量端子 m 可见，否则 m 不可见。

7.1.2 晶闸管

晶闸管(Thyristor)是一种由门极信号控制其开通的半导体器件，属于半控型器件。其阳极、阴极、门极标识符号分别为 a、k、g，其元件符号如图 7-3(a)所示。当晶闸

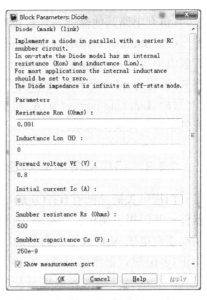

图 7-2 二极管仿真模型的参数设置

管两端正向电压 Vak 大于正向导通压降 Vf，且门极触发脉冲为正(g>0)时，晶闸管导通，该触发脉冲的幅值必须大于 0 且有一定的持续时间，以保证晶闸管阳极电流大于擎住电流。当晶闸管阳极电流下降到 0，且承受反向电压的时间大于晶闸管的关断时间 Tq 时，晶闸管关断。

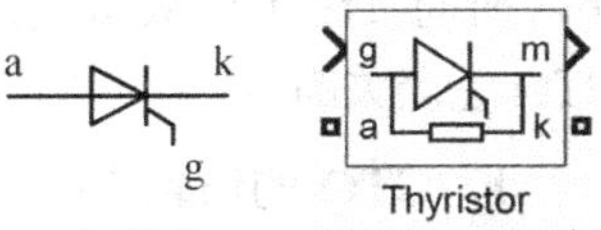

1. 晶闸管的仿真模型

晶闸管在 MATLAB 中的仿真模型的图标如图 7-3(b)所示。该

图 7-3 晶闸管

模型有两个输入端和两个输出端。其中，a 为阳极，k 为阴极，g 为门极，m 为测量输出向量端 [Iak,Vak]，输出晶闸管的电流和电压值。模型中晶闸管两端并联了 R_s-C_s 串联缓冲电路，其含义和设置方法同二极管。

需要说明的是，Power Electronics（电力电子器件）模块库中，提供了 Detailed Thyristor(详细的晶闸管模型) 和 Thyristor(晶闸管模型) 两种模型，二者区别在于 Detailed Thyristor(详细的晶闸管模型) 增加了三个参数：初始电流 Ic、擎住电流 Il 和关断时间 Tq。

2. 晶闸管仿真模型的参数设置

以 Detailed Thyristor(详细的晶闸管模型) 为例，仿真模型的参数设置对话框如图 7-4 所示。其主要参数有：

（1）Resistance Ron(ohms)：晶闸管导通电阻(Ω)。当元件内电感参数 Lon 设置为 0 时，内电阻 Ron 不能为 0。

（2）Inductance Lon(H)：晶闸管导通电感(H)。当元件内电阻参数 Ron 设置为 0 时，内电感不能为 0。

（3）Forward voltage Vf(V)：晶闸管正向导通压降(V)。

（4）Initial current Ic(A)：初始电流(A)。通常情况下设置为 0。当 Ic 设置值非 0 时，晶闸管内电感值应大于

图 7-4 晶闸管仿真模型的参数设置

0,且仿真电路其他储能元件也设置了初始值。

（5）Snubber resistance Rs(ohms)和 Snubber capacitance Cs(F)：晶闸管吸收电阻（Ω）和晶闸管吸收电容(F)。通常情况下 Rs 设置为几十欧姆，Cs 设置为 0.01～0.1μF。当需要消除缓冲时，将 Rs 设置为 inf，或者将 Cs 设置为 0；当需要得到纯电阻缓冲电路时，可将 Cs 设置为 inf。

（6）Latching current Il(A)和 Turn-off time Tq(s)：擎住电流(A)和关断时间(s)。依据所选择的器件手册灵活选取。

7.1.3 门极可关断晶闸管

门极可关断晶闸管(GTO)是一种由门极信号控制其开通和关断的半导体器件，属于全控型器件。其阳极、阴极、门极标识符号分别为 a、k、g，其元件符号如图 7-5(a)所示。当晶闸管两端正向电压 Vak 大于正向导通压降 Vf，且门极触发脉冲为正(g>0)时，晶闸管导通；该触发脉冲的幅值必须大于 0 且有一定的持续时间，以保证晶闸管阳极电流大于擎住电流。当门极信号为 0 或负时，GTO 电流 Iak 开始衰减，且电流衰减过程被近似分为两段。当门极信号变为 0 后，电流 Iak 开始从最大值 Imax 减小到 Imax/10 所经过的时间为下降时间 Tf；Iak 从 Imax/10 下降到 0 所需要的时间为拖尾时间 Tt，当电流 Iak 变为 0 时，GTO 完全关断。

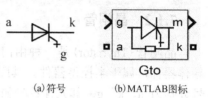

图 7-5 门极可关断晶闸管

1. GTO 的仿真模型

GTO 在 MATLAB 中的仿真模型的图标如图 7-5(b)所示。该模型有两个输入端和两个输出端。其中，a 为阳极，k 为阴极，g 为门极，m 为测量输出向量端[Iak,Vak]，输出晶闸管的电流和电压值。模型中 GTO 两端并联了 R_s-C_s 串联缓冲电路，其含义和设置方法同二极管。

2. GTO 仿真模型的参数设置

GTO 仿真模型的参数设置对话框如图 7-6 所示。其主要参数有：

（1）Resistance Ron(ohms)：GTO 导通电阻（Ω）。当元件内电感参数 Lon 设置为 0 时，内电阻 Ron 不能为 0。

（2）Inductance Lon(H)：GTO 导通电感(H)。当元件内电阻参数 Ron 设置为 0 时，内电感不能为 0。

（3）Forward voltage Vf(V)：GTO 正向导通压降(V)。

（4）Initial current Ic(A)：初始电流(A)。通常情况下设置为 0。当 Ic 设置值非 0 时，GTO 内电感值应大于 0，且仿真电路其他储能元件也设置了初始值。

（5）Snubber resistance Rs(ohms)和 Snubber capacitance Cs(F)：晶闸管吸收电阻（Ω）和晶闸管吸收电容(F)。通常情况下 Rs 设置为几十欧姆，Cs

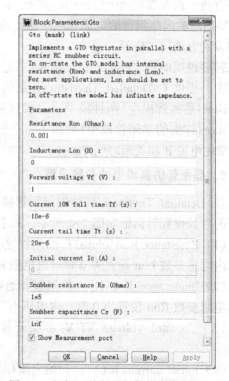

图 7-6 门极可关断晶闸管仿真模型的参数

设置为 0.01～0.1μF。当需要消除缓冲时，将 Rs 设置为 inf，或者将 Cs 设置为 0；当需要得到纯电阻缓冲电路时，可将 Cs 设置为 inf。

（6）Current 10% fall time Tf(s)和 Current tail time Tt(s)：电流下降时间 Tf(s)和电流拖尾时间。依据所选择的器件手册灵活选取。

7.1.4 绝缘栅门双极晶体三极管

绝缘栅门双极晶体三极管(IGBT)是一种由栅极信号控制其开通和关断的半导体器件，属于全控型器件。IGBT 也是三端器件，具有集电极 c、发射极 e、栅极 g，其元件符号如图 7-7(a)所示。当 IGBT 的集电极 c 和发射极 e 的两端电压大于正向导通压降 Vf，且栅极施加正信号(g>0)时，IGBT 导通；当栅极信号为 0(g=0)时，IGBT 关断。

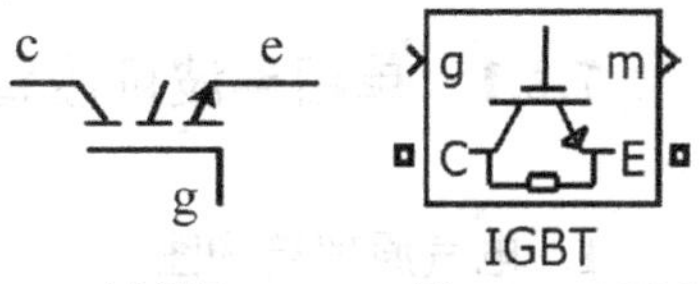

1. IGBT 的仿真模型

IGBT 在 MATLAB 中的仿真模型的图标如图 7-7(b)所示。该模型有两个输入端和两个输出端。其中，c 为集电极，e 为发射极，g 为栅极，m 为测量输出向量端[Ice, Vce]，输出 IGBT 的电流和电压值。模型中 IGBT 两端并联了 R_s-C_s 串联缓冲电路，其含义和设置方法同二极管。

需要说明的是，Power Electronics（电力电子器件）模块库中，提供了 IGBT（没有反并联续流二极管）和 IGBT/Diode（反并联续流二极管）两种模型。

图 7-7 绝缘栅门双极晶体三极管
(a) 符号　(b) MATLAB图标

2. IGBT 仿真模型的参数设置

以没有反并联续流二极管的 IGBT 为例，IGBT 仿真模型的参数设置对话框如图 7-8 所示。其主要参数有：

（1）Resistance Ron(ohms)：IGBT 导通电阻(Ω)。当元件内电感参数 Lon 设置为 0 时，内电阻 Ron 不能为 0。

（2）Inductance Lon(H)：IGBT 导通电感(H)。当元件内电阻参数 Ron 设置为 0 时，内电感不能为 0。

（3）Forward voltage Vf(V)：IGBT 正向导通压降(V)。

（4）Initial current Ic(A)：初始电流(A)。通常情况下设置为 0。当 Ic 设置值非 0 时，IGBT 内电感值应大于 0，且仿真电路其他储能元件也设置了初始值。

（5）Snubber resistance Rs(ohms)和 Snubber capacitance Cs(F)：晶闸管吸收电阻(Ω)和晶闸管吸收电容(F)。通常情况下 Rs 设置为几十欧姆，Cs 设置为 0.01～0.1μF。当需要消除缓冲时，将 Rs 设置为 inf，或者将 Cs 设置为 0；当需要得到纯电阻缓冲电路时，可将 Cs 设置为 inf。

（6）Current 10% fall time Tf(s)和 Current tail time Tt(s)：电流下降时间 Tf(s)和电流拖尾时间。依据所选择的器件手册灵活选取。

图 7-8 IGBT 仿真模型的参数设置

对于含有二极管、晶闸管、GTO、IGBT 元件的电路仿真系统而言，为提高运算精度和运算速度，必须采用适合于刚性问题的算法，比如 ode23tb，并将相对误差设定为 1e-4。

7.2 整流电路

整流电路就是将交流电能变为直流电能供给直流用电设备。常用的整流器包括单相整流器和三相整流器，都可以使用电力系统模块集(SimPowerSystems)中的二极管、晶闸管、GTO 或 IGBT 等器件模型构建仿真电路模型。三相整流器还可以采用通用电桥(Universal Bridge)模块和同步 6 脉冲触发器(Synchronized 6-Pulse Generator)模块来构建三相整流电路。本节主要介绍常用的单相和三相整流电路的仿真。

7.2.1 单相半波可控整流电路

1. 电气原理结构图

单相半波可控整流电路的原理图如图 7-9 所示。

2. 仿真模型及模块参数设置

在 Simulink 环境下，根据图 7-9 所示的原理图，采用电力系统模块集(SimPowerSystems)搭建的单相半波可控整流电路的仿真模型如图 7-10 所示。仿真模型主要由交流电压源、晶闸管、脉冲信号发生器和负载电阻构成。

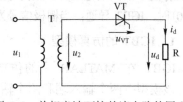

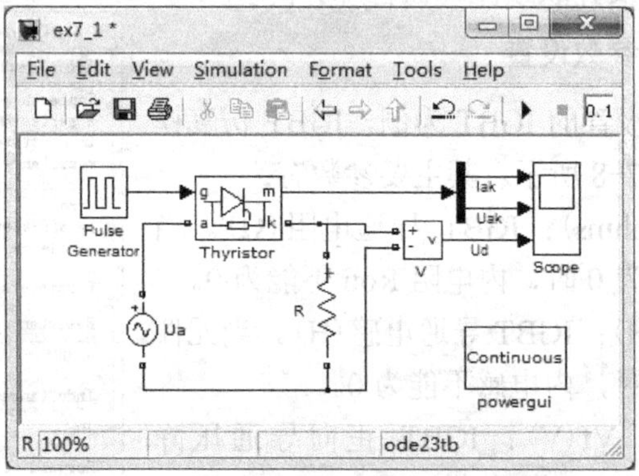

图 7-9 单相半波可控整流电路的原理图

图 7-10 单相半波可控整流电路的仿真模型

以下仅介绍图 7-10 中主要模块的参数设置及其提取路径，如无特别说明其他模块的参数通常采用默认设置。

(1) 在 Simulink 环境下打开电力系统模块集(SimPowerSystems)，将其电力电子模块库 (Power Electronics)中的晶闸管模块(SimPowerSystems/Power Electronics/Thyristor)复制到图 7-10 中，晶闸管模块所有参数均为默认。

(2) 打开脉冲信号发生器模块(Simulink/Sources/Pulse Generator)的参数对话框，将其参数 (Parameters)页面中的"Period"对话框中的值修改为[0.02]；"Pulse Width"对话框中的值修改为[30]；"Phase delay"对话框中的值修改为[0.0025]；其他选项参数默认。需要说明的是，脉冲信号发生器参数设置对话框中，由于单相交流电源频率为 50Hz，则脉冲周期 Period 为 0.02s。相位延迟时间 t 用于设定晶闸管的触发角 α，二者对应关系为 $t=(\alpha/360°)\times0.02$。当触发角为 45° 时，对应的延迟时间为 0.0025s。

(3) 交流电压源(SimPowerSystems/Electrical Sources/AC Voltage Source)的电压幅值"Peak

amplitude"对话框中的值修改为[100];频率"Frequency"对话框中的值修改为[50];其他选项参数默认。

(4)串联 RLC 电阻模块(SimPowerSystems/Elements/Series RLC Branch)的参数"Branch type"选择为纯电阻 R;"Resistance"对话框中的值修改为[10];其他选项参数默认。

(5)信号分解模块(Simulink/Commonly Used Blocks/Demux)、示波器(Simulink/Sinks/Scope)、电压测量模块(SimPowerSystems/Measurements/Voltage Measurement)选项参数均为默认值。

3. 系统仿真参数设置及仿真结果

在 simulink 模型窗口中单击菜单 Simulation/Configuration Parameters...,弹出如图 7-11 所示的系统仿真参数设置对话框。

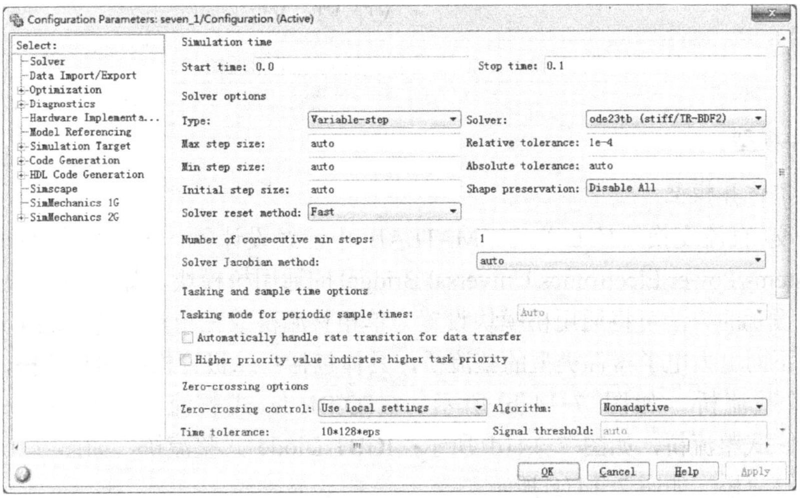

图 7-11 系统仿真参数设置对话框

根据 MATLAB 帮助系统给出的建议,对于含有二极管、晶闸管、GTO、IGBT 等元件的仿真电路,为提高运算精度和运算速度,应采用适合于刚性问题的算法,比如 ode23tb,并将相对误差设定为 1e-4。这里将仿真起始时间 Start time 设置为 0,停止时间 Stop time 设置为 0.1。其他参数为默认值。

在 Simulink 模型窗口中单击菜单 Simulation/Start,或单击 ▶ 按钮,系统开始仿真。仿真结果如图 7-12 所示。

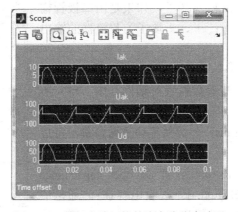

图 7-12 单相半波可控整流电路仿真波形

7.2.2 三相桥式全控整流电路

1. 电气原理结构图

三相桥式全控整流电路的原理图如图 7-13 所示。

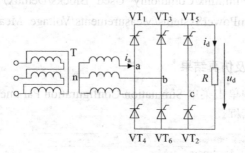

图 7-13 三相桥式全控整流电路原理图

2. 整流桥模型

(1) 整流桥仿真模型

整流桥是交-直流变换的核心单元。MATLAB 中已经设计了一个名称为 Universal Bridge (SimPowerSystems/Power Electronics/Universal Bridge) 的通用桥模块，如图 7-14 所示。

通过参数设置的方法可将通用桥模块设置为单相整流桥或三相整流桥；还可以通过参数设置的方法实现不同电力电子器件类型的整流桥，具体包括：二极管构成的整流桥，如图 7-14(a) 所示；晶闸管整流桥，如图 7-14(b) 所示；GTO/Diode 式整流桥，如图 7-14(c) 所示；MOSFET/Diode 式整流桥，如图 7-14(d) 所示；IGBT/Diode 式整流桥，如图 7-14(e) 所示；理想开关器件式整流桥，如图 7-14(f) 所示。

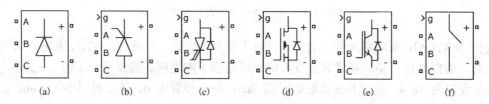

图 7-14 MATLAB 中 Universal Bridge 的几种封装结构

图 7-14 中，A、B、C 为输入端子，用于接入三相交流电源的相电压；g 为触发脉冲输入端子，如果是由二极管构成的整流桥，则无触发端子 g；+、-端子为整流器的输出端子，输出直流电压。

(2) 整流桥仿真模型的参数设置

以晶闸管整流桥为例，其参数设置对话框如图 7-15 所示。主要参数有：

(1) Number of bridge arms：整流桥模块桥臂数量，可选择 1、2 或 3。

(2) Snubber resistance Rs(ohms) 和 Snubber capacitance Cs(F)：晶闸管吸收电阻(Ω) 和晶闸管吸收电容(F)。通常情况下 Rs 设置为几十欧姆，Cs 设置为 0.01~0.1μF。当需要消

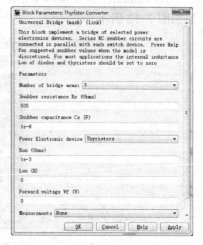

图 7-15 晶闸管整流桥的参数设置

除缓冲时,将 Rs 设置为 inf,或者将 Cs 设置为 0;当需要得到纯电阻缓冲电路时,可将 Cs 设置为 inf。

(3) Power Electronic device:器件类型选择,可选择为 Diode,Thyristors,GTO/Diode,MOSFET/Diode,IGBT/Diode,Ideal Switches,Switching-function based VSC,Average-model based VSC 共 8 种方式。

(4) Ron(ohms):模块导通电阻(Ω)。

(5) Lon(H):模块导通电感(H)。

(6) Forward voltage Vf(V):模块的正向导通压降(V)。

(7) Measurements:可通过 Multimeter(万用表)测量的物理量选项。有 5 个选项:None(无)、Device voltages(装置电压)、Device currents(装置电流)、UAB UBC UCA UDC voltages(三相线电压和输出平均电压)、All voltages and currents(所有电压电流)。

3. 同步 6 脉冲触发器模型

(1) 同步 6 脉冲触发器仿真模型

同步 6 脉冲触发器模块可用于触发三相全控整流桥的 6 个晶闸管。同步 6 脉冲触发器(SimPowerSystems/Extra Library/Control Blocks/Synchronized 6-Pulse Generator)的仿真模型如图 7-16 所示。

同步 6 脉冲触发器共有 5 个输入端和 1 个输出端。其中,AB、BC 和 CA 分别是三相电源的三相线电压 Uab、Ubc 和 Uca 的输入端; alpha_deg 为脉冲触发相位角 α 输入端;Block 为触发器控制端,当输入为 0 时触发器正常工作,输入大于 0 时触发器不工作。同步 6 脉冲触发器输出端 pulse 同时输出 6 路触发脉冲,还可以设置为双脉冲输出,双脉冲间隔为 60°。6 路触发器输出脉冲 Pulse1~Pulse6 和三相全控整流桥的 6 个晶闸管 VT1~VT6 具有一一对应关系,VT1~VT6 号晶闸管的位置如图 7-13 所示。当整流桥采用 SimPowerSystem 工具箱自带的通用电桥模块 Universal Bridge 时,则直接将同步 6 路触发器的输出 pulse 和通用电桥的脉冲输入端子 g 相连即可。

(2) 同步 6 脉冲触发器仿真模型的参数设置

同步 6 脉冲触发器的参数设置对话框如图 7-17 所示。主要参数有:

(1) Frequency of synchronisation voltage(Hz):同步电压频率(Hz)。

(2) Pulse width(degrees):脉冲宽度(角度)。

(3) Double pulsing:双脉冲。勾选选择框后为双脉冲触发方式。

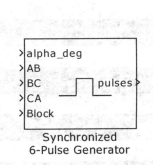

图 7-16 同步 6 脉冲触发器仿真模型

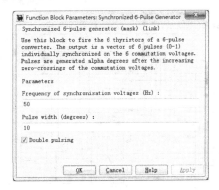

图 7-17 同步 6 脉冲触发器仿真模型的参数设置

4. 仿真模型及参数设置

在 Simulink 环境下,根据图 7-13 所示的原理图,采用电力系统模块集(SimPowerSystems)

中的通用桥模块（Universal Bridge）搭建的三相桥式全控整流电路仿真模型如图 7-18 所示。仿真模型主要由交流电压源、通用桥模块、同步 6 脉冲触发器模块、负载电阻构成。

以下仅介绍图 7-18 中的主要模块参数的设置及其提取路径，如无特别说明其他模块的参数通常采用默认设置。

（1）打开交流电压源，将 Ua、Ub 和 Uc 设置为对称电压源，即将三者的初始相位角"Phase"对话框中的值分别修改为为[0]、[-120]和[-240]；电压幅值"Peak amplitude"对话框中的值均修改为[200]；频率"Frequency"对话框中的值均修改为[50]；其他选项参数默认。

（2）打开通用电桥（SimPowerSystems/Power Electronics/Universal Bridge），将吸收电阻"Snubber resistance Rs"对话框中的值修改为[500]；吸收电容"Snubber capacitance Cs"对话框中的值修改为[1e-6]，电力电子器件类型"Power Electronic device"参数选择为[Thyristors]；其他选项参数默认。

（3）打开同步 6 脉冲触发器（SimPowerSystems/Extra Library/Control Blocks/Synchronized 6-Pulse Generator），将同步电压频率"Frequency of synchronisation voltage"对话框中的值修改为[50]；勾选"Double pulsing"，即设定为双脉冲触发方式；其他选项参数默认。

（4）串联 RLC 电阻模块（SimPowerSystems/Elements/Series RLC Branch）的参数"Branch type"选择为纯电阻 R；"Resistance"对话框中的值修改为[10]；其他选项参数默认。

（5）打开常数输入模块（Simulink/Commonly Used Blocks/Consant），将常数值"Constant value"对话框中的值修改为[0]；其他选项参数默认。

（6）打开信号合成模块（Simulink/Commonly Used Blocks/Mux），将输入端数量"Number of inputs"对话框中的值修改为[3]；其他选项参数默认。

5．系统仿真参数设置及仿真结果

打开系统仿真参数设置对话框，选择 ode23tb，并将相对误差设定为 1e-4；仿真起止时间设定为 0～0.04s，其他参数为默认值。这里将负载电阻设定为10Ω，在 Simulink 模型窗口中单击菜单 Simulation/Start，或单击▶按钮，系统开始仿真，仿真结果如图 7-19 所示。当晶闸管触发角 α 为 0°时，输入的三相线电压 U_{ab} & U_{bc} & U_{ca}、同步 6 脉冲触发器输出 Pulses、负载电流 i_d、负载电压 U_d 波形如图 7-19 所示。改变触发角 α 的大小，或改变负载性质，例如阻感性负载，可以获得不同的仿真结果。

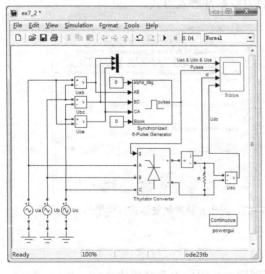

图 7-18　三相桥式全控整流电路的仿真模型

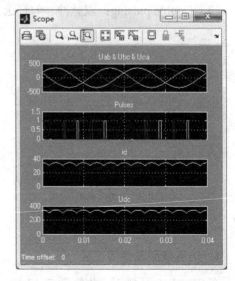

图 7-19　三相桥式全控整流电路的仿真波形

7.3 逆变电路

逆变电路的功能是将直流电能变为交流电能。常用的逆变器包括单相逆变器和三相逆变器，都可以使用电力系统模块集(SimPowerSystems)中的晶闸管、GTO 或 IGBT 等器件模型构建仿真电路模型。三相逆变器还可以采用通用电桥(Universal Bridge)模块和同步 6 脉冲触发器仿真模型(Synchronized 6-Pulse Generator)来构建三相逆变电路。本节主要介绍常用的单相和三相逆变电路的仿真。

7.3.1 单相全桥逆变电路

1. 电气原理结构图

单相全桥逆变电路的原理图如图 7-20 所示。桥臂 1 和桥臂 4 作为一对，桥臂 2 和桥臂 3 作为另一对，成对的桥臂同时导通，两对桥臂各导通 180°，输出电压波形为矩形波。

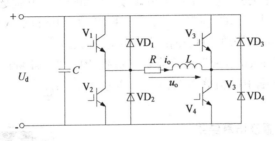

图 7-20 单相全桥逆变电路原理图

2. 仿真模型及参数设置

在 Simulink 环境下，根据图 7-20 所示的原理图，采用电力系统模块集(SimPowerSystems)中的 IGBT/Diode 模块搭建的单相全桥逆变电路的仿真模型如图 7-21 所示。系统由直流电压源、IGBT/Diode、脉冲信号发生器和阻感性负载构成。

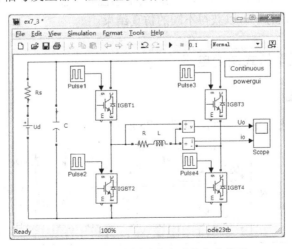

图 7-21 单相全桥逆变电路的仿真模型

以下仅介绍图 7-21 中主要模块的参数设置及其提取路径，如无特别说明其他模块的参数通常采用默认设置。

（1）在 Simulink 环境下打开电力系统模块集(SimPowerSystems)，将直流电压源模块(SimPowerSystems/Electrical Sources/DC Voltage Source)复制到图 7-21 中，直流电压源 Ud 幅值"Amplitude"为 100V；其他选项参数默认。

（2）4 个 IGBT/Diode 模块 (SimPowerSystems/Power Electronics/IGBT/Diode) IGBT1 ~ IGBT4 的参数设置均为默认值。

（3）4 个脉冲信号发生器模块(Simulink/Sources/Pulse Generator)中，Pulse1 和 Pulse4 分别用于触发 IGBT1 和 IGBT4，二者所设置的参数相同：即"Period"对话框中的值修改为[0.02]；"Pulse Width"对话框中的值修改为[50]；"Phase delay"对话框中的值为[0]；其他选项参数默认。Pulse2 和 Pulse3 分别用于触发 IGBT2 和 IGBT3，二者所设置的参数相同：即"Period"对话框中的值修改为[0.02]；"Pulse Width"对话框中的值修改为[50]；"Phase delay"对话框中的值为[0.01]；其他选项参数默认。

（4）仿真模型中的 Rs、C、RL 元件均为串联 RLC 支路模块(SimPowerSystems/Elements/Series RLC Branch)。其中，Rs 为直流电源内阻，打开 Rs 参数对话框，将参数"Branch type"选择为纯电阻 R；"Resistance"对话框中的值修改为[0.00001]；其他选项参数默认。C 为直流电压源两端并联电容，打开 C 参数对话框，将参数"Branch type"选择为纯电容 C；"Capacitance"对话框中的值修改为[1e-5]；其他选项参数默认。RL 为阻感性负载，打开 RL 参数对话框，将参数"Branch type"选择为阻感负载 RL；"Resistance"对话框中的值修改为[10]；"Inductance"对话框中的值修改为[0.1]；其他选项参数默认。

3. 系统仿真参数设置及仿真结果

打开系统仿真参数设置对话框，选择 ode23tb，并将相对误差设定为 1e-4；仿真起止时间设定为 0~0.1s，其他参数为默认值。在 Simulink 模型窗口中单击菜单 Simulation/Start，或单击 ▶ 按钮，系统开始仿真。这里设定阻感性负载 RL 模块的 R 为 10Ω，L 为 $0.1H$，输出电压 U_o 和输出电流 i_o 的波形如图 7-22 所示。当改变阻感性负载电阻和电感的比例关系时，可以获得不同的仿真结果。

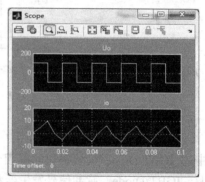

图 7-22 单相全桥逆变电路的仿真波形

7.3.2 三相电压型桥式逆变电路

1. 电气原理结构图

三相电压型桥式逆变电路的原理图如图 7-23 所示。

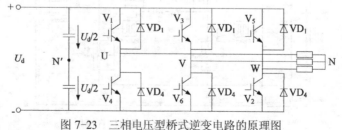

图 7-23 三相电压型桥式逆变电路的原理图

2. 仿真模型及参数设置

在 Simulink 环境下，根据图 7-23 所示的原理图，采用电力系统模块集(SimPowerSystems)

中的 IGBT/Diode 模块搭建的三相电压型桥式逆变电路的仿真模型如图 7-24 所示。系统由直流电压源、IGBT/Diode、脉冲信号发生器和阻感性负载构成。

当然，三相逆变器还可以采用通用电桥(Universal Bridge)模块和同步 6 脉冲触发器仿真模型(Synchronized 6-Pulse Generator)来构建，此处不再举例。

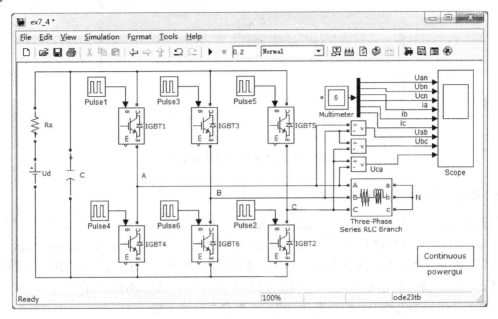

图 7-24　三相电压型桥式逆变电路的仿真模型

以下仅介绍图 7-24 中主要模块的参数设置及其提取路径，如无特别说明其他模块的参数通常采用默认设置。

（1）在 Simulink 环境下打开电力系统模块集(SimPowerSystems)，将直流电压源模块复制到图 7-24 中，直流电压源 Ud 幅值"Amplitude"为 100V；其他选项参数默认。

（2）6 个 IGBT/Diode 模块 IGBT1～IGBT6 的参数设置均为默认值。

（3）6 个脉冲信号发生器模块中，Pulse1～Pulse6 分别用于触发 IGBT1～IGBT6，Pulse1～Pulse6 的"Period"对话框中的值均修改为[0.02]；"Pulse Width"对话框中的值均修改为[50]；Pulse1～Pulse6 的相位延迟时间"Phase delay"对话框中的值依次分别修改为：[0]、[0.00333]、[0.006667]、[0.01]、[0.01333]、[0.016667]。

（4）打开三相串联 RLC 支路模块(SimPowerSystems/Elements/Three-Phase Series RLC Branch)，将参数"Branch type"选择为阻感性负载 RL；"Resistance"对话框中的值修改为[10]；"Inductance"对话框中的值修改为[0.1]；将 Measurement 选项设置为 Branch voltages and currents，则三相串联式 RLC 负载的三相相电压和三相相电流的变量名将会出现在万用表模块(Multimeter)的有效测量变量名(Availiable Measurement)列表中，以方便示波器显示变量。

（5）仿真模型中的 Rs、C 元件均为串联 RLC 支路模块。其中，Rs 为直流电源内阻，打开 Rs 参数对话框，将参数"Branch type"选择为纯电阻 R；"Resistance"对话框中的值修改为[0.00001]；其他选项参数默认。C 为直流电压源两端并联电容，打开 C 参数对话框，将参数"Branch type"选择为纯电容 C；"Capacitance"对话框中的值修改为[1e-5]；其他选项参数默认。

（6）万用表模块(SimPowerSystems/Measurements/Multimeter)的参数设置如图 7-25 所示。左侧一栏为可选择的参数，右侧一栏为已选择参数。本例左侧为三相串联式 RLC 负载的所有电压电流变量，右侧是已选中的电压电流变量。

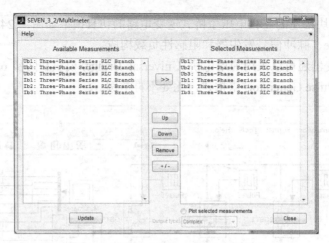

图 7-25 万用表模块的参数设置

3. 系统仿真参数设置及仿真结果

打开系统仿真参数设置对话框,选择 ode23tb,并将相对误差设定为 1e-6;仿真起止时间设定为 0~0.2s,其他参数为默认值。在 Simulink 模型窗口中单击菜单 Simulation/Start,或单击 ▶ 按钮,系统开始仿真。这里设定阻感性负载 RL 模块的 R 为 10Ω,L 为 $0.1H$,输出相电压 U_{an}、U_{bn}、U_{cn},输出相电流 i_a、i_b、i_c,输出线电压 U_{ab}、U_{bc}、U_{ca} 的波形如图 7-26 所示。当改变阻感性负载电阻和电感的比例关系时,电流波形会有一定差别。

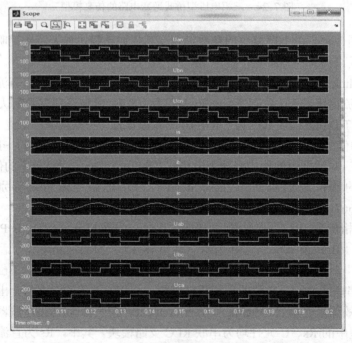

图 7-26 三相桥式全控整流电路的仿真波形

7.4 直流-直流变流电路

直流-直流变流电路是将直流电变为另一种固定电压或可调电压的直流电,它有多种类型。这里主要介绍降压式(Buck)斩波器和升降压式(Buck-Boost)斩波器的仿真,其他直流变换器的仿真可以用同样的方法实现。

7.4.1 降压式(Buck)斩波器

1. 电气原理结构图

降压式斩波电路其输出电压平均值总是小于输入电压值，其电路原理图如图 7-27 所示。全控型器件 IGBT 的栅极驱动电压为周期性方波，采用脉冲宽度调制控制方式，即工作周期 T 不变，IGBT 开通时间可调。

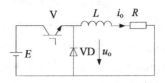

图 7-27 降压式斩波电路原理图

2. 仿真模型及参数设置

在 Simulink 环境下，根据图 7-27 所示的原理图，采用电力系统模块集(SimPowerSystems)中的 IGBT/Diode 模块搭建的降压式(Buck)斩波器的仿真模型如图 7-28 所示。系统由直流电压源、IGBT/Diode、脉冲信号发生器和阻感性负载构成。

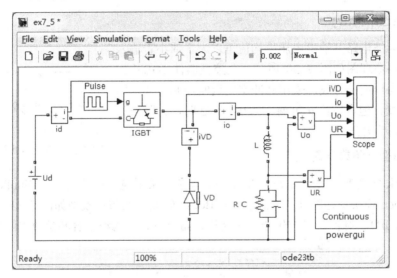

图 7-28 降压式(Buck)斩波器的仿真模型

以下仅介绍图 7-28 中主要模块的参数设置及其提取路径，如无特别说明其他模块的参数通常采用默认设置。

（1）在 Simulink 环境下打开电力系统模块集(SimPowerSystems)，将直流电压源模块复制到图 7-28 中，直流电压源 Ud 幅值"Amplitude"为 100V；其他选项参数默认。

（2）打开二极管模块(SimPowerSystems/Power Electronics/Diode)VD，去掉"Show measurement port"的勾选项，其他选项参数默认。

（3）打开串联 RLC 支路模块(SimPowerSystems/Elements/Series RLC Branch)，将参数"Branch type"选择为纯电感 L；"Inductance"对话框中的值修改为[0.003]；其他选项参数默认。

（4）打开并联 RLC 支路模块(SimPowerSystems/Elements/Parallel RLC Branch)，将参数"Branch type"选择为阻容性负载 RC；"Resistance"对话框中的值修改为[10]；"Capacitance"对话框中的值修改为[2e-5]；其他选项参数默认。

（5）打开脉冲信号发生器模块(Simulink/Sources/Pulse Generator)的参数对话框，将其参数(Parameters)页面中的"Period"对话框中的值修改为[0.0002]；"Pulse Width"对话框中的值修改为[30];"Phase delay"对话框中的值修改为[0.0025];其他选项参数默认。

3. 系统仿真参数设置及仿真结果

打开系统仿真参数设置对话框,选择 ode23tb,并将相对误差设定为 1e-4;仿真起止时间设定为 0~0.002s,其他参数为默认值。在 Simulink 模型窗口中单击菜单 Simulation/Start,或单击▶按钮,系统开始仿真。这里设定负载 R 为 10Ω,直流电源电流 i_d、二极管电流 i_{VD}、输出电流 i_o、输出电压 U_o、负载电阻压降 U_R 的波形如图 7-29 所示。当改变 pulse 脉冲周期、脉冲宽度、滤波电感和滤波电容的值时,输出波形将有所变化。

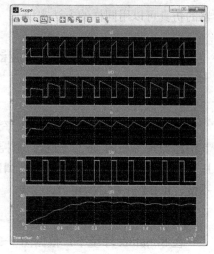

图 7-29 降压式斩波器的仿真波形

7.4.2 升降压式(Buck-Boost)斩波器

1. 电气原理结构图

升降压式斩波电路其输出电压平均值可以大于或小于输入电压值,其电路原理图如图 7-30 所示。全控型器件 IGBT 的栅极驱动电压为周期性方波,采用脉冲宽度调制控制方式,即工作周期 T 不变,但占空比 α 可调。当 0<α<1/2 时,为降压;当 1/2<α<1 时,为升压。

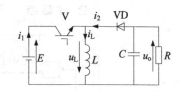

图 7-30 升降压式斩波电路原理图

2. 仿真模型及参数设置

在 Simulink 环境下,根据图 7-30 所示的原理图,采用电力系统模块集(SimPowerSystems)中的 IGBT/Diode 模块搭建的升降压式(Buck-Boost)斩波器的仿真模型如图 7-31 所示。系统由直流电压源、IGBT、脉冲信号发生器、二极管、储能电感、滤波电容和负载电阻构成。

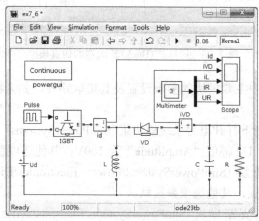

图 7-31 升降压式(Buck-Boost)斩波器的仿真模型

以下仅介绍图 7-31 中主要模块的参数设置及其提取路径,如无特别说明其他模块的参数通常采用默认设置。

(1)在 Simulink 环境下打开电力系统模块集(SimPowerSystems),将直流电压源模块复制到图 7-31 中,直流电压源 Ud 幅值"Amplitude"为 100V;其他选项参数默认。

(2)仿真模型中的 R、C、L 元件均为串联 RLC 支路模块。打开 R 参数对话框,将参数

"Branch type"选择为纯电阻 R；"Resistance"对话框中的值修改为[100]； Measurement 选项选择为 Branch voltage and current；其他选项参数默认。打开 C 参数对话框，将参数"Branch type"选择为纯电容 C；"Capacitance"对话框中的值修改为[1e-4]；其他选项参数默认。打开 L 参数对话框，将参数"Branch type"选择为纯电感 L；"Inductance"对话框中的值修改为[0.08]；将 Measurement 选项选择为 Branch Current；其他选项参数默认。

（3）打开脉冲信号发生器模块的参数对话框，将其参数页面中的"Period"对话框中的值修改为[0.005]；"Pulse Width"对话框中的值修改为[30]；"Phase delay"对话框中的值修改为[1e-8]；其他选项参数默认。

（4）打开万用表模块，从左侧一栏提取电阻 R 的电压、电流变量，再提取电感 L 的电流变量，则右侧一栏显示已提取有效变量，这样可以方便示波器显示有效变量。

3．系统仿真参数设置及仿真结果

打开系统仿真参数设置对话框，选择 ode23tb，并将相对误差设定为 1e-4；仿真起止时间设定为 0～0.06s，其他参数为默认值。在 Simulink 模型窗口中单击菜单 Simulation/Start，或单击▶按钮，系统开始仿真。这里设定负载电阻 R 为 100Ω，直流电源电流 i_d、二极管电流 i_{VD}、电感电流电流 i_L、负载电阻电流 i_R 和负载电阻电压 U_R 的波形如图 7-32 所示。当改变 pulse 脉冲周期、脉冲宽度、储能电感和滤波电容参数值时，输出波形将有所变化。

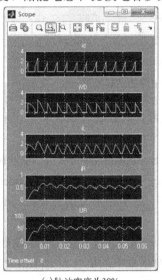
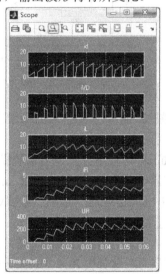

(a) 脉冲宽度为30%　　　　(b) 脉冲宽度为70%

图 7-32　升降压式斩波电路的仿真波形

7.5 交流-交流变流电路

交流-交流变流电路是将一种形式的交流变为另一种形式交流的电路。交流调压是指不改变交流电压的频率而只调节电压大小的方法。这里主要介绍单相交流调压电路和三相交流调压电路的 MATLAB 仿真实现方法。

7.5.1 单相交流调压电路

1．电气原理结构图

晶闸管单相交流调压电路的原理图如图 7-33 所示。两个晶闸管反并联连接后，与负载串联接到交流电源上。两只晶闸管分别作为正负半周的开关,当一只晶闸管开通时,另一只晶闸管关断。晶闸管触发延迟角 α 越大,输出交流电压有效值越小,从而实现交流调压。

2. 仿真模型及参数设置

在 Simulink 环境下,根据图 7-33 所示的原理图,采用电力系统模块集(SimPowerSystems)搭建的单相交流调压电路的仿真模型如图 7-34 所示。系统由交流电压源、晶闸管、脉冲信号发生器、阻感性负载构成。

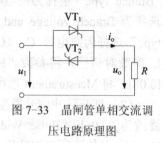

图 7-33 晶闸管单相交流调压电路原理图

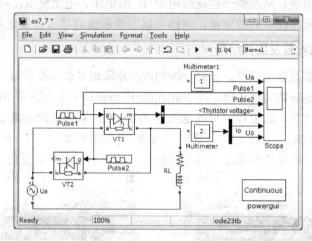

图 7-34 单相交流调压电路的仿真模型

以下仅介绍图 7-34 中主要模块的参数设置及其提取路径,如无特别说明其他模块的参数通常采用默认设置。

(1)在 Simulink 环境下打开电力系统模块集(SimPowerSystems),将交流电压源模块复制到图 7-34 中,交流电压源 Ua 幅值"Peak amplitude"为 100V;频率"Frequency"对话框中的值修改为[50];将 Measurement 选项设置为 Voltage,便于使用万用表(Multimeter)模块提取 Ua 的电压值;其他选项参数默认。

(2)仿真模型中 RL 阻感性负载为串联 RLC 支路模块,打开 RL 参数对话框,将参数"Branch type"选择为阻感负载 RL;"Resistance"对话框中的值修改为[10];"Inductance"对话框中的值修改为[0.02];将 Measurement 选项设置为 Branch voltages and current,便于使用万用表模块提取负载电压和电流值;其他选项参数默认。

(3)脉冲信号发生器模块 Pulse1 用于触发晶闸管 VT1,将其参数页面中的"Period"对话框中的值修改为[0.02];"Pulse Width"对话框中的值修改为[10];"Phase delay"对话框中的值修改为[0.00333];其他选项参数默认。脉冲信号发生器模块 Pulse2 用于触发晶闸管 VT2,将其参数页面中的"Period"对话框中的值修改为[0.02];"Pulse Width"对话框中的值修改为[10];"Phase delay"对话框中的值修改为[0.01333];其他选项参数默认。

3. 系统仿真参数设置及仿真结果

打开系统仿真参数设置对话框,选择 ode23tb,并将相对误差设定为 1e-4;仿真起止时间设定为 0~0.04s,其他参数为默认值。在 Simulink 模型窗口中单击菜单 Simulation/Start,或单击 ▶ 按钮,系统开始仿真。这里给出了交流电源 U_a、VT1 触发脉冲 Pulse1、VT2 触发脉冲 Pulse2、晶闸管压降 Thyristor voltage、输出电流 i_o,输出电压 U_o 的波形如图 7-35 所示。其中，图 7-35(a)为纯电阻负载，$R=10\Omega$；图 7-35(b)为阻感性负载，$R=10\Omega$，$L=0.02\text{H}$。当改变触发延迟角 α，或改变阻感负载的功率因数时，输出波形将有所变化。

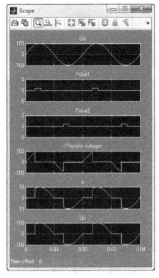
(a) $\alpha=60°$，纯电阻负载

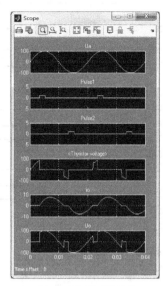
(b) $\alpha=60°$，阻感性负载

图 7-35　单相交流调压电路的仿真波形

7.5.2　三相交流调压电路

1. 电气原理结构图

三相交流调压电路具有多种形式，有星形连接、支路控制三角形连接、中点控制三角形连接。其中，星形连接的三相交流调压电路谐波较小且应用较为广泛，其电路原理图如图 7-36 所示。通过调节晶闸管触发延迟角 α 实现交流调压，α 越大，输出电压越小。

2. 仿真模型及参数设置

在 Simulink 环境下，根据图 7-36 所示的原理图，采用电力系统模块集(SimPowerSystems)搭建的三相交流调压电路的仿真模型如图 7-37 所示。系统主要由三相交流电压源、晶闸管、同步 6 脉冲触发器、三相串联式 RLC 负载构成。

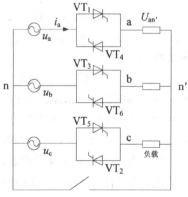

图 7-36　三相交流调压电路原理图

对于三相交流调压仿真，晶闸管可以采用脉冲信号发生器模块(Pulse Generator)触发，也可以采用同步 6 脉冲触发器(Synchronized 6-Pulse Generator)触发。使用同步 6 脉冲触发器存在的问题是，将触发延迟角 α 后移了 30°。也就是说，将同步 6 脉冲触发器触发延迟角 alpha_deg 设置为 0° 时，对于晶闸管而言，其获得的触发角实际上为 30°；当 alpha_deg 设置为 30° 时，晶闸管获得的触发角为 60°，因此需要解决这一相移问题。

由于同步 6 脉冲触发器的 pulses 输出端将触发角后移了 30°，那么，可以在 pulse 输出端加一个传输延迟模块(Transport Delay)，人为地再后移 330°。这样，当 alpha_deg 设置为 0° 时，晶闸管得到的触发角共延迟了 360°，即 0°，只是晚了一个周期。

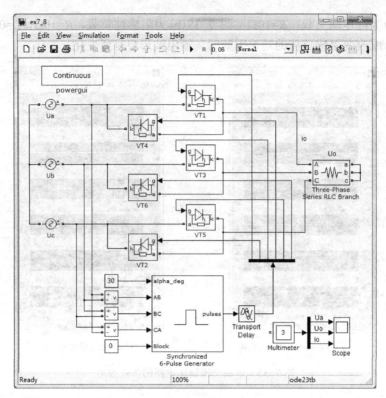

图 7-37 三相交流调压电路的仿真模型

以下仅介绍图 7-37 中主要模块的参数设置及其提取路径，如无特别说明其他模块的参数通常采用默认设置。

（1）打开交流电压源，将 Ua、Ub 和 Uc 设置为对称电压源，即将三者的初始相位角"Phase"对话框中的值分别修改为为[0]、[-120]和[-240]；电压幅值"Peak amplitude"对话框中的值均修改为[200]；频率"Frequency"对话框中的值均修改为[50]；将电压源 Ua、Ub 和 Uc 的 Measurement 选项分别设置为 Voltage，便于使用万用表模块提取 Ua 电压值；其他选项参数默认。

（2）打开三相串联 RLC 支路模块(SimPowerSystems/Elements/Three-Phase Series RLC Branch)，将参数"Branch type"选择为阻感性负载 RL；"Resistance"对话框中的值修改为[10]；"Inductance"对话框中的值修改为[0.005]；将 Measurement 选项设置为 Branch voltages and currents，便于使用万用表模块提取负载电压和电流值。

（3）打开同步 6 脉冲触发器，将同步电压频率"Frequency of synchronisation voltage"对话框中的值修改为[50]；勾选"Double pulsing"，即设定为双脉冲触发方式；其他选项参数默认。

（4）打开传输延迟模块(Simulink/Continous/Transport Delay)，将延迟时间"Time delay"对话框中的值均修改为[0.01833]。这是由于当交流电源为 50Hz 电源时，与 330°相对应的延迟时间为：0.02s×330/360=0.01833s。

3．系统仿真参数设置及仿真结果

打开系统仿真参数设置对话框，选择 ode23tb，并将相对误差设定为 1e-4；仿真起止时间设定为 0～0.1s，其他参数为默认值。在 simulink 模型窗口中单击菜单 Simulation/Start，或单击 ▶ 按钮，系统开始仿真。这里给出了交流电源 U_a、三相负载的输出相电压 U_o、输出相电流 i_o 的波形如图 7-38 所示。其中，图 7-38(a)为纯电阻负载，$R=10\Omega$；图 7-38(b)为阻感性负载，

$R=10\Omega$，$L=0.005$H。当改变触发延迟角 α，或改变阻感负载的功率因数时，输出波形将有所变化。

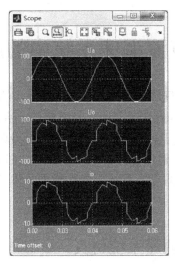
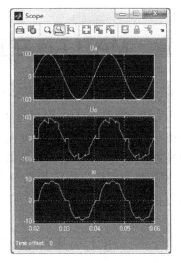

(a) $\alpha=60°$，纯电阻负载　　　　　　(b) $\alpha=60°$，阻感性负载

图 7-38　三相交流调压电路的仿真波形

小　　结

本章主要介绍了 MATLAB 在电力电子变流中的应用，如利用 MATLAB 实现电力电子器件模型、整流电路、逆变电路、直流-直流变流电路和交流-交流变流电路等。

习　　题

7-1　试在 Simulink 环境下，采用电力系统模块集中的电力电子器件模型，构建单相双半波可控整流电路，输出负载两端的电压和电流波形。其中单相交流电压源电压 U_a 的峰值为 100V，频率为 50Hz，纯电阻负载 R 为 20Ω，触发角 $\alpha=30°$。

7-2　试在 Simulink 环境下，采用电力系统模块集中的通用电桥(Universal Bridge)模块和同步脉冲触发器(Synchronized 6-Pulse Generator)等模块，构建三相桥式有源逆变电路。其中交流电压源相电压峰值为 50V，频率为 50Hz，阻感性负载 R 为 2Ω，L 为 0.02H，负载回路反电势电压 E 为 40V，试分别给出触发角 α 为 90°和 120°时的直流侧电压和电流波形。

7-3　已知直流电源 200V，要求将电压降低到 100V，电阻负载为 5Ω。试设计一个直流降压式斩波器，并通过仿真设计的方法选择电感和滤波电容参数，观察 IGBT 和二极管的电流波形。

7-4　已知直流电源 200V，要求将电压提升到 400V，且输出电压的脉动控制在 5%以内，负载的等值电阻为 5Ω。试设计一个直流升压式斩波器，并通过仿真设计的方法选择斩波频率、电感和电容参数，观察 IGBT 和负载两端的电压波形。

本章习题答案可扫描右边二维码。

第8章　MATLAB在直流调速系统中的应用

直流调速是现代电力拖动自动控制系统中发展较早的技术。随着晶闸管的出现，现代电力电子和控制理论以及计算机技术的结合促进了电力拖动自动控制系统的研究和应用技术的发展，晶闸管-直流电动机调速系统为现代工业提供了高效的动力。以 IGBT 为典型的全控型器件的出现，更是为高性能的直流调速系统提供了整体保障。MATLAB 中 Simulink 环境下的 SimPowerSystems 模块集为用户提供了相当丰富的电力系统元器件模型。本章利用 SimPowerSystems 模块集进行了直流调速系统的仿真研究。

8.1　开环直流调速系统仿真

图 8-1 所示为晶闸管-直流电动机开环调速系统电气原理图。整流变压器为整流桥提供合适的交流电压，同时还起电气隔离的作用；通过改变触发器移相控制信号 U_c 来移动触发脉冲的相位，即可改变整流器的输出电压，从而实现直流电机的平滑调速。平波电抗器 L 的作用是平滑电枢电流，减小电流脉动。

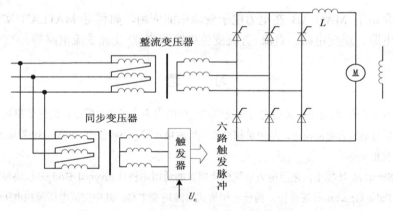

图 8-1　晶闸管-直流电动机开环调速系统电气原理图

8.1.1　晶闸管直流开环调速系统模型

晶闸管直流电动机开环调速系统的仿真模型如图 8-2 所示。下面介绍各部分模型的建立与参数设置。

在模型中，交流电源 Three-Phase source、整流变压器 Three-Phase Transformer、三相整流桥 6-pulse thyristor bridge、电抗器 L_d 和直流电动机 Machine 模块组成调速主电路。在调速系统中直流电动机一般采用他励方式，直流电动机的励磁直接由直流电源模块 E 提供。

产生晶闸管驱动信号的触发器(6-Pulse generator)，其控制端信号 alpha-deg 是以角度表示的控制角，一般整流器移相控制信号是电压信号 U_c，因此模型中增加了一个函数模块 Fcn，将移相控制信号 U_c 变换为触发器控制信号 alpha-deg 端的控制角，Fcn 模块的输入是电压信号 U_c，输出是控制角，控制信号 U_c 由常数模块 U_{ct} 设定。移相控制模块的特性如图 8-3 所示。

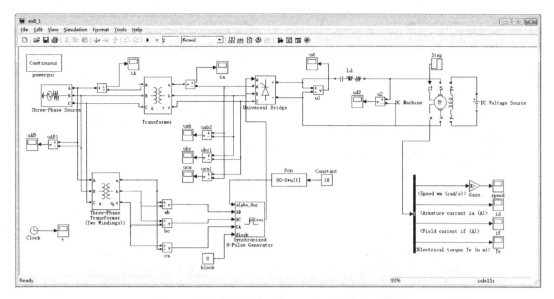

图 8-2 晶闸管直流电动机开环调速系统仿真模型

移相特性的函数表达式为：

$$\alpha = 90° - \frac{90° - \alpha_{\min}}{U_{c\max}} U_c \qquad (8-1)$$

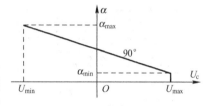

图 8-3 移相控制特性

在本模型中取 $\alpha_{\min} = 30°$，$U_{c\max} = 10V$，所以 $\alpha = 90° - 6U_c$，当 U_c 在 ±15V 间变化时，控制角 α 的变化范围是 0 到 180°。电动机的负载转矩输入端 T_L 用 Step 模块设定加载时间和加载转矩。

8.1.2 晶闸管直流开环调速系统参数设置

下面通过一个实例来说明晶闸管直流开环调速系统的参数设置过程。已知电动机额定参数：$U_N=220V$，$I_N=55A$，$n_N=1000$ r/min，电枢电阻 $R_a=0.5\Omega$，$GD^2=22.5$N·m²，励磁电压 $U_f=220V$，励磁电流 $I_f=1.5A$。采用三相桥式整流电路，整流器内阻 $R_{rec}=0.05\Omega$。平波电抗器 $L_d=20$mH。观察电动机在全压启动和启动后加额定负载时的转速、转矩和电流变化。

此处仅给出电动机的额定参数，电源、变压器等参数必须根据电动机要求进行设计和计算。

1. 三相交流电源

在电网电压 $U_{s1}=380V$，电源内阻 $R_s=0.001\Omega$，不考虑电源电感时，电源模块参数设置如图 8-4 所示。

2. 三相变压器和整流器

三相变压器采取 Δ/Y 连接，一次电压为 380V（线电压），二次电压为

$$U_2 = \frac{U_N + (R_{rec} + R_a)I_N}{2.34\cos\alpha_{\min}} = \frac{220 + 0.55 \times 55}{2.34\cos 30°} = 123 \text{ V}$$

变压器参数如图 8-5 所示，其中电压参数是线电压的有效值，为 $123\sqrt{3} = 214V$，绕组电阻和电感在未知时可以先使用预置的标么值。

整流器参数如图 8-6 所示，在没有特别的要求时保留预置值。

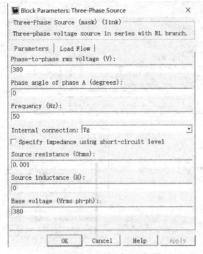
图 8-4 三相电源参数

图 8-5 三相变压器参数

3. 电动机参数

直流电动机参数如图 8-7 所示。

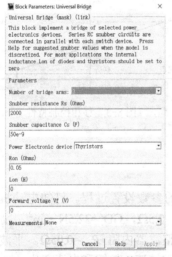
图 8-6 整流器参数

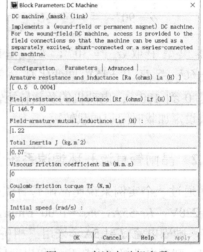
图 8-7 直流电动机参数

（1）励磁回路

励磁电阻 $R_f = U_f / I_f = 220/1.5 = 146.7\Omega$，励磁电感在恒定磁场控制时可以取"0"。

（2）电枢回路

电枢电阻 $R_a = 0.5\Omega$，电枢电感由下式估算

$$L_a = 19.1 \frac{CU_N}{2pn_N I_N} = 19.1 \frac{0.4 \times 220}{2 \times 2 \times 1000 \times 55} = 0.0076 \text{ H}（C \text{ 为补偿系数}）$$

（3）电枢绕组和励磁绕组间互感 L_{af}

$$C_e = \frac{U_N - R_a I_N}{n_N} = \frac{220 - 0.5 \times 55}{1000} = 0.1925 \text{ V} \cdot \text{min/r}$$

根据电机内部的参数关系可知：

$$K_E = \frac{60}{2\pi} C_e = \frac{60}{2\pi} \times 0.1925 = 1.83$$

$$L_{\text{af}} = \frac{K_E}{I_f} = \frac{1.83}{1.5} = 1.22 \text{ H}$$

(4) 电动机转动惯量

$$J = \frac{GD^2}{4g} = \frac{22.5}{4 \times 9.8} = 0.57 \text{ kg} \cdot \text{m}^2$$

(5) 额定负载转矩

$$T_L = 9.55 C_e I_N = 9.55 \times 0.1925 \times 55 = 101.1 \text{ N} \cdot \text{m}$$

4. 其他模块参数

按上述计算过程，模型中用到的其他模块参数如下：

（1）三相电源(SimPowerSystems/Electrical Source/Three-Phase Source)模块中电源电压设为380V，频率设置为50Hz。

（2）打开三相双绕组变压器(SimPowerSystems/Elements Source/Three-Phase Transformer)的参数对话框，将"Winding 1 parameters"对话框中的第 1 位的值修改为 380，"Winding 2 parameters"对话框中的第 1 位的值修改为 214，即将变压器模块的低压侧额定电压设为214V，高压侧额定电压设为380V，其他参数均为默认值。

（3）首先在 Simulink 环境下打开电力系统模块集(SimPowerSystems)，并将其电机模块库(Machines)中的直流电动机(DC Machine)复制到图 8-2 中，然后利用鼠标打开直流电动机模块的参数对话框(parameter)，将其"Armature resistance and inductance"对话框中的值修改为[0.5 0.0004]，"Field resistance and inductance"对话框中的值修改为[146.7 0]，"Field-armature mutual inductance"中的值修改为 1.22，"Total inertia"中的值修改为 0.57，即将直流电动机模块的电枢电阻和电枢电感设为 0.5Ω 和 0.0004H，励磁电阻设为 146.7Ω，励磁和电枢互感设为 1.22H，转动惯量设为 0.57kg·m²。

（4）平波电抗器(SimPowerSystems/Elements/series RLC Branch)的参数设置为 Ld=20mH。

（5）函数模块(Simulink/User-Defind Functions/Fcn)设为 90-6U_C。

（6）放大器(Simulink/commonly Used/Gain)的参数设置为 30/π。

（7）触发器(SimPowerSystems/extra-library/control Blocks/synchronized 6-pulse generator)的参数设置为双脉冲触发，脉冲宽度1°。

（8）电动机负载模块(Simulink/source/step)设为 1s 时给定负载为 101.1N·m。

8.1.3 晶闸管直流开环调速系统仿真和系统分析

模型仿真算法可取 ode15s，仿真时间 3.5s，电动机空载启动，启动 1s 后突加额定负载101.1N·m。

$U_{ct}=5V$（α=60°），电动机空载启动，启动 1s 时加额定负载情况下的电机转速、电流、转矩曲线如图 8-8 所示。启动时电机转速上升，见图 8-8(a)，0.35s 时电机转速达到空载最高值1380r/min。这是因为理想空载启动电动机没有任何阻力，在加载前电动机将维持最高转速不变，在 1.2s 后进入稳态，转速为 1020r/min。电动机的转速降为 $\Delta n = n_0 - n_N = (1380-1020)$r/min=360r/min。

电枢电流波形如图 8-8(b)所示，启动中最大电流约为 275A，启动完成后电流下降到零，与理想空载的条件相符，稳定电流为电动机额定电流。图 8-8(c)为电动机的电磁转矩波形，同样是先达到峰值在加载后趋于稳定。

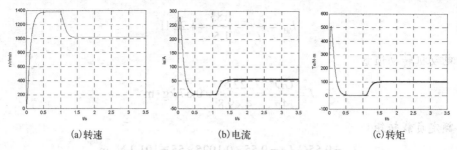

(a) 转速 (b) 电流 (c) 转矩

图 8-8　$U_{ct}=5V$，$\alpha=60°$ 时的电机输出波形

8.2　转速闭环控制的直流调速系统仿真

为了减小负载波动对电动机转速的影响，可以采取带转速负反馈的闭环调速控制，根据转速的偏差来自动调节整流器的输出电压，从而保证转速的稳定，系统结构如图 8-9 所示。系统由转速给定 U_n^*、转速调节器 ASR、触发器 CF、整流器、电动机 M 和转速检测 TG 等单元组成。

该系统与图 8-1 所示的开环系统相比增加了一个速度闭环控制环节：测速装置、速度比较及速度调节器 ASR。测速装置的形式、类别很多，这里以直流测速发电机为例，电动机的轴上装上一台测速发电机。

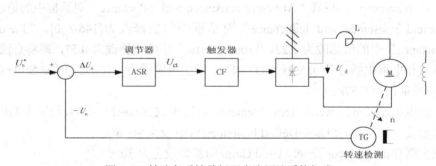

图 8-9　转速负反馈单闭环直流调速系统组成

转速闭环调速系统的工作原理是：通过检测电机实际转速信号 U_n，将该信号与给定转速信号 U_n^* 进行比较，得到转速偏差信号 $\Delta U_n = U_n^* - U_n$，转速调节器根据 ΔU_n 产生减小或消除偏差的控制信号 U_{ct}，U_{ct} 经过触发和整流环节调节电动机电枢电压 U_d，从而控制电动机转速。调节器在减小和消除转速偏差中起重要作用，比例(P)调节器和比例-积分(PI)调节器是调速系统最常用的两种调节器，采用比例调节器的系统是转速有静差调速系统，采用比例-积分调节器的系统是转速无静差调速系统。

8.2.1　ASR 采用比例调节器

转速调节器 ASR 采用比例调节器时为转速有静差调速系统，仿真模型如图 8-10 所示，该模型在开环系统模型（见图 8-2）基础上增加了转速给定 U_n^*，放大器 Kp 和饱和模块 Saturation 组成的带输出限幅的比例调节器，其输出 U_{ct} 经变换后接至同步 6 脉冲发生器。转速反馈系数设定为 0.01（最大转速给定值 10 与额定转速 1000 的比值）。电源、变压器、整流器和电动机参数同开环系统，饱和模块 Saturation 的限幅值为 ±10，转速给定值 U_n^* 的取值范围为 0～10。

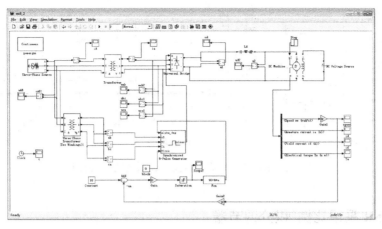

图 8-10　采用比例调节器的有静差转速闭环调速系统

1. 采用比例调节器系统的调速性能

取转速调节器 Kp 为 20，转速给定 U_n^* 值设为 10，启动仿真，得到的结果如图 8-11 所示。从图中可以得到加载后转速有下降，但是在转速闭环控制后，系统的转速降 Δn 平均在 95r/min 左右，明显低于开环调速系统的平均转速降 360r/min。这说明转速闭环控制减小了负载引起的转速变化，系统的稳态性能得到了提高。但是采用比例调节器，转速稳态时还有偏差，因此属于有静差调速系统。

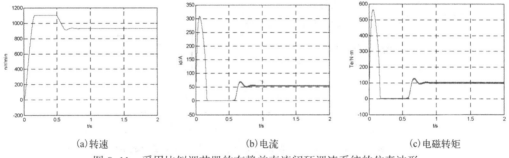

(a) 转速　　　　　　　　　　(b) 电流　　　　　　　　　　(c) 电磁转矩

图 8-11　采用比例调节器的有静差直流闭环调速系统的仿真波形

2. 比例放大倍数对调速性能的影响

要观察放大倍数对调速性能的影响，只需在模型中修改放大器参数 Kp 就可以实现，图 8-12 和图 8-13 是在保持转速给定 U_n^* 为 10 不变，Kp 分别为 100、5 时系统的转速、电流和电磁转矩的波形，很显然，放大系数越大，系统的稳态速降越小，但是过大的比例放大倍数可能引起系统的不稳定，这里由于比例调节器采用了输出限幅，整流器模块的输出电压受控制角限制在 $\pm U_{dm}$ 之间，使系统的稳定性对放大倍数的变化不敏感。

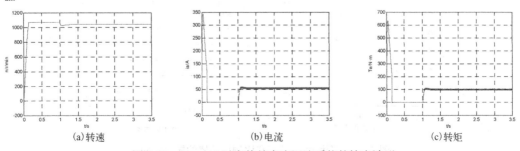

(a) 转速　　　　　　　　　　(b) 电流　　　　　　　　　　(c) 转矩

图 8-12　Kp=100 时有静差直流调速系统的输出波形

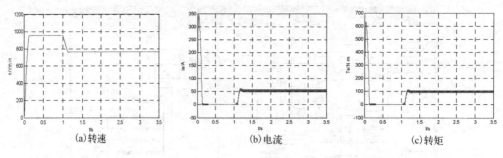

图 8-13　Kp=5 时有静差直流调速系统的输出波形

8.2.2　ASR 采用比例-积分调节器

ASR 采用比例-积分(PI)调节器的系统是转速无静差调速系统，以有限幅的 PI controller 模块取代图 8-11 的放大器 Kp 和饱和模块 saturation，就得到采用 PI 调节器的转速闭环无静差直流系统模型，如图 8-14 所示。

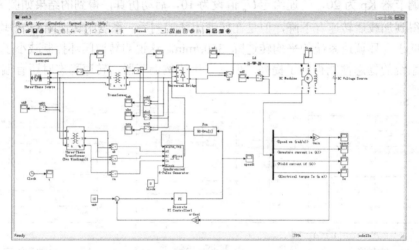

图 8-14　采用 PI 调节器的转速闭环无静差直流系统模型

设置 PI 调节器的参数为 K_p=24.3，K_i=1.5，在电动机额定状态下进行仿真。图 8-15 是采用 PI 调节器的转速响应波形与采用比例调节器的转速波形的比较，加载后采用 PI 调节器的转速比采用比例调节器的转速高，转速基本上达到给定转速，实现了在稳态时的转速无静差调节，而采用比例调节器系统存在转速偏差。图 8-16 是两种情况下的电流对比，启动中电流基本相同，加载的调节过程略有不同，因为负载相同，所以系统加载后的稳态电流相同。通过比较可知，采用 PI 调节器的调速系统性能优于采用比例调节器的系统。

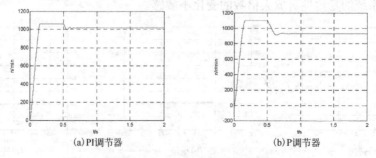

图 8-15　采用 PI 调节器和比例调节器的转速响应

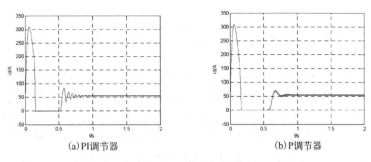

图 8-16 采用 PI 调节器和 P 调节器的电流响应

8.2.3 带电流截止负反馈的转速闭环调速系统

带电流截止负反馈的转速单闭环调速系统仿真模型如图 8-17 所示，模型在图 8-2 的基础上增加了由电流反馈 i-feed 和死区 Dead Zone 模块组成的电流截止环节。模型的电流信号取自电枢电流检测端，设 i-feed 放大模块系数为 0.18，Dead Zone 模块的死区范围为 0～10.4。在实际系统中，i-feed 放大模块系数取电流互感器的变换系数，死区范围相当于稳压管稳压值，死区范围可以根据电流限制要求选取。

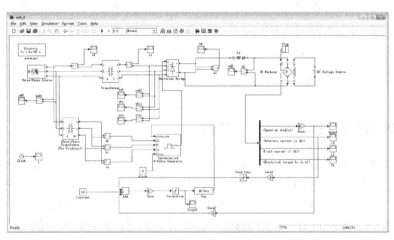

图 8-17 带电流截止负反馈的转速单闭环调速系统仿真模型

带电流截止负反馈的转速单闭环调速系统的仿真结果如图 8-18 所示，电流截止负反馈使系统的启动电流最大值从原来的 320A 减小到 160A 左右，调节电流反馈系数和死区模块的死区范围可以调节电流最大值，但是启动的时间相对延长。

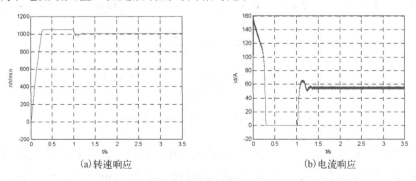

图 8-18 带电流截止负反馈转速单闭环控制调速仿真波形

8.3 转速电流双闭环直流调速系统仿真

转速、电流双闭环控制的直流调速系统具有动态响应快、抗干扰能力强的优点,是目前广为应用的调速系统,其原理图如图 8-19 所示。双闭环控制直流调速系统的特点是电动机的转速和电流分别由两个独立的调节器控制,电流调节器 ACR 串接在转速调节器 ASR 之后,转速调节器的输出就是电流调节器的给定 U_i^*,因此电流环能够随转速偏差调节电动机的电流和转矩。当实际转速低于给定转速时,转速调节的积分作用使电流给定值 U_i^* 增加,并通过电流环调节使电流增加,电动机获得加速转矩使电机转速上升;当实际转速高于给定转速时,转速调节器的输出减小,即电流给定减小,并通过电流环调节使电流下降,电机因为电磁转矩减小而减速。当转速调节器输出达到限幅值时,电流环以最大电流 I_{dm} 实现电机的加速,使电机的启动时间最短。

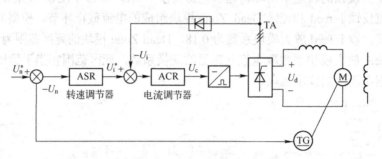

图 8-19 转速电流双闭环直流调速系统原理图

8.3.1 双闭环直流调速系统仿真模型

双闭环直流调速系统动态结构图如图 8-20 所示,依据动态结构图构建的传递函数模型如图 8-21 所示,仿真模型中各个环节与系统动态结构图是互相对应的,从闭环结构上看,电流调节环在里面,称为内环;转速调节环在外面,称为外环。这样就形成了转速、电流双闭环控制系统。其中 U_i^* 为电流给定电压;U_c 为控制电压;U_{d0} 为整流电压;n 为输出转速,ASR 为转速调节器;ACR 为电流调节器。

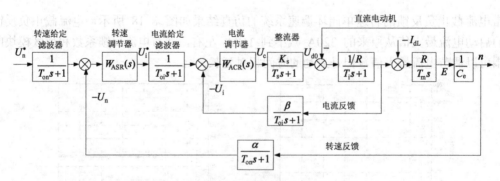

图 8-20 双闭环直流调速系统动态结构图

以 8.1.2 节中作用的晶闸管-直流电动机系统为基础设计一转速电流双闭环控制的调速系统,设计指标为电流超调量不大于 5%,空载启动到额定转速时的转速超调量不大于 10%。过载倍数 λ 为 1.5,取电流反馈滤波时间为常数 T_{oi}=0.002s,转速反馈滤波时间常数 T_{on} = 0.01s。

取转速调节器和电流调节器的积分限幅值为 12V，输出限幅值为 10V，额定转速时转速给定 U_n^* 为 10V。仿真观察系统的转速、电流响应和设定参数变化对系统响应的影响。

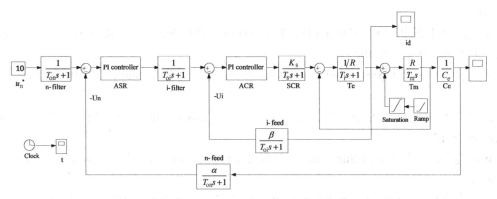

图 8-21　直流双闭环调速系统动态结构图仿真模型

按工程设计方法设计和选择转速、电流调节器参数，ASR 和 ACR 都采用 PI 调节器。

1. 电流调节器参数计算

电流反馈系数
$$\beta = \frac{U_{im}^*}{\lambda I_N} = \frac{10}{1.5 \times 55} = 0.121$$

由电机转矩时间常数 T_m=0.128s，三相晶闸管整流电路平均失控时间 T_s=0.0017s，电流环的时间常数 $T_{\Sigma i} = T_s + T_{oi} = 0.0017 + 0.002 = 0.0037\text{s}$，电磁时间常数 T_l=0.065s，根据电流超调量不大于5%的要求，电流环按典型 I 型系统设计，电流调节器选用 PI 调节器，其传递函数为：

$$W_{ACR}(s) = K_{Pi} \frac{\tau_i s + 1}{\tau_i s} + K_{Pi}\left(1 + \frac{K_{Ii}}{s}\right)$$

式中，积分系数 $K_{Ii} = \frac{1}{\tau_i}$，$\tau_i = T_l = 0.065\text{s}$，$K_{Pi} = \frac{\tau_i R_\Sigma}{2T_{\Sigma i}\beta K_s} = \frac{0.065 \times 0.5}{2 \times 0.0037 \times 0.121 \times 40} = 0.9074$。

2. 转速调节器参数计算

转速反馈系数　　　　　$\alpha = U_N^*/n_N = 10/1000 = 0.01\text{V}\cdot\text{min/r}$

为加快转速的调节速度，转速环按典型 II 型系统设计，并选中频宽 $h=5$，转速调节器的传递函数为：

$$W_{ASR}(s) = K_{Pn}\frac{\tau_n s + 1}{\tau_n s} = K_{Pn}\left(1 + \frac{K_{In}}{s}\right)$$

式中，$K_{In} = \frac{1}{\tau_n}$，$\tau_n = hT_{\Sigma n} = h(2T_{\Sigma i} + T_{on}) = 5 \times (2 \times 0.0037 + 0.01) = 0.087\text{s}$

$$K_{Pn} = \frac{(h+1)\beta C_e T_m}{2h\alpha R T_{\Sigma n}} = \frac{6 \times 0.121 \times 0.1925 \times 0.128}{2 \times 5 \times 0.01 \times 0.5 \times 0.0174} = 20.56$$

3. 设定模型参数

仿真算法为 ode23，仿真时间为 2.5s，0.5s 时加额定负载。电机本体模块参数设置方法如图 8-7 所示。模型参数设置如下：

（1）转速调节器 ASR（Simulink/continuous/PI Controller）模块参数设置为 K_p=20.56，

K_{In}=1/0.087。

（2）电流调节器 ACR（Simulink/continuous/PI Controller）模块参数设置为 K_{Pi}=0.9074，K_{Ii}=1/0.087。

（3）直流电动机 DC Machine（SimPowerSystems/Machines/DC Machine），参数设置为 R_a=0.21Ω，T_m=0.128s，C_e=0.1925。

（4）斜坡函数 Ramp（Simulink/sources/Ramp）模块参数设为 Slope：100000，Start time：0.8s。

（5）限幅 Saturation（Simulink/Commonly Used Blocks/Saturation）模块参数设为 Upper：12，Lower：-12。

（6）电流反馈 i-feed（Simulink/User-Defined Functions/Fcn）模块参数设为 $β$=0.121，T_{oi}=0.002。

（7）转速反馈 n-feed（Simulink/User-Defined Functions/Fcn）模块参数设为 $α$=0.00685，T_{on}=0.01。

SimPowerSystems 模型由晶闸管-直流电动机组成的主回路和转速电流调节器组成的控制回路两部分组成。其中的主电路部分，交流电源、晶闸管整流器、触发器、移相控制环节和电动机等使用 SimPowerSystems 模型库的模块。控制回路的主体是转速和电流两个调节器，以及反馈滤波环节，将这两部分连接起来即组成晶闸管-电动机转速电流双闭环控制直流调速系统的仿真模型如图 8-22 所示。

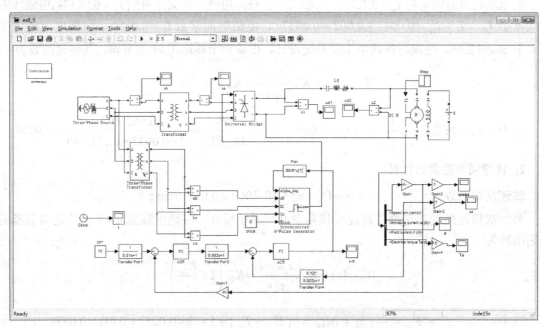

图 8-22 转速电流双闭环控制直流调速系统的仿真模型

电流调节器 ACR 的输出端接移相特性模块 Fcn 的输入端，电流调节器的输出限幅决定了控制角的最值、晶闸管整流器不能通过反向电流，采用晶闸管整流器和电动机模型的仿真可以更好地反映系统的工作。

8.3.2 双闭环直流调速系统仿真结果及分析

采用 SimPowerSystems 模块的仿真结果如图 8-23 和图 8-24 所示。图 8-23 和图 8-24 分别

为 U_n^* 为 10 和 5 时的电动机转速响应波形、转矩响应波形和电流响应波形。从电流、转速、转矩波形可以看到，电机启动时间随 U_n^* 变化，U_n^* 越大，启动时间越长。在启动阶段，电动机以恒电流启动，在启动过程结束后，电枢电流下降到零。本系统为不可逆调速系统，晶闸管整流装置不能产生反向电流，没有反向制动转矩，电流下降到零后，电机转速保持在启动时转速超调的峰值。0.5s 时加额定负载，电动机转速下降，ASR 开始退饱和，转速环和电流环同时发生调节作用，使电动机稳定在给定转速上。

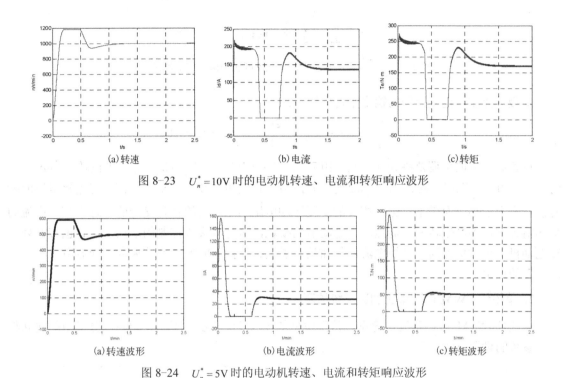

(a) 转速　　　　　　　　(b) 电流　　　　　　　　(c) 转矩

图 8-23　$U_n^*=10V$ 时的电动机转速、电流和转矩响应波形

(a) 转速波形　　　　　　(b) 电流波形　　　　　　(c) 转矩波形

图 8-24　$U_n^*=5V$ 时的电动机转速、电流和转矩响应波形

8.4　可逆直流调速系统仿真

实际应用的直流调速系统大多需要可逆运行，因此需要可逆的直流调速系统。本节将介绍三种常用的可逆直流调速系统：直流 PWM 可逆调速系统，$\alpha=\beta$ 配合控制的可逆 V-M 调速系统，逻辑无环流可逆 V-M 调速系统。

8.4.1　直流 PWM 可逆调速系统

脉宽调制变换器的作用是：用脉冲宽度调制的方法，把恒定的直流电源电压调制成频率一定、宽度可变的脉冲电压序列，从而可以改变平均输出电压的大小，以调节电机转速。变换电路有多种形式，可分为不可逆与可逆两大类，可逆变换器主要电路有多种形式，如 H 桥式电路，电动机两端电压 U_{AB} 的极性随开关器件驱动电压极性的变化而改变，其控制方式有双极式、单极式、受限单极式等多种，这里着重分析双极式控制的可逆变换器。

1. PWM 变换器的工作原理

双极式控制的直流 PWM 可逆调速系统的原理图如图 8-25 所示。

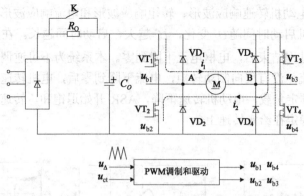

图 8-25 双极式控制的直流 PWM 可逆调速系统的原理图

双极式控制可逆变换器的输出平均电压为：

$$U_\mathrm{d}=\frac{t_\mathrm{on}}{T}-\frac{T-t_\mathrm{on}}{T}U_\mathrm{S}=\left(\frac{2t_\mathrm{on}}{T}-1\right)U_\mathrm{S}=(2\rho-1)U_\mathrm{S}$$

调速时，ρ 的可调范围为 0～1。相应地，当 $\rho>1/2$ 时，$U_\mathrm{d}>0$，电动机正转；当 $\rho<1/2$ 时，$U_\mathrm{d}<0$，电动机反转；当 $\rho=1/2$ 时，$U_\mathrm{d}=0$，电动机停止。但电动机停止时电枢电压的瞬时值并不等于零，而是正负脉宽相等的交变脉冲电压，因而电流也是交变的，这个交变电流的平均值为零，不产生转矩，徒然增大电动机的损耗，这是双极式控制的缺点，但它也有好处，在电动机停止时仍有高频微振电流，从而消除了正、反换向时的静摩擦死区，起着所谓"动力润滑"的作用。

2. 单闭环 PWM 可逆直流调速系统仿真

单闭环 PWM 可逆直流调速系统仿真模型如图 8-26 所示。下面介绍各部分模型的建立与主要参数的设置方法。

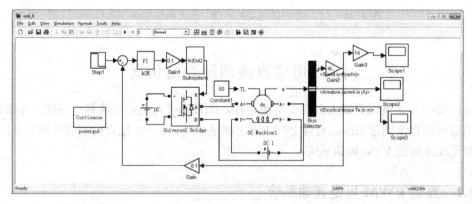

图 8-26 单闭环 PWM 可逆直流调速系统仿真模型

（1）主电路模型的建立与参数设置

主电路由直流电动机本体模块、Universal Bridge 桥式电路模块、负载和电源组成，电动机本体模块参数为默认值，桥式电路参数设置：桥臂数为 2，电力电子装置为 MOSFET/Diodes，其他参数为默认值，电源参数为 220V，励磁电源为 220V。

（2）控制电路模型的建立与参数设置

控制电路由转速调节器 ASR、PWM 发生器、转速反馈和给定信号等组成。ASR 采用 PI 模块，参数设置：K_p=0.1，K_i=1。输出限幅为[-10, 10]。

直流电源参数和直流励磁电源参数均为 220V，反馈系数为 0.1，给定信号为 10，在 2s 时给定信号变为-10。

直流 PWM 调速系统仿真的关键是 PWM 发生器的建模。电流调节器 ACR 输出最大限幅时，H 桥的占空比为 1。PWM 发生器采用两个 Disctete PWM Generator 模块（路径为 SimPowerSystems/Extra Library/Discrete Control Block/Discrete PWM Generator）。由于此模块中自带三角波，其幅值为 1，且输入信号应在-1 与 1 之间，输入信号同三角波信号相比较，比较结果大于 0 时，占空比大于 50%，PWM 波表现为上宽下窄，电动机正转；当比较结果小于 0 而大于-1 时，占空比小于 50%，PWM 波表现为上窄下宽，电动机反转。

两个 Discrete PWM Generator 模块参数设置均为：调制波为外设，载波频率为 1080Hz。发生器模式 Generator Mode 为 1 桥臂 2 脉冲 1-arm bridge(2 pulses)。其次由于电动机运转时，H 桥对角两管触发信号一致，为此采用 Selector 模块（路径 Simulink/Signal Routing/Selector），参数设置 Input Type 为 Vector，Elements 为[1 2 3 4]，Input port width 为 4，表示有 4 路输入，使得 PWM 发生器信号同 H 桥对角两管触发信号相对应。PWM 发生器模型及封装后子系统如图 8-27 所示。

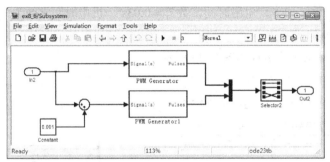

(a)PWM发生器仿真模型   (b)封闭后子系统

图 8-27   PWM 发生器仿真模型及封装后子系统

由于 ASR 输出的数值在-10～10 之间，为了使 ASR 输出的数值同 PWM 发生器输入信号相对应，在 ASR 输出端加了一个 Gain 模块，参数为 0.1。这样，当 ASR 输出限幅 10 时，PWM 输入端为 1，占空比最大。当 ASR 输出限幅为-10 时，PWM 输入端为-1，占空比为 0。

系统仿真参数设置：仿真中所选择的算法为 ode23tb，Start 设为 0s，Stop 设为 3s。

单闭环 PWM 直流调速系统仿真结果如图 8-28 所示。a、b、c 分别表示转速、电流、转矩波形。

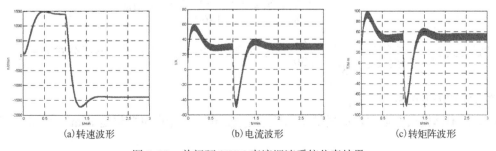

(a)转速波形   (b)电流波形   (c)转矩阵波形

图 8-28   单闭环 PWM 直流调速系统仿真结果

从仿真结果看，PWM 调速系统性能要好于晶闸管控制的调速系统，表现为转速上升快，动态响应较快，开始启动阶段，功率器件处于全开状态，电流波动不大。当转速达到稳态时，电力电子开关频率较高，电流呈现脉动形式，且转矩与电流始终成正比。

3. 双闭环PWM可逆直流调速系统仿真

下面将利用工程设计方法来设计转速、电流双闭环调速系统的两个调节器。按照多环控制系统先内环后外环的一般设计原则，从内环开始，逐步向外扩展。在双闭环系统中，应该首先设计电流调节器，然后把整个电流环看作是转速调节系统中的一个环节，再设计转速调节器。其中，电流环从稳态要求看，希望电流无静差，从动态要求看，不允许电枢电流在突加控制作用时有太大的超调。且电流环应以跟随性能为主，应选用典型Ⅰ型系统。为了实现转速无静差，在负载扰动作用点前面必须有一个积分环节，它应该包含在转速调节器ASR中，现在扰动作用点后已经有一个积分环节，因此转速环应有两个积分环节，所以应设计成典型Ⅱ型系统。这样系统就能同时满足动态抗扰性能好的要求。

（1）主电路模型的建立与参数设置

双闭环PWM直流调速系统主电路仿真模型同单闭环PWM直流调速系统主电路。

某晶闸管供电的双闭环直流调速系统，整流装置采用三相桥式电路，基本数据：已知电动机参数为 $U_N = 220\text{V}$ ， $I_N = 136\text{A}$ ， $n_N = 1460\text{r/min}$ ， $C_e = 0.132\text{V}\cdot\text{min/r}$ ，电枢回路总电阻为 $R = 0.5\Omega$ ，允许电流过载倍数 $\lambda = 1.5$ ，电磁时间常数 $T_l = 0.03\text{s}$ ，机电时间常数为 $T_m = 0.18\text{s}$ ，晶闸管装置放大倍数 $K_s = 40\text{s}$ 。

双闭环直流脉冲可逆调速系统的仿真如图8-29所示。

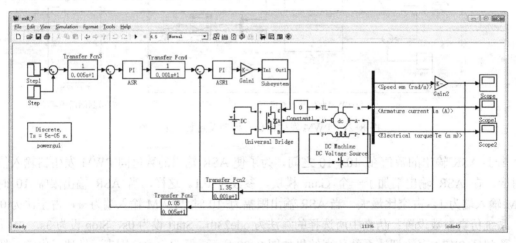

图8-29　双闭环直流脉冲可逆调速系统的仿真

$$C_e = \frac{U_N - I_N R_a}{n_N} = \frac{220 - 136 \times 0.5}{1460} = 0.104$$

根据公式 $T_m = \dfrac{GD^2 R}{375 C_e C_m} = \dfrac{GD^2 R}{375 C_e^2 \dfrac{30}{\pi}}$ ，可以得到 $GD^2 = 13.94\text{N}\cdot\text{m}^2$ ，根据公式 $T_l = \dfrac{L}{R}$ 可以得到回路总电感 $L = 0.015\text{H}$ 。

电动机本体模块参数中转动惯量 J 的单位是 $\text{kg}\cdot\text{m}^2$ ，飞轮惯量单位是 $\text{N}\cdot\text{m}^2$ ，两者之间关系为

$$J = \frac{GD^2}{4g} = \frac{13.94}{4 \times 9.8} = 0.356$$

互感数值的确定如下：励磁电压为220V，励磁电阻取240Ω，则

$$I_f = 220/240 = 0.91667\text{A}$$

得

$$L_{af} = \frac{30}{\pi}\frac{C_e}{I_f} = \frac{30}{\pi}\frac{0.104}{0.91667} = 1.08\text{H}$$

（2）控制电路模型的建立与参数设置

控制电路由 PI 调节器、滤波模块、转速反馈和电流反馈等环节组成，其参数可按照工程设计方法设计，本书略去计算过程，直接给出结果，具体计算参照《电力拖动自动控制系统》（阮毅，陈伯时著，第四版）。结果如下：

转速调节器 ASR 的 $K_P = 11.7$，$K_i = 134.48$；电流调节器 ACR 的 $K_P = 1.03$，$K_i = 34.33$；两个调节器上下限幅值均取[10 -10]。

其参数设置：三相桥电力电子器件的导通电阻 $R_{on} = 1.5\Omega$。PWM 发生器建模方法同单闭环相同。Discrete PWM Generator Discrete PWM Generator 模块参数设置：调制波为外设，载波频率为 1000Hz。发生器模式 Generator Mode 为 1 桥臂 2 脉冲 1-arm bridge（2 pulses）。

为了反映出此系统能够四象限运行，给定信号为 10 到-10 再到 10，故给定信号模块采用多重信号叠加。给定信号的模型由 Constant、Sum 等模块组成，一个 Constant 参数设置：Step 为 2，Intial Value 为 10，Final Value 为-10；另一个 Constant 参数设置：Step 为 4，Intial Value 为 0，Final Value 为 20。Sum 参数设置：List of signs 为"＋＋"。

带滤波环节的转速反馈系数模块参数设置：Numerator 为[0.05]，Denominator 为[0.005 1]。

带滤波环节的电流反馈系数参数设置：Numerator 为[1.35]，Denominator 为[0.001 1]。

转速给定模块参数设置：Numerator 为[1]，Denominator 为[0.005 1]。

电流给定模块参数设置：Numerator 为[1]，Denominator 为[0.001 1]。直流电动机参数计算方法与直流双闭环晶闸管调速系统相同。其他参数为模块默认值。

仿真算法采用 ode23tb，开始时间为 0，结束时间为 4.5s。

（3）仿真结果分析

双闭环 PWM 可逆直流调速系统定量仿真结果如图 8-30 所示。a、b、c 分别表示转速、电流、转矩波形。

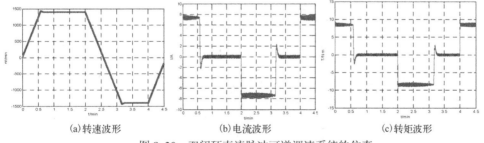

(a) 转速波形　　　　　　　(b) 电流波形　　　　　　　(c) 转矩波形

图 8-30 双闭环直流脉冲可逆调速系统的仿真

从仿真结果可以看出，当给定信号为 10V 时，在电动机启动过程中，电流调节器作用下的电动机电枢电流接近最大值，使得电动机以最优时间准则开始上升，最高转速为 1480r/s。稳态时转速为 1460r/s；给定信号变成-10 时，电动机从电动状态变成制动状态，当转速为零时，电动机开始反向运转。仿真结果说明仿真模型及参数设置的正确性。

8.4.2 $\alpha=\beta$ 配合控制的直流 V-M 系统仿真

1. 可逆直流 V-M 调速系统原理

对于可逆直流 V-M 调速系统，当采用两组晶闸管反并联时，就会出现环流。所谓环流，是指不通过电动机或其他负载,而直接在两组晶闸管之间流动的短路电流,图 8-31 所示是反并联线路中的环流电流 I_c。

由于环流的存在会显著地加重晶闸管和变压器的负担,消耗无用功率,环流太大时甚至会损坏晶闸管,为此必须予以抑制。

环流分为两大类:①静态环流。当晶闸管装置在一定的控制角下稳定工作时,可逆线路中出现的环流叫静态环流;静态环流又分为直流平均环流和瞬时脉动环流。由于两组晶闸管装置之间存在正向直流电压差而产生的环流称为直流平均环流;由于整流器电压和逆变器电压瞬时值不相等而产生的环流称为瞬时脉动电流。②动态环流。系统稳态运行时并不存在,只在系统处于过渡过程中出现环流,叫动态环流。

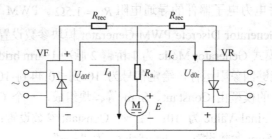

图 8-31 两组晶闸管反并联直流可逆调速系统环流

I_d ——负载电流 I_c ——环流

2. $\alpha = \beta$ 配合控制三相桥式反并联可逆直流调速系统仿真

$\alpha = \beta$ 配合控制调速系统可使直流电动机四象限运转。由于采用两组晶闸管,为了消除直流平均环流,采用 $\alpha = \beta$ 配合控制,也即一组晶闸管处于(待)整流状态时,另一组晶闸管必须在(待)逆变状态。对于瞬时脉动环流,可以通过加环流电抗器的方法来限制。此系统仿真的关键是两组晶闸管的导通角 α 和逆变角 β 为 $\alpha = \beta$ 的关系。图 8-32 所示为 $\alpha = \beta$ 配合控制三相桥式反并联可逆直流调速系统的仿真模型,下面介绍各部分模型的建立与参数设置。

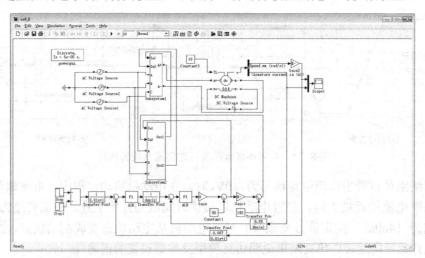

图 8-32 $\alpha = \beta$ 配合控制调速系统仿真模型

(1) 主电路仿真模型与参数设置

主电路仿真模型由三相对称电源、两组反并联晶闸管整流桥、直流电动机等组成。对于反并联晶闸管整流桥,可以从电力电子模块组中选取 Universal Bridge 模块获得,正、反组桥及封装后的子系统及符号如图 8-33 所示。

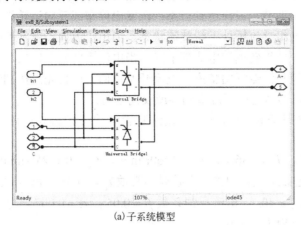
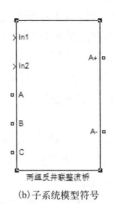

(a) 子系统模型　　　　　　　　(b) 子系统模型符号

图 8-33　$\alpha = \beta$ 配合控制有环流主电路子系统模型及子系统模块符号

三相对称交流电源可以从电源组模块中选取，参数设置：幅值为 220V，频率改为 50Hz，相位差互为 120°。

（2）两组同步触发器的建模

两个同步触发器可以采用电力电子模块组中附加控制(Extras Control Block)子模块中的 6 脉冲触发器，由于需要三相线电压同步，所以同步电源的任务是将三相交流电源的相电压转换成线电压，采用测量模块组中的电压测量模块(Voltage Measurement)来完成。同时为了使两组整流桥能够正常工作，在脉冲触发器的 Block 端口接入数值为 0 的 Constant 模块。同步脉冲触发器的电源同步频率也改为 50Hz，同步触发器及封装后的子系统模型及符号如图 8-34 所示。

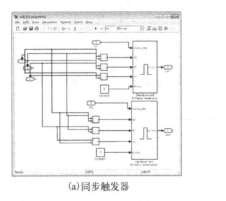

(a) 同步触发器　　　　　　　(b) 封装后子系统

图 8-34　同步触发器及封装后的子系统

（3）$\alpha = \beta$ 配合环节的建模

从 $\alpha = \beta$ 有环流可逆直流调速系统的工作原理可知，当本组整流桥整流时，其触发器的触发角应小于 90°；而他组整流桥处于逆变状态，其触发器的触发角应大于 90°，同时必须保证 $\alpha = \beta$。从 $\alpha = \beta$ 配合环节可知，当本组整流桥的触发角为 α 时，他组整流桥的触发角为 $180° - \alpha$；同样，当他组整流桥的触发角为 α 时，本组整流桥的触发角亦为 $180° - \alpha$。从而达到了 $\alpha = \beta$ 配合的目的。

（4）控制电路建模与参数设置

$\alpha = \beta$ 配合控制有环流直流可逆调速系统的控制电路包括给定环节、一个速度调节器(ASR)、一个电流调节器(ACR)、反相器、电流反馈环节、速度反馈环节等。参数设置主要保证在启动过程中，转速调节器饱和，使得电机以接近最大电流启动，当转速超调时，电流下降，经过转速调节器、电流调节器的调节，很快达到稳态；在发出停车或反向运转指令时，原先导通的整流桥处于逆变状态，另一组整流桥处于待整流状态。但电流方向不能突然改变，仍然通过此组整流桥向电网回馈电能，使得转速和电流都下降。当电流下降到零以后，原先导通的的整流桥处于待逆变状态，另一组整流器开始整流，电流开始反向，电机先反接制动，当电枢电流略有超调时，进行回馈制动，转速急剧下降直到零或反向运转。

本例仍为某晶闸管供电的双闭环直流调速系统，整流装置采用三相桥式电路，基本数据如下：

已知电动机参数为 $U_N = 220V$，$I_N = 136A$，$n_N = 1460r/min$，$C_e = 0.132V \cdot min/r$，电枢回路总电阻为 $R=0.5\Omega$，允许电流过载倍数 $\lambda = 1.5$，电磁时间常数 $T_l = 0.03s$，机电时间常数为 $T_m = 0.18s$，晶闸管装置放大倍数 $K_s = 40s$，电流反馈系数 $\beta = 0.05$，$\alpha = 0.007$，电流滤波时间常数 $T_{oi} = 0.002s$，转速滤波时间常数 $T_{on} = 0.01s$。

仿真模型的 ASR 的参数：$K_p=11.7$；$K_i=134.48$；上下限幅值[10, -10]。ACR 的参数：$K_p=1.103$，$K_i=34.33$；上下限幅值[10, -10]。

系统仿真参数设置：仿真中所选择的算法为 ode23tb，Start 设为 0，Stop 设为 4s。

（5）仿真结果分析

$\alpha = \beta$ 配合控制有环流直流可逆调速系统的仿真结果如图 8-35 和图 8-36 所示。

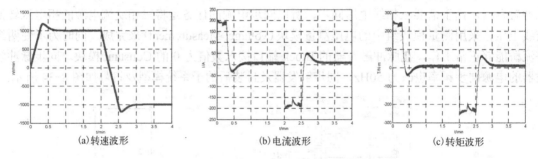

图 8-35 $U_n^* = 10V$ 时的转速、电流、转矩波形

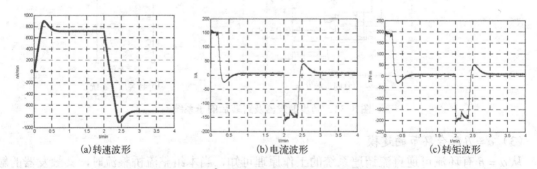

图 8-36 $U_n^* = 5V$ 时的转速、电流、转矩波形

从仿真结果可以看出，图 8-35 是当给定正向信号 $U_n^*=10V$，在电流调节器 ACR 作用下电动机电枢电流接近最大值，使得电动机以最优时间准则开始上升，在 0.3s 左右时转速超调，电流开始下降并且出现负向电流，因为可逆系统反组整流器可以提供反向电流，并加快启动的调节过程，正转启动结束后，转速很快达到稳态；当给定反向信号 $U_n^*=-7V$ 时，电流和转速都下降，在电流下降到零以后，电动机先处于反接制动状态后又处于回馈制动状态，转速急剧下降，当转速为零后，电动机处于反向电动状态。

图 8-36 是给定信号为 U_n^*=5V 时的电动机转速和电流曲线，可以看出与图 8-36 很相似，但稳态转速降低，表明随着给定信号 U_n^* 的变化，稳态转速也跟着变化。

值得注意的是，在 $\alpha = \beta$ 配合控制有环流可逆调速系统仿真中，并没有采用电感元件作为环流电抗器，这是因为环流电抗器的特征是通过较大电流时饱和，失去限环流作用；在通过较小电流时才起限制环流作用。由于 MATLAB 中电感元件的数学模型没有这个特点，所以不宜采用电感元件作为环流电抗器。

8.4.3 逻辑无环流直流 V-M 系统仿真

1. 逻辑无环流可逆直流 V-M 系统原理

逻辑控制的无环流可逆调速系统的原理框图如图 8-37 所示，主电路采用两组晶闸管装置反并联线路，由于没有环流，不用设置环流电抗器，但为了保证稳定运行时电流波形连续，仍保留平波电抗器，控制系统采用典型的转速、电流双闭环结构。为了得到不反映极性的电流检测方法，在图 8-38 中画出了交流互感器和整流器，可以为正反向电流环分别各设一个电流调节器，1ACR 控制正组触发装置，2ACR 控制反组触发装置，1ACR 的给定信号 U_i^* 经反号器 AR 作为 2ACR 的给定信号，为了保证不出现环流设置了无环流逻辑控制环节 DLC，这是系统中的关键环节，它按照系统的工作状态指挥正、反组的自动切换，其输出信号 U_{blf}、U_{blr} 用来控制正组或反组触发脉冲的封锁或开放，在任何情况下，两个信号必须是相反的，决不允许两组晶闸管同时开放脉冲，以确保主电路没有出现环流的可能。同时，和自然环流系统一样，触发脉冲的零位仍整定在 $\alpha_{f0} = \alpha_{r0} = 90°$，移相方法采用 $\alpha = \beta$ 配合控制。

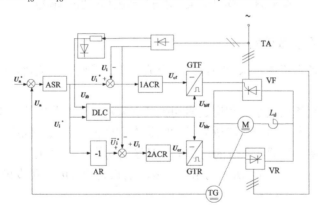

图 8-37 逻辑无环流直流可逆调速系统的原理框图

当电机正向运行时，给定电压 U_n^* 极性为 "+"，转速反馈电压 U_n 极性为 "-"。转速调节器 ACR 输出信号 U_i^* 极性为 "-"，电流反馈信号 U_i 为 "+"，1ACR 输出信号 U_{cf} 极性为 "+"。逻辑控制环节 DLC 输出的 U_{blf} = "1"，U_{blr} = "0"。开放正组 VF，封锁反组 VR，VF 整流桥处于整流状态，VR 整流桥处于封锁状态。当给定信号 U_n^* 为 "0" 时，转速调节器 ASR 饱和，输出信号 U_{im}^*（$U_{im}^* = \beta I_{dm}$）极性为 "+"，由于电枢电流方向未变且不为零，电流反馈信号 U_i 的极性仍为 "+"（即使电流方向发生变化，其电流反馈信号 U_i 极性仍然不变化），仍然开放正组 VF，由 U_i^* 和 U_i 共同作用，使得 1ACR 的输出信号 U_{cf} 的极性为 "-"，所以正组整流桥 VF 处于逆变状态，电机转速下降，向电网回馈电能。当电流过零后，DLC 发出切换指令，封锁正组 VF，开放反组 VR，由于 ASR 的输出仍为 U_{im}^*，其极性为 "+"，经过反号器 AR 后变为

$\overline{U}_{im}^{*}$,极性为"-",电流反馈信号U_i为"+",因$|\overline{U}_{im}^{*}|>|U_i|$,因此 2ACR 的输出信号$U_{cr}$为"+",VR 处于整流状态,电机开始反接制动。随着反向电枢电流逐渐增大,U_i也随之增大,当增大到$|\overline{U}_{im}^{*}|<|U_i|$时,2ACR 的输出信号$U_{cr}$极性为"-",VR 处于逆变状态,电机处于回馈制动状态,向电网回馈电能。最后转速与电流都减少,电机停止。图 8-38 是逻辑无环流可逆直流调速系统的仿真模型,下面介绍各部分模型的建立与参数设置。

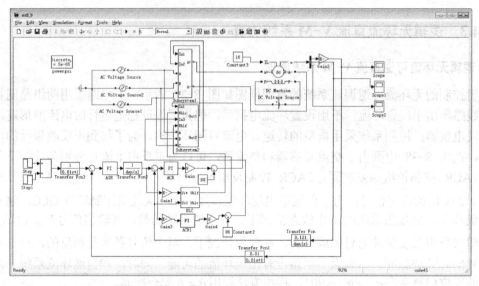

图 8-38　逻辑无环流可逆直流调速系统的仿真模型

2. 主电路的建模和参数设置

在逻辑无环流可逆直流调速系统中,三相交流电源、晶闸管整流桥、同步触发器的模型同 8.4.2 节。

逻辑无环流可逆直流调速系统利用逻辑切换装置来决定两组晶闸管的工作状态。它通过使一组整流桥处于工作状态,另一整流桥处于封锁状态彻底消除环流,因此在工业中有着重要的应用。逻辑无环流可逆直流调速系统的仿真关键是逻辑切换转置 DLC。

DLC 电路应具有如图 8-39 所示的结构。逻辑切换转置 DLC 仿真模块的组成如图 8-40 所示。

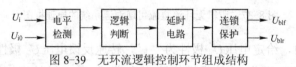

图 8-39　无环流逻辑控制环节组成结构

参数设置主要保证在启动过程中转速调节器饱和,使得电动机以接近最大电流启动,当转速超调时,电流下降,经过转速调节器和电流调节器的调节,很快达到稳定,在发出停车或反向运转指令时,原先导通的整流桥处于逆变状态,使得电流和转速都下降,当电流下降到零经过延时后,原先导通的整流桥封锁,另一组整流桥开始整流,电流开始反向,电动机先处于反接制动状态,当电流略有超调后,又处于回馈制动状态,转速急剧下降到零或电动机反向运转。

已知电动机参数为$U_N=220$V,$I_N=136$A,$n_N=1460$r/min,$C_e=0.132$V·min/r,电枢回路总电阻为 $R=0.5\Omega$,允许电流过载倍数$\lambda=1.5$,电磁时间常数$T_l=0.03$s,机电时间常数为

$T_\mathrm{m} = 0.18\mathrm{s}$，晶闸管装置放大倍数 $K_\mathrm{s} = 40\mathrm{s}$，电流反馈系数 $\beta = 0.05$，$\alpha = 0.007$，电流滤波时间常数 $T_\mathrm{oi} = 0.002\mathrm{s}$，转速滤波时间常数 $T_\mathrm{on} = 0.01\mathrm{s}$。

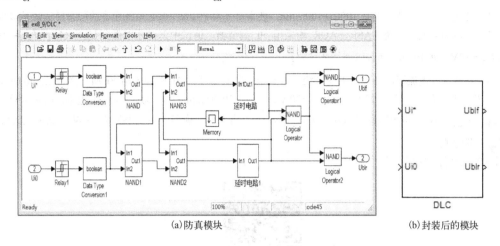

(a) 防真模块　　　　　　　　　　　　　　　(b) 封装后的模块

图 8-40　逻辑切换转置 DLC 仿真模块的组成

仿真模型的 ASR 参数：$K_\mathrm{P} = 6.05$，$K_\mathrm{i} = 69$；上下限幅值 [10,-10]。ACR 的参数 $K_\mathrm{P} = 0.45$，$K_\mathrm{i} = 25.5$；上下限幅值 [10,-10]。

系统仿真参数设置：仿真中所选择的算法为 ode23tb；Start 设为 0；Stop 设为 4.5s。

3. 仿真结果分析

逻辑无环流可逆直流调速系统的仿真结果如图 8-41 所示，a、b、c 分别表示转速、电流、转矩波形。

从仿真结果可以看出，当给定正向信号时，在电流调节器作用下电机电枢电流接近最大值，使得电机以最优时间准则开始上升，在 0.8s 左右时转速超调，电流很快下降，在 1s 时达到稳态，当 2s 给定反向信号时，电流、转矩和转速都下降，在电流下降到零以后，电机处于制动状态，转速快速下降，当转速为零后，电机处于反接电动状态，至此电动机完成从正转到反转和制动的一个工作循环，整个过程转矩和电流始终成正比。整个变化曲线同实际情况非常类似。

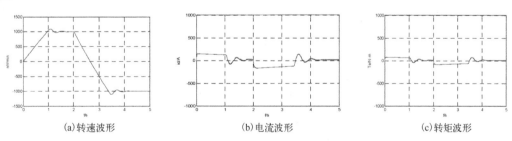

(a) 转速波形　　　　　　　　(b) 电流波形　　　　　　　　(c) 转矩波形

图 8-41　逻辑无环流可逆直流调速系统的仿真结果

小　　结

本章主要介绍了 MATLAB 在直流调速系统中的应用，如利用 MATLAB 实现开环直流调速系统的仿真、转速闭环控制的直流调速系统的仿真、转速电流双闭环直流调速系统的仿真和可逆直流调速系统的仿真等。

习 题

8-1 调速系统的调速范围是 1000~100r/min，要求静差率 s=2%，那么系统允许的稳态转速降是多少？

8-2 某双闭环调速系统，ASR、ACR 均采用 PI 调节器，调试中怎样才能做到 $U_{im}^* = 6V$，$I_{dm} = 20A$。如欲使 $U_n^* = 10V$，n=1000r/min，应调什么参数？

8-3 在转速、电流双闭环直流调速系统中，两个调节器 ASR、ACR 均采用 PI 调节器，已知电动机额定参数：$P_N = 3.7\text{kW}$，$U_N = 220\text{V}$，$I_N = 20\text{A}$，$n_N = 1000\text{r/min}$，四极，电枢电阻 $R_a = 1.5\Omega$，设 $U_{nm}^* = U_{im}^* = U_{cm} = 8\text{V}$，电枢回路最大电流 $I_{dm} = 40\text{A}$，电力电子变换器的放大系数 $K_s = 40$。试求电流反馈系数和转速反馈系数。

本章习题答案可扫描二维码。

第 9 章　MATLAB 在交流调速系统中的应用

交流调速系统是以交流电动机作为电能-机械能的转换装置，并通过对交流电动机的控制产生所需的转矩和转速。在 MATLAB 中，Simulink 环境下的电力系统模块集(SimPowerSystems)中包含了常用的电力电子器件模型、电机模型、整流电路模块、逆变电路模块以及相应的驱动模块，使用这些模块可以方便地构建交流调速系统并进行仿真。本章主要介绍交流异步电动机交流调速系统的 MATLAB 仿真模型及其参数设置方法，对交流异步电动机不同控制策略下的调速系统进行仿真研究。

9.1　转速闭环控制的交流异步电动机变压调速系统

变压调速是异步电动机调速方法中比较简单的一种，随着电力电子技术的发展，一般采用由晶闸管或其他功率开关元件构成的交流调压器，来实现异步电动机的变压调速。常用的交流调压器可以使用电力系统模块集(SimPowerSystems)中的晶闸管器件模型构建仿真电路模型，脉冲控制触发模块通过同步脉冲触发器(Synchronized 6-Pulse Generator)来构建仿真模型。本节主要介绍转速闭环控制的交流异步电动机变压调速系统的仿真。

9.1.1　基本原理

异步电动机转速闭环变压调速系统的原理图如图 9-1 所示，调速系统中主电路由三相交流电压源、3 对反并联晶闸管和三相交流异步电动机组成。电机实际转速由测速环节得到，经过转速反馈系数后得到与实际转速对应的电压信号，该电压信号与给定电压信号比较得到误差信号，通过 PI 控制器计算得到同步 6 脉冲产生模块的导通角信号，产生六路脉冲信号控制主电路中 3 对反并联晶闸管中开关器件的导通与关断，控制异步电动机三相定子电压值，最终达到调速的目的。

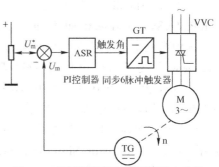

图 9-1　转速闭环控制交流异步电动机变压调速系统原理图

9.1.2　系统仿真模型与参数设置

转速闭环控制异步电动机变压调速系统仿真模型如图 9-2 所示，包括三相交流电压源模块、由晶闸管构成的交流调压模块、异步电动机模块、电机测量模块、电动机负载转矩给定、同步六脉冲生成模块以及 PI 控制器等。

仿真模型中主电路由三相交流电压源、交流调压模块以及异步电动机组成，电机测量模块用来对电机定子电流、电机机械角速度和电磁转矩进行测量，同时采用示波器进行显示。控制电路主要由同步六脉冲产生模块和 PI 控制器组成，给定电压信号与经过电机转速反馈得到的实际电压信号进行差值计算后，由 PI 控制器得到同步六脉冲产生模块的触发导通角信号，同步六脉冲模块产生的 6 路脉冲信号作为交流调压模块中晶闸管的触发控制信号。

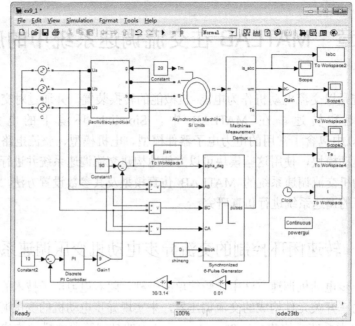

图 9-2　转速闭环控制电动机变压调速系统仿真模型

1. 主电路模型参数设置

以下仅介绍图 9-2 中的主电路模块参数的设置及其提取路径，如无特别说明其他模块的参数通常采用默认设置。

（1）在 Simulink 环境下打开电力系统模块集（SimPowerSystems），将交流电压源模块（SimPowerSystems/Electrical Sources/AC Voltage Source）复制到图 9-2 中，作为 A 相交流电压源，其中交流电压源峰值"Peak amplitude"设置为 311V，初始相位"Phase"为 0°，频率"Frequency"为 50Hz，其他选项参数默认。相同路径下可以复制得到 B 相和 C 相的交流电压源，其中 B 相交流电压源模块中初始相位设置为 240°，C 相交流电压源模块中初始相位设置为 120°，其他参数与 A 相设置相同，由此可以得到三相对称的交流电压源。

（2）交流调压模块由 3 对反并联晶闸管组成，模块内部搭建模型如图 9-3 所示。模型中主要用到晶闸管 Thyristor（SimPower System/PowerElectronics/Thyristor）、电气接口 Connection

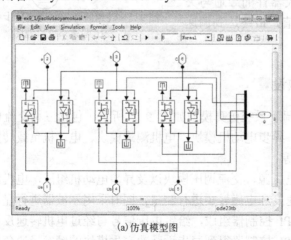

(a) 仿真模型图　　　　　　　　　　　(b) 封装图

图 9-3　晶闸管构成的交流调压模块仿真模型及封装

Port(SimPower System/Elements/Connection Port)、Terminator 端子,Terminator 端子用来封锁各晶闸管模块的 E 端(Simulink/Sinks/Terminator)、Demux 模块,Demux 模块用来把一个端口的信号分解为 6 路脉冲触发信号(Simulink/ Commonly Used Blocks/Demux),将该模块参数设置为"6",表明有 6 路输出信号、连接模块 Inl(路径为 Simulink/ Commonly Used Blocks/Inl),可将其名称修改为"g",表明为脉冲信号。按照图 9-3 进行连接,其中晶闸管模块参数取默认值,封装后可得到交流调压模块。

(3) 打开异步电机(国际单位)模块(SimPower Systems/ Machines/Asynchronous Machine SI Units),其参数设置如图 9-4 所示。在参数设置对话框中,Mechanical input 指外部输入模式,分为转矩输入(Torque Tm)和转速输入(Speed ω);Rotor type 指绕组类型,分为绕线型(Wound)和鼠笼型(Squirrel-cage)两种;Reference frame 是参考坐标系列表框,指电机数学建模所采用的坐标系,分为静止坐标系(Stationary)、转子坐标系(Rotor)和同步旋转坐标系(Synchronous);额定参数包括:额定功率(单位:W)、额定线电压(单位:V)、额定频率(单位:Hz);定子绕组参数有定子电阻 R_s(单位:Ω)和定子漏感 L_{ls}(单位:H);转子绕组参数有转子电阻 R'_r(单位:Ω)和转子漏感 L'_{lr}(单位:H);电机绕组互感 L_m(单位:H);转动惯量 J(单位:kg·m^2)、摩擦系数 F(单位:N·m·s)和电机极对数 P 等。

图 9-4 异步电机模块参数设置

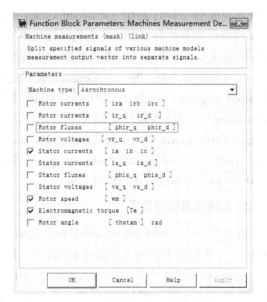

图 9-5 电机测量模块参数设置

(4) 打开电机测量模块(SimPower Systems/Machines/ Machines Measurement Demux),参数设置如图 9-5 所示。在参数设置中,电机类型选择为异步电动机(Asynchronous),表明对异步电机的输出信号进行测量,包括:转子在静止坐标系下的三相电流;转子在旋转坐标系下的 dq 轴电流、磁链和电压;定子在静止坐标系下的三相电流;定子在旋转坐标系下的 dq 轴电流、磁链和电压;转子的机械角速度;电机电磁转矩和转子的旋转角度等。仿真建模中,可在对应的输出信号前的复选框里进行选择,得到模型中可观察测量的电机输出信号。本节搭建的转速闭环控制电动机调压调速系统仿真模型中,选择了定子三相电流、转子机械角速度和电机电磁转矩作为输出测量信号。

2. 控制电路模型参数设置

以下仅介绍图 9-2 中的控制电路模块参数的设置及其提取路径,如无特别说明其他模块的参数通常采用默认设置。

（1）同步六脉冲生成模块由 6 脉冲触发器和 3 个电压测量模块组成。打开 6 脉冲触发器 Synchronized 6-Pluse Generator（SimPower Systems/Extra Library/Control Blocks/Synchronized 6-Pluse Generator），其中同步频率"Frequency of synchronization voltages"设置为50Hz，脉冲宽度"Pulse width"设置为 5°，同时选中"Double pulsing"前的复选框。该触发器有 5 个端口，alpha-deg 连接的端口为导通角，Block 连接的端口为触发器的开关信号，当开关信号为"0"时，触发器使能，当开关信号为"1"时，触发器封锁。因此在图 9-2 中采用 Constant 模块（Simulink/Commonly Used Blocks/Constant）同触发器的 Block 端口连接，同时把参数值设置为"0"，表明触发器使能。触发器的其他 3 个端口需要用到三相交流电源的线电压，所以取电压测量模块 Voltage Measurement（SimPower Systems/ Measurements /Voltage Measurement）分别得到 AB 两相之间的线电压、BC 两相之间的线电压以及 CA 两相之间的线电压，按照图 9-2 进行连接。

（2）PI 控制器模块的输入为给定电压信号与经过电机转速反馈得到的实际电压信号二者之间的差值，由图 9-2 中可知，给定信号采用 Constant 模块设置为"10"，实际电压信号由电机机械角速度信号经过两个 Gain（Simulink/Commonly Used Blocks/Gain）模块后得到，第一个 Gain 模块设置参数为 0.01，表明为转速反馈系数，第二个 Gain 模块参数设置为 30/3.14，表明为机械角速度和转速之间的转换系数。PI 控制器的输出首先经过参数设置为"9"的 Gain 模块后，再与设置为"90"的一个 Constant 模块进行差值计算后得到 6 脉冲触发器的导通角，连接到 alpha-deg 端口，其中进行差值计算时需要用到 Sum 模块（Simulink/Commonly Used Blocks/Sum），将其参数设置为"+-"即可。PI 控制器模块 Discrete PI Controller（SimPower Systems/Extra Library/Discrete Control Blocks/Discrete PI Controller）的比例系数"Proportional gain"设置为 2，积分系数"Integral gain"设置为 0.6，输出上下限"Output limits"分别设置为 10 和-10，其他参数采用默认设置。

3. 系统仿真参数设置

仿真模型中算法选择为 ode23tb，仿真时间设置为 8.0s，异步电动机负载转矩设置为 20Nm。仿真模型中接入示波器模块可以实时观察仿真结果，同时采用 simout 模块（Simulink/Sinks/simout）可以将仿真数据存入工作空间中，便于后续对仿真结果的处理。对仿真结果处理时需要用到时间变量和对应的采集变量。时间变量的采集由 Clock（Simulink/ Sources/Clock）模块来实现，将数据存到工作空间时需要用到 simout 模块，可以给相应的变量定义名称，同时要把 simout 模块参数中的"Save format"（数据保存格式）设置为"Array"格式，其他参数为默认值。

9.1.3 仿真结果分析

可以通过示波器模块观察仿真结果或者通过"plot"语句得到仿真结果曲线。当仿真模型运行结束后，在 MATLAB 的命令窗口中键入"plot(t,n)"命令语句，则可以得到电机转速的仿真结果曲线，其他电机电流、电磁转矩和触发器导通角的曲线都可以用类似语句得到。最后得到的仿真结果如图 9-6 所示。

从仿真结果可以看出，在 PI 控制器的调节作用下，电机转速最终稳定在 1000r/min，触发导通角大致为 72°，电磁转矩脉动较大，转矩平均值等于设定的负载转矩 20Nm，电流波形不是正弦波，畸变程度较大，造成了电机电磁转矩脉动很大。

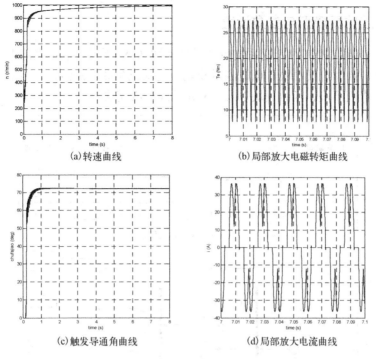

图 9-6 转速闭环控制的变压调速系统仿真结果

9.2 转速开环的交流异步电动机恒压频比控制调速系统

对于不需要很高动态性能的异步电动机交流调速系统，可以采用转速开环恒压频比带低频电压补偿的控制策略，来实现异步电动机的变压调速。常用的逆变器主电路可以使用电力系统模块集(SimPowerSystems)中的 IGBT 器件模型构建仿真电路模型，脉冲控制触发模块通过 PWM 脉冲生成单元(Discrete PWM Generator)来构建仿真模型。本节主要介绍转速开环交流异步电动机恒压频比控制调速系统的仿真。

9.2.1 基本原理

异步电动机转速开环恒压频比控制调速系统的原理图如图 9-7 所示，调速系统中主电路由直流电源、IGBT 逆变模块和三相交流异步电动机组成。设定的电源频率首先经过斜波函数进行升降速时间限定，然后通过电压补偿环节得到给定电压值，最后将频率信号和给定电压信号作为 PWM 发生器模块的输入，PWM 发生器输出的脉冲信号经过驱动后，控制 IGBT 模块中开关器件的导通与关断，控制异步电动机三相定子电压值和频率值，实现调频调速的目的。

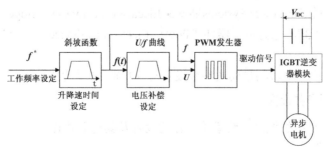

图 9-7 转速开环恒压频比控制调速系统原理图

9.2.2 系统仿真模型与参数设置

转速开环恒压频比控制的调速系统仿真模型如图 9-8 所示，包括直流电压源模块、三相 IGBT 逆变模块、异步电机模块、电机测量模块、电动机负载转矩给定、电源频率给定模块、斜率限制模块、查表模块、函数模块以及 PWM 脉冲生成模块等。

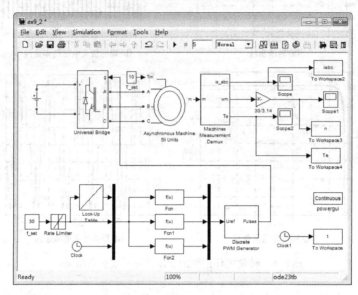

图 9-8　转速开环恒压频比控制调速系统仿真模型

仿真模型中主电路由直流电源、IGBT 逆变模块及三相交流异步电动机组成，电动机测量模块用来对电机定子电流、电机机械角速度和电磁转矩进行测量，同时采用示波器进行显示。控制电路主要由 PWM 脉冲生成模块组成，PWM 模块的输入信号为对称的三相交流正弦波信号，分别由对应的函数模块 Fcn 生成，其中交流正弦信号的频率为电源给定频率信号，电压幅值信号为查表模块 Look-Up Table 输出的电压信号。PWM 脉冲生成模块输出的驱动信号控制 IGBT 模块中开关器件的导通与关断，从而改变异步电动机三相定子电压的频率和幅值，达到调速的目的。

1. 主电路模型参数设置

以下仅介绍图 9-8 中的主电路模块参数的设置及其提取路径，如无特别说明其他模块的参数通常采用默认设置。

（1）在 Simulink 环境下打开电力系统模块集(SimPowerSystems)，将直流电压源模块(SimPowerSystems/Electrical Sources/DC Voltage Source)复制到图 9-8 中，直流电压源幅值"Amplitude"设置为 540V，其他选项参数默认。

（2）打开通用电桥(SimPower Systems/Power Electronics/Universal Bridge)，其中"Number of bridge arms"选择为"3"，电力电子器件"Power Electronics device"选择为"IGBT/Diodes"，其他选项参数默认。

（3）异步电机模块和电机测量模块参数设置与 9.1 节中参数设置相同。

2. 控制电路模型参数设置

以下仅介绍图 9-8 中的控制电路模块参数的设置及其提取路径，如无特别说明其他模块的参数通常采用默认设置

（1）打开 PWM 脉冲生成模块 Generator（SimPower Systems/Extra Library/ Discrete Control Blocks/Discrete PWM Generator），其中脉冲模式"Generator Mode"选择为"3-arm bridge（6 pulses）"，载波频率"Carrier frequency"设置为"1080Hz"，同时由于采用了外接正弦调制波的方式，所以取消复选框里的"Internal generation of modulating signal(s)"的选择，其他选项参数默认。

（2）打开斜率限制模块（Simulink/Discontinuities/Rate Limiter），该模块可作为斜波函数，对电动机的升降速时间进行限制，其中上升斜率"Rising slew rate"设置为"20"，下降斜率"Falling slew rate"设置为"-20"，"Sample time mode"参数选择为"continuous"，取消复选框里的"Treat as gain when linearizing"的选择。

（3）查表模块（Simulink/Lookup Tables/Lookup Table）的输入为给定频率信号，输出为电压信号，实现恒压频比的功能。参数设置如图 9-9 所示，模块参数设置中输入信号变化范围为 0Hz～50Hz，输出电压变化范围为 50V～220V，其中电压频率比值为 3.4。

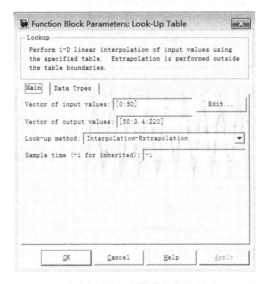 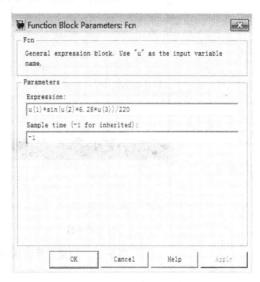

图 9-9　查表模块参数设置　　　　　图 9-10　A 相交流信号 Fcn 模块参数设置

（4）三相对称交流信号模块由函数模块 Fcn 生成（Simulink/User-Defined Functions/Fcn），可在该模块中写入函数表达式得到交流正弦波信号。生成 A 相交流信号的 Fcn 模块参数设置如图 9-10 所示，其中函数表达式中的 u(1)、u(2)和 u(3)分别指由查表模块得到的电压信号、给定的频率信号和由时钟 Clock 模块得到的时间信号，这三路信号首先经过 Mux（Simulink/Commonly Used Blocks/Mux）模块进行合并，然后分别作为产生每相交流正弦信号 Fcn 模块的输入，其中 Mux 模块参数设置为"3"。A 相交流信号的 Fcn 模块函数表达式中把正弦电压值与 220 相比是为了把该电压信号转化为 0～1 之间的数值，用来作为 PWM 脉冲触发器的输入正弦电压信号，B 相交流信号的 Fcn 模块函数表达式为 u(1)*sin(u(2)*6.28*u(3)+4*3.14/3)/220，与 A 相初始相位相差 240°，C 相交流信号的函数表达式为 u(1)*sin(u(2)*6.28*u(3)+2*3.14/3)/220，表示与 A 相初始相位相差 120°。

3. 系统仿真参数设置

仿真模型中算法选择为 ode23tb，仿真时间设置为 5.0s，异步电动机负载转矩设置为 10Nm。仿真模型中接入示波器模块可以实时观察仿真结果，同时采用 simout 模块可以将仿真数据存入到工作空间中，便于后续对仿真结果的处理。

9.2.3 仿真结果分析

可以通过示波器模块观察仿真结果或者通过 "plot" 语句得到仿真结果曲线。得到电机转速的仿真结果曲线，其他电机电流和电磁转矩的曲线都可以用类似语句得到。最后得到的仿真结果如图 9-11 所示。

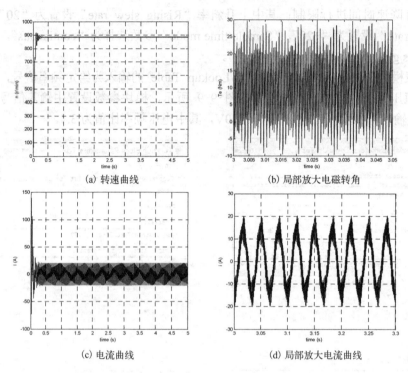

图 9-11 转速开环恒压频比控制的调速系统仿真结果

从仿真结果可以看出，给定频率为 30Hz，电机极对数为 2 对极，电机转速最终稳定值接近 900r/min，电磁转矩脉动较大，转矩平均值等于设定的负载转矩 10Nm，转速稳定后，电流波形接近正弦波，有一定程度的畸变。

9.3 转速闭环转差频率控制的变压变频调速系统

基于异步电动机稳态数学模型，采用转速闭环转差频率控制策略的变压变频调速系统可以使得电机的静、动态性能有所提高。本节主要介绍转速闭环转差频率控制的变压变频调速系统的仿真。

9.3.1 基本原理

异步电动机转速闭环转差频率控制调速系统的原理图如图 9-12 所示，调速系统中主电路由直流电压源、IGBT 逆变模块和三相交流异步电动机组成。给定的转速信号与实测的电机转速信号进行差值运算后，由 PI 控制器进行调节，得到转差频率给定信号，该信号再与实测的转速信号相加，最终得到电机定子频率给定信号；然后通过恒压频比模块得到给定电压信号；给定频率和电压信号作为 PWM 脉冲触发器的输入，PWM 发生器输出的脉冲信号经过驱动后，控制 IGBT 模块中开关器件的导通与关断，控制异步电机三相定子电压值和频率值，实现调频调速的目的。

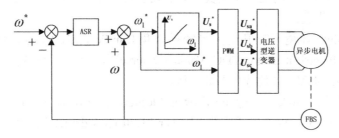

图 9-12 转速闭环转差频率控制调速系统原理图

9.3.2 系统仿真模型与参数设置

转速开环恒压频比控制的调速系统仿真模型如图 9-13 所示，包括直流电压源模块、三相 IGBT 逆变模块、异步电机模块、电机测量模块、电动机负载转矩给定、频率给定模块、PI 控制器模块、查表模块、函数模块以及 PWM 脉冲生成模块等。

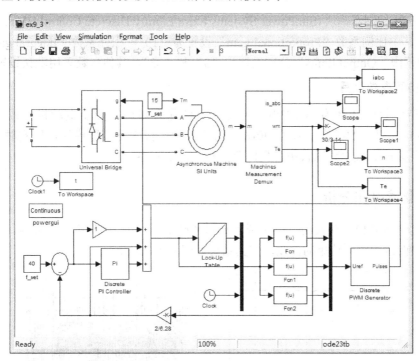

图 9-13 转速闭环转差频率控制调速系统仿真模型

仿真模型中主电路由直流电压源、IGBT 逆变模块以及异步电机组成。控制电路主要由 PWM 脉冲生成模块组成，PWM 模块的输入信号为对称的三相交流正弦波信号，分别由对应的函数模块 Fcn 生成，其中交流正弦信号的频率为给定频率信号与实测的电机转速转换为对应的频率信号进行差值运算后，由 PI 控制器进行调节，得到转差频率给定信号，该信号再与实测的频率信号相加，最终得到电机定子频率给定信号，电压幅值信号为查表模块 Look-Up Table 输出的电压信号。PWM 脉冲生成模块输出的驱动信号作为 IGBT 模块的触发控制信号。

1. 主电路模型参数设置

以下仅介绍图 9-13 中的主电路模块参数的设置及其提取路径，如无特别说明，其他模块的参数通常采用默认设置。

（1）在 Simulink 环境下打开电力系统模块集(SimPowerSystems)，将直流电压源模块(SimPowerSystems/Electrical Sources/DC Voltage Source)复制到图 9-13 中，直流电压源幅值"Amplitude"设置为540V，其他选项参数默认。

（2）打开通用电桥(SimPower Systems/Power Electronics/Universal Bridge)，其中"Number of bridge arms"选择为"3"，电力电子器件"Power Electronics device"选择为"IGBT/Diodes"，其他选项参数默认。

（3）异步电机模块和电机测量模块参数设置与 9.1 节中参数设置相同。

2. 控制电路模型参数设置

（1）打开 PWM 脉冲生成模块 Generator(SimPower Systems/Extra Library/ Discrete Control Blocks/Discrete PWM Generator)，其中参数设置与9.2节中相同。

（2）打开查表模块(Simulink/Lookup Tables/Lookup Table)，其中参数设置与 9.2 节中相同。

（3）打开 PI 控制器模块(SimPower Systems/Extra Library/Discrete Control Blocks/Discrete PI Controller)，其中比例系数"Proportional gain"设置为"10"，积分系数"Integral gain"设置为"2"，输出上下限"Output limits"分别设置为"3"和"-3"，其他参数采用默认设置。

3. 系统仿真参数设置

仿真模型中算法选择为 ode23tb，仿真时间设置为 5.0s，异步电动机负载转矩设置为15Nm，给定转速对应的频率信号为 40Hz。仿真模型中接入示波器模块可以实时观察仿真结果，同时采用 simout 模块可以将仿真数据存入到工作空间中。

9.3.3 仿真结果分析

可以通过示波器模块观察仿真结果或者通过"plot"语句得到仿真结果曲线。得到电机转速的仿真结果曲线和电磁转矩的曲线，仿真结果如图 9-14 所示。

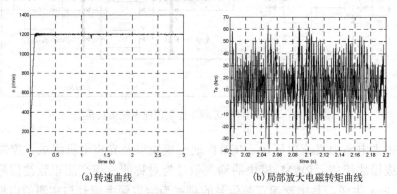

(a) 转速曲线　　　　　　　　(b) 局部放大电磁转矩曲线

图 9-14　转速开环恒压频比控制的调速系统仿真结果

从仿真结果可以看出，给定频率为 40Hz，由于采用了转速闭环转差频率控制的策略，电机转速最终稳定值为 1200r/min，但电磁转矩脉动仍然较大，转矩平均值等于设定的负载转矩 15Nm。

9.4 转速闭环、磁链开环控制的异步电动机矢量控制调速系统

基于稳态数学模型的异步电动机调速系统虽然能够在一定范围内实现平滑调速,但是遇到需要高动态性能的应用场合时,则不能完全达到动态响应的要求。矢量控制策略是基于电机动态数学模型而应用的一种交流电机高性能调速控制方法。本节主要介绍转速闭环、磁链开环控制的异步电动机矢量控制调速系统的仿真。

9.4.1 基本原理

异步电动机转速闭环、磁链开环的矢量控制调速系统的原理图如图 9-15 所示,调速系统中主电路由直流电源、IGBT 逆变模块和三相交流异步电动机组成。给定转速与电机实测转速进行差值运算后经过 PI 转速调节器(ASR)得到电机转矩给定信号,由转矩信号和给定磁链信号,结合电机参数可计算得到表示转矩分量的电流给定信号,同时表示磁场分量的电流信号由给定磁链和电机参数计算得到。两路电流信号经过坐标变换模块得到三相静止坐标系下的三相电流给定信号,三相给定电流信号与电机实测的电流信号进行差值计算后,通过电流滞环跟踪 PWM 控制模块得到 IGBT 逆变器模块的驱动信号。其中坐标变换中需要用到电机转子位置角度信号,该信号由电机磁链值、实测转速值、表示转矩分量的电流信号以及电机参数计算得到。

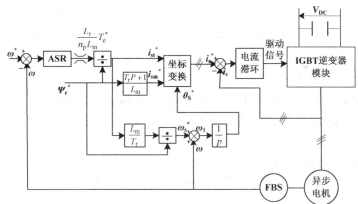

图 9-15 转速闭环、磁链开环的矢量控制调速系统原理图

9.4.2 系统仿真模型与参数设置

转速闭环、磁链开环的矢量控制调速系统仿真模型如图 9-16 所示,包括直流电压源模块、三相 IGBT 逆变模块、异步电机模块、电机测量模块、电动机负载转矩给定、设定转速给定模块、转速 PI 调节器模块、i_q^* 给定电流计算模块、i_d^* 给定电流计算模块、实际电机磁链计算模块、电机转子位置角度计算模块、两相给定电流到三相给定电流之间的坐标变换模块、实测三相电流到两相电流之间的坐标变换模块,以及电流滞环跟踪 PWM 控制模块等组成。

仿真模型中主电路由直流电压源、IGBT 逆变模块以及异步电机组成,电机测量模块用来对电机定子电流、电机机械角速度和电磁转矩进行测量,同时采用示波器进行显示。控制电路中给定转速信号和实测转速信号经过 PI 转速调节器后得到给定转矩信号,由转矩信号和实际电机磁链值计算得到 i_q^* 给定电流信号,i_d^* 给定电流信号由给定磁链信号计算得到。同时实测的电机三相电流经过三相静止到两相旋转的坐标变换之后得到实际的 i_d 和 i_q 电流值,实际的电机磁链值通过实际的 i_d 电流信号计算得到,电机转子位置角度值通过实际的 i_q 电流信号、实际的电机磁链值以及实测的电机转速值计算得到,该转子位置角度值分别用于坐标变换模块。给定

的 i_d^* 和 i_q^* 电流信号经过两相旋转到三相静止的坐标变换模块后得到给定的三相电流信号，该给定电流信号与实测电机电流信号经过电流滞环跟踪 PWM 控制模块后得到 IGBT 逆变模块中开关器件的驱动信号。

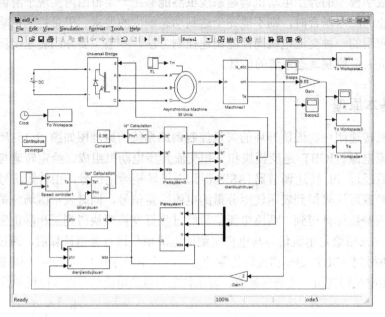

图 9-16　转速闭环、磁链开环的矢量控制调速系统仿真模型

1. 主电路模型参数设置

（1）在 Simulink 环境下打开电力系统模块集(SimPowerSystems)，将直流电压源模块 (SimPowerSystems/Electrical Sources/DC Voltage Source)复制到图 9-13 中，直流电压源幅值 "Amplitude" 设置为 540V，其他选项参数默认。

（2）打开通用电桥(SimPower Systems/Power Electronics/Universal Bridge)，其中 "Number of bridge arms" 选择为 "3"，电力电子器件 "Power Electronics device" 选择为 "IGBT/Diodes"，其他选项参数默认。

（3）异步电机模块和电机测量模块参数设置分别如图 9-17 和图 9-18 所示。

图 9-17　异步电机模块参数设置

图 9-18　电机测量模块参数设置

2. 控制电路模型参数设置

（1）转速 PI 调节器模块如图 9-19 所示，包括加减模块 Add（Simulink/Math Operations/Add）、积分器模块 Integrator 模块（Simulink/Commonly Used Blocks/Integrator）等，仿真模型中比例系数 K_p 设置为 0.12，积分系数 K_i 设置为 1.03。

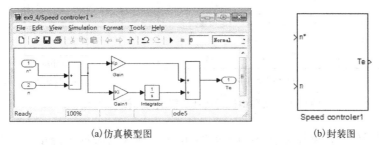

(a) 仿真模型图　　　　　　　　(b) 封装图

图 9-19　转速 PI 调节器模块仿真模型和封装图

（2）i_q^* 给定电流的计算式为 $i_q^*=\dfrac{L_r}{n_p L_m \psi_r}T_e^*$，其中 L_r、L_m 分别为异步电机转子电感和互感参数，n_p 为电动机极对数，由图 9-17 可知，电机转子电感应等于电机互感和转子漏感之和，L_r=124+3.045=127.045mH，L_m=124mH，n_p=2，将电机参数代入 i_q^* 给定电流的计算式后，可得电流计算模块参数设置如图 9-20 所示。其中用到了 Mux 模块和函数 Fcn 模块，函数表达式中将电机实际磁链值加上 0.001 是为了在仿真初始阶段防止分母上的实际磁链为 0 时，会引起仿真出错报警。

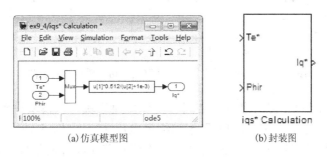

(a) 仿真模型图　　　　　　　　(b) 封装图

图 9-20　i_q^* 给定电流计算模块仿真模型和封装图

（3）i_d^* 给定电流计算模块忽略转子磁链和 i_d^* 电流之间的一阶惯性环节，在稳态时，$i_d^*=\dfrac{1}{L_m}\psi_r^*$，模块参数设置如图 9-21 所示。

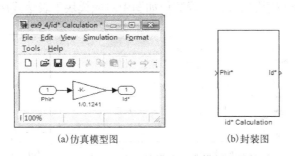

(a) 仿真模型图　　　　　　　　(b) 封装图

图 9-21　i_d^* 给定电流计算模块仿真模型和封装图

（4）电机磁链计算模块参数设置如图 9-22 所示，其中电机转子电阻值 R_r=0.7402Ω，在该计算模块中需要用到传递函数 Transfer Fcn 模块(Simulink/ Continuous/Transfer Fcn)，其分母上的参数需要用到电机转子电感和转子电阻。

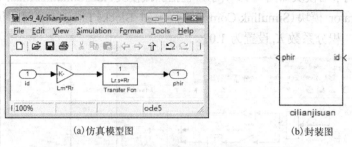

图 9-22　实际电机磁链计算模块仿真模型和封装图

（5）电机转子位置角度计算模块如图 9-23 所示，模块输入的 3 路信号分别为实际的电机 q 轴电流 i_q、实际的电机磁链、实测的电机电角速度信号。其中实际磁链信号也需要加上一个很小的初始值，防止仿真初始阶段出错报警。模块中与 i_q 电流相乘的 Gain 模块中需要用到电机的互感、转子电阻和转子电感参数值，还需要用到 Product 模块(Simulink/Commonly Used Blocks/Productor)。

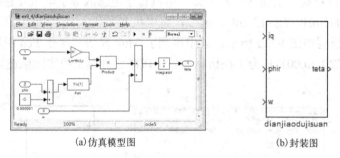

图 9-23　电机转子位置角度计算模块仿真模型和封装图

（6）两相给定电流到三相给定电流之间的坐标变换模块，该模块设置如图 9-24 所示，模块输入的 3 路信号分别为实际的电机 q 轴给定电流 i_q^*、电机 d 轴给定电流 i_d^*、计算得到的电机转子位置角度信号 teta。dq 轴给定电流信号首先经过两相旋转到两相静止坐标系之间的坐标变换，然后再经过两相静止坐标系到三相静止坐标系的变换，最终得到三相的电流给定信号。其中两相旋转到两相静止坐标系之间的模型图如图 9-25 所示，两相静止到三相静止坐标系之间的模型图如图 9-26 所示。在图 9-25 中需要用到三角函数模块(Simulink/Math Operations/Trigonometric Function)，在模块参数设置中分别选择正弦函数和余弦函数，图 9-26 中 Gain 模块的参数设置数值如图中对应模块下表达式所示。

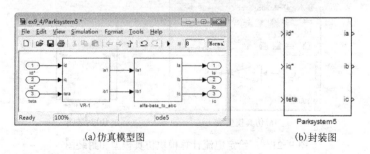

图 9-24　两相给定电流到三相给定电流之间的坐标变换模块仿真模型和封装图

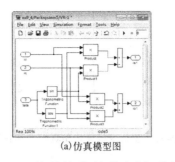 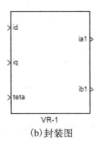

(a)仿真模型图　　　　　　　　(b)封装图

图 9-25　两相旋转到两相静止坐标系坐标变换模块仿真模型和封装图

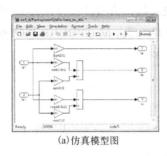 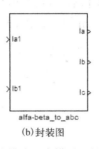

(a)仿真模型图　　　　　　　　(b)封装图

图 9-26　两相静止到三相静止坐标系坐标变换模块仿真模型和封装图

（7）实测三相电流到两相电流之间的坐标变换模块，该模块设置如图 9-27 所示，模块输入的 4 路信号分别为实际的电机实测三相电流和计算得到的电机转子位置角度信号 teta。实测三相电流首先经过三相静止到两相静止坐标系之间的坐标变换，然后再经过两相静止坐标系到两相旋转坐标系的变换，最终得到旋转坐标系下的两相电流给定信号 i_d 和 i_q。其中三相静止到两相静止坐标系坐标变换模型如图 9-28 所示，两相静止到两相旋转坐标系之间的模型图如图 9-29 所示。

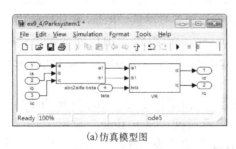

(a)仿真模型图　　　　　　　　(b)封装图

图 9-27　实测三相电流到两相电流之间的坐标变换模块仿真模型和封装图

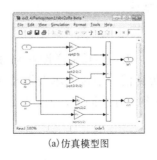 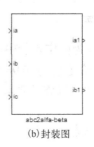

(a)仿真模型图　　　　　　　　(b)封装图

图 9-28　三相静止到两相静止坐标系坐标变换模块仿真模型和封装图

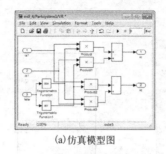 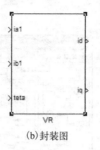

(a)仿真模型图   (b)封装图

图 9-29 两相静止到两相旋转坐标系坐标变换模块仿真模型和封装图

（8）电流滞环跟踪 PWM 控制模块如图 9-30 所示，三相给定电流信号和电机实际电流信号经过比较，得到误差值后，经过 Relay 模块及数据信号转换模块得到 IGBT 逆变模块的驱动信号。其中主要包括 Sum 模块、Relay 模块和 Data Type Conversion 模块等。

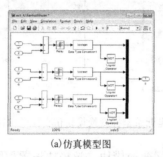 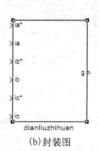

(a)仿真模型图   (b)封装图

图 9-30 实测三相电流到两相电流之间的坐标变换模块仿真模型和封装图

Sum 模块用来实现给定电流和实际电流之间差值的计算（Simulink/Math Operations/Add），然后在 Add 模块参数对话框中把信号的相互作用改写成"+-"。

Relay 是指具有继电器性质的模块（Simulink/Discontinuities/Relay），打开 Relay 模块，其中"Switch on point"设置为"1"，"Switch off point"设置为"-1"，"Output when on"设置为"1"，"Output when off"设置为"0"，其他选项参数默认。Relay 模块的输出经过数据转换模块（Simulink/Signal Attributes/Data Type Conversion）得到 IGBT 逆变模块一相上桥臂的驱动信号，然后采用逻辑操作模块（Simulink/Logic and Bit Operations/Logical Operator）对其进行取反，得到下桥臂的驱动信号。

（9）给定转速和给定负载转矩模块需用到阶跃给定模块 Step（Simulink/Sources/Step）。打开 Step 模块，作为给定转速模块，其中阶跃时间"Step time"设置为"3"，初始值"Initial value"设置为"200"，最终值"Final value"设置为"500"，其他选项参数默认。给定转矩模块参数设置中，阶跃时间"Step time"设置为"4"，初始值"Initial value"设置为"10"，最终值"Final value"设置为"20"，其他选项参数默认。

3. 系统仿真参数设置

仿真模型中算法选择为固定步长中的 ode5，固定步长采样设置为 0.00001，仿真时间设置为 8.0s，电机转子磁链给定值为 0.96Wb。仿真模型中接入示波器模块可以实时观察仿真结果，同时采用 simout 模块可以将仿真数据存入到工作空间中，便于后续对仿真结果的处理。

9.4.3 仿真结果分析

可以通过示波器模块观察仿真结果或者通过"plot"语句得到仿真结果曲线。得到电机转速的仿真结果曲线，其他电机电流和电磁转矩的曲线都可以用类似语句得到。最后得到的仿真结果如图 9-31 所示。

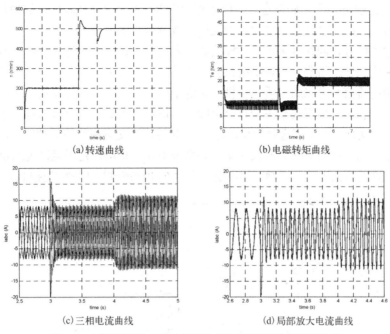

图 9-31 转速闭环、磁链开环矢量控制调速系统仿真结果

从仿真结果可以看出，电机转速在相应时刻稳定在给定转速模块中设置的 200r/min 和 500r/min，在第 4s 时，由于电机给定负载转矩突加为 20Nm，因此转速在这一时刻有降低的过程，随后经过矢量控制系统的调节，恢复并稳定在给定转速 500r/min。由电磁转矩曲线仿真结果可知，电机启动时电磁转矩大于给定的负载转矩 10Nm，用来实现电机的加速启动过程。当电机转速稳定在给定转速 200r/min 时，电磁转矩基本稳定在 10Nm，等于给定的负载转矩。在第 3s 时，由于给定转速变为 500r/min，因此电磁转矩瞬间变大，用来实现电机的加速过程。当转速稳定为 500r/min 时，电磁转矩等于负载转矩 10Nm，第 4s 过后，由于给定负载转矩突加为 20Nm，因此转速稳定后电磁转矩基本等于给定的负载转矩。从电流曲线的仿真结果中可知，电流波形接近正弦波，三相电流波形对称，从而使得电机电磁转矩脉动较小，当电机转速增加时，电流频率增大，当给定负载转矩增大时，对应的电流幅值变大。

9.5 异步电动机直接转矩控制调速系统

直接转矩控制系统是继矢量控制系统之后发展起来的另一种高动态性能的交流电机调速系统。该控制方法在保证电机定子磁链不变的前提下，在转速环里面，利用转矩反馈直接控制电机的电磁转矩，可以获得较高的静、动态性能。本节主要介绍异步电动机直接转矩控制调速系统的仿真。

9.5.1 基本原理

异步电动机直接转矩控制调速系统的原理图如图 9-32 所示，调速系统中主电路由直流电源、IGBT 逆变模块(组成电压型逆变器)和三相交流异步电动机组成。给定转速与电机实测转速进行差值运算后经过 PI 转速调节器得到电机转矩给定信号，电机实际转矩值由转矩估算模块计算得到，给定转矩与实际转矩进行差值运算后作为滞环比较模块的输入，滞环比较模块的输出信号表示控制系统是否需要增加转矩或者减小转矩，其输出信号作为开关表选择模块的一路输入信号。给定磁链与实际磁链进行差值运算后作为另一个滞环比较模块的输入，该滞环比较模块的输出信号表示控制系统是否需要增加磁链值或者减小磁链值，其输出信号作为开关表选择模块的另一路输入信号，同时开关表选择模块的输入信号中还需要知道磁链所在的扇区信号，该信号由扇区判断模块计算得到。电机磁链估算模块的输入信号为两相静止坐标系下的定子电压和电流信号，两相电流信号可以通过采集电机三相定子电流信号经过坐标变换模块得到，两相电压信号可以通过开关表的输出开关状态和直流母线电压值计算得到，也可以通过采集三相电压信号经过坐标变换模块实现。开关表选择模块的输出为 IGBT 逆变器模块的驱动信号，用来控制逆变器模块中开关器件的导通与关断。直接转矩控制系统中在保持电机定子磁链为固定值的前提下，直接对电机的电磁转矩大小进行控制，实现电机在静态和动态过程中的调速控制。

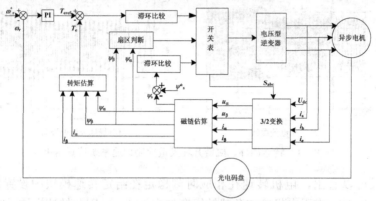

图 9-32 转速闭环、磁链开环的矢量控制调速系统原理图

9.5.2 系统仿真模型与参数设置

直接转矩控制调速系统仿真模型如图 9-33 所示，包括直流电压源模块、三相 IGBT 逆变模块、三相电压-电流测量模块、异步电机模块、电机测量模块、电动机负载转矩给定、电流和电压坐标变换计算模块、磁链和转矩计算模块、给定磁链和实际磁链滞环比较模块、磁链角度计算模块、磁链所在扇区判断模块、给定转矩和实际转矩滞环比较模块、开关表选择脉冲生成模块及电机转速 PI 调节器控制模块等。

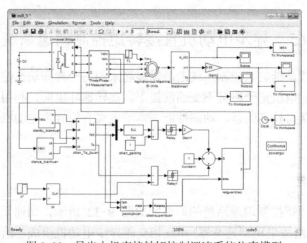

图 9-33 异步电机直接转矩控制调速系统仿真模型

仿真模型中主电路由直流电压源、IGBT 逆变模块、三相电压-电流测量模块及异步电机组成，电机测量模块用来对电机定子电流、电机机械角速度和电磁转矩进行测量，同时采用示波器进行显示。控制电路中给定转速信号和实测转速信号经过 PI 转速调节器后得到给定转矩信号，给定转矩信号与实际计算得到的转矩值进行差值计算后得到转矩滞环比较器的输出信号，给定磁链信号与实际计算得到的磁链值进行差值计算后得到磁链滞环比较器的输出信号，同时由实际计算得到的磁链信号经过扇区判断后给出磁链所在扇区信号。转矩滞环比较器信号、磁链滞环比较器信号和磁链扇区信号经过开关表选择模块后得到 IGBT 逆变模块中开关器件的驱动信号。

1. 主电路模型参数设置

（1）在 Simulink 环境下打开电力系统模块集(SimPowerSystems)，将直流电压源模块(SimPowerSystems/Electrical Sources/DC Voltage Source)复制到图 9-33 中，直流电压源幅值"Amplitude"设置为 540V，其他选项参数默认。同时需要对直流电源模块设置接地点 Ground(SimPower Systems/Elements/Ground)。

（2）打开通用电桥模块 Universal Bridge，参数设置与 9.2 节中相同。

（3）打开三相电压-电流测量模块(SimPower Systems/ Measurements/Three-Phase V-I Measurement)，其中电压测量"Voltage Measurement"选择为"phase-to-ground"，电流测量"Current Measurement"选择为"yes"。

（4）异步电机模块和电机测量模块参数设置与 9.4 节中相同。

2. 控制电路模型参数设置

（1）电流和电压坐标变换模块用来实现三相静止坐标系到两相静止坐标系下，电流和电压之间的变换计算。其中电流坐标变换模块参数设置如图 9-34 所示，由于坐标变换的计算公式相同，因此电压坐标变换模块中的参数设置与电流坐标变换中相同，只需要把输入信号改为由三相电压和电流测量模块输出的三相电压信号即可。

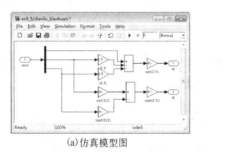

(a) 仿真模型图　　　　(b) 封装图

图 9-34　电流坐标变换模块仿真模型和封装图

（2）磁链和转矩计算模块参数设置如图 9-35 所示，计算磁链分量时需要用到电机电压信号、电流信号以及电机定子电阻值，从 9.4 节异步电机参数设置中可知，电机定子电阻 R_s=0.7384Ω，最后对计算结果进行积分后得到两相静止坐标系下的磁链信号。电机转矩计算中需要用到电机磁链信号、电流信号以及电机极对数，其中电机极对数 n_p=2。

（3）Relay 模块作为磁链滞环比较和转矩滞环比较模块，首先需要通过磁链的两个分量值计算得到实际磁链信号，然后与给定磁链信号进行比较后，作为磁链滞环比较模块的输入。在仿真模型中计算实际磁链值由函数模块 Fcn 实现，其中 Fcn 模块中的函数表达式为"sqrt(u(1)*(1)+u(2)*u(2))"，该函数表达式的含义为，对磁链分量值进行平方运算后再进行开方计算。磁链滞环比较模块中"Switch on point"设置为"0.05"，"Switch off point"设置为

"-0.05","Output when on"设置为"1","Output when off"设置为"0",其他选项参数默认。转矩滞环比较模块中"Switch on point"设置为"0.5","Switch off point"设置为"-0.5","Output when on"设置为"1","Output when off"设置为"0",其他选项参数默认。仿真中磁链给定值设定为1Wb,磁链滞环比较器的滞环宽度设置为0.05,转矩滞环比较器中滞环宽度设置为0.5。

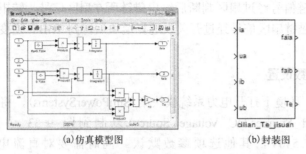

图9-35 磁链和转矩计算模块仿真模型和封装图

(4)磁链角度计算模块参数设置如图9-36所示,首先对磁链两个分量进行相除后,采用反正切函数得到角度信号,同时当磁链α轴分量为负值时,表明磁链角度已经超过180°,需要对反正切求出的角度值与180°相加,其中反正切函数求出的是以弧度的形式来表示的,因此需要把180°角度值对应改为π弧度。模型中所用除法模块Divide的路径为(Simulink/Math Operations/Divide),反正切函数的实现方法是在函数模块Fcn的函数表达式中写为"atan u(1)",同时需要用到开关函数Switch模块(Simulink/Commonly Used Blocks/Switch),该模块根据磁链α轴分量的正负情况来选择上下不同支路的信号作为最终的角度输出信号,打开Switch模块,其中"Criteria for passing first input"选择为"u2>=Threshold",阈值"Threshold"设置为"0",其他选项参数默认。

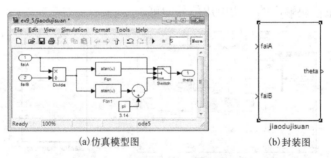

图9-36 磁链角度计算模块仿真模型和封装图

(5)扇区判断模块如图9-37所示,扇区判断模块对磁链角度计算值的大小进行比较,最终确定磁链所在的扇区编号。直接转矩控制系统中,将一个圆周的360°等分为6个扇区,对每个扇区用数字1~6进行编号,作为最终的扇区输出值。仿真模型中用到了5个开关模块Switch~Switch4,打开Switch模块,其中"Criteria for passing first input"选择为"u2>=Threshold",阈值"Threshold"设置为"(7*pi)/6";打开Switch1模块,其中"Criteria for passing first input"选择为"u2>=Threshold",阈值"Threshold"设置为"(5*pi)/6";打开Switch2模块,其中"Criteria for passing first input"选择为"u2>=Threshold",阈值"Threshold"设置为"pi/2";打开Switch3模块,其中"Criteria for passing first input"选择为"u2>=Threshold",阈值"Threshold"设置为"pi/6";打开Switch4模块,其中"Criteria for passing first input"选择为"u2>Threshold",阈值"Threshold"设置为"(-pi)/6",其他选项参

数默认。最后打开 MinMax 模块(Simulink/Math Operations/MinMax),其中功能"Function"选择"max","Number of input ports"设置为"5",其他选项参数默认,该模块实现对输入的 5 路信号中取最大值作为最终输出的扇区值。

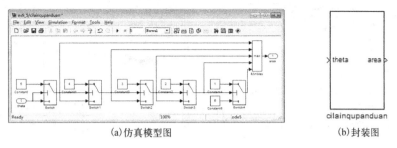

(a)仿真模型图　　　　　　　(b)封装图

图 9-37　磁链所在扇区判断模块仿真模型和封装图

(6)开关表脉冲生成模块的输入分别为表示转矩和磁链状态的信号 S 和扇区判断模块的输出信号 area。仿真模型中转矩和磁链状态的信号 S 取值为 1～4 之间的某个数值,分别代表是否需要增减转矩和磁链所对应的 4 种状态,area 信号的取值表示磁链所在的扇区编号,为 1～6 之间的某个数值。开关表选择模块设置如图 9-38 所示,输入的状态信号 S 和扇区信号 area 首先经过一个 2 维的查表模块 Lookup Table(2-D)(Simulink/Lookup Tables/Lookup Table(2-D)),综合状态信号 S 和扇区信号 area 的具体数值后,输出为 1～6 之间的某个具体数值,2 维查表模块的具体参数设置如图 9-39 所示。2 维开关表的输出值分别经过三个 1 维查表模块后输出 3 相 IGBT 逆变模块中每相上桥臂的驱动信号,最后经过数据转换模块 Data Type Conversion 和逻辑操作模块 Logical Operator 后,得到逆变器模块 6 路的驱动信号。其中三个 1 维查表模块的具体参数设置如图 9-40、图 9-41 和图 9-42 所示,三个 1 维查表模块根据 2 维查表模块的输出数值,得到不同扇区、转矩和磁链滞环比较器输出不同状态下的 IGBT 逆变模块中每相上桥臂的驱动信号,在仿真模型中分别用"1"和"0"表示开关器件导通和关断的信号。

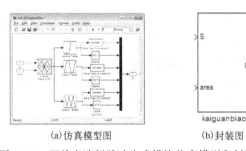

(a)仿真模型图　　　　　　　(b)封装图

图 9-38　开关表选择脉冲生成模块仿真模型和封装图

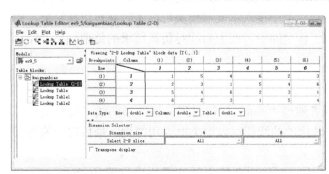

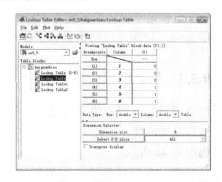

图 9-39　2 维查表模块参数设置　　　　　图 9-40　1 维查表模块 Lookup-Table 参数设置

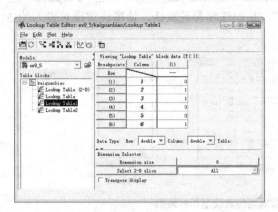 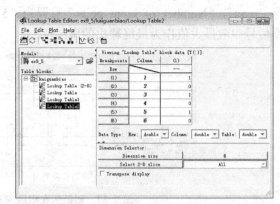

图 9-41　1 维查表模块 Lookup-Table1 参数设置　　图 9-42　1 维查表模块 Lookup-Table2 参数设置

（7）转速 PI 调节器控制模块设置如图 9-43 所示，仿真模型中比例系数 K_p 设置为 0.1，积分系数 K_i 设置为 0.5，PI 调节器的输出经过限幅模块 Saturation(Simulink/Commonly Used Blocks/Saturation)，其中上限参数"Upper limit"设置为"75"，下限参数"Lower limit" 设置为"-75"，其他选项参数默认。

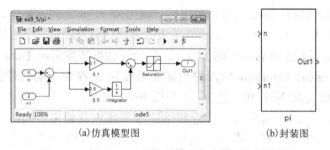

图 9-43　转速 PI 调节控制模块仿真模型和封装图

（8）给定转速和给定负载转矩模块需用到阶跃给定模块 Step(Simulink/Sources/Step)。打开 Step 模块，作为给定转速模块，其中阶跃时间"Step time"设置为"3"，初始值"Initial value"设置为"200"，最终值"Final value"设置为"500"，其他选项参数默认。给定转矩模块参数设置中，阶跃时间"Step time"设置为"1.5"，初始值"Initial value"设置为"10"，最终值"Final value"设置为"20"，其他选项参数默认。

3. 系统仿真参数设置

仿真模型中算法选择为固定步长中的 ode5，固定步长采样设置为 0.00001，仿真时间设置为 5.0s，电机定子磁链给定值为 1Wb。仿真模型中接入示波器模块可以实时观察仿真结果，同时采用 simout 模块可以将仿真数据存入到工作空间中，便于后续对仿真结果的处理。

9.5.3　仿真结果分析

可以通过示波器模块观察仿真结果或者通过"plot"语句得到仿真结果曲线。得到电机转速的仿真结果曲线，其他电机电流和电磁转矩的曲线都可以用类似语句得到。最后得到的仿真结果如图 9-44 所示。

从仿真结果可以看出，电机转速在相应时刻稳定在给定转速模块中设置的 200r/min 和 500r/min，在第 1.5s 时，由于电机给定负载转矩突加为 20Nm，因此转速在这一时刻有降低的过程，随后恢复并稳定在给定转速 200r/min。由电磁转矩曲线仿真结果可知，电机启动时电磁转矩大于给定的负载转矩 10Nm，用来实现电机的加速启动过程，当电机转速稳定在给定转速 200r/min 时，电磁转矩基本稳定在 10Nm，等于给定的负载转矩。在 1.5s 时，由于给定负载转矩突加为 20Nm，因此电磁转矩增大为 20Nm，基本等于给定的负载转矩；在第 3s 时，由于给定转速变为 500r/min，因此电磁转矩瞬间变大，用来实现电机的加速过程。从电流曲线的仿真结果中可知，电流波形接近正弦波，当电机转速增加时，电流频率增大，当给定负载转矩增大时，对应的电流幅值变大。

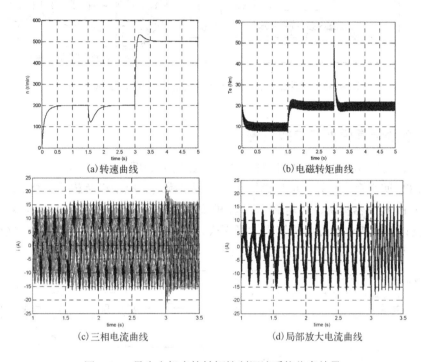

图 9-44　异步电机直接转矩控制调速系统仿真结果

9.6　转速闭环、磁链闭环控制的异步电动机矢量控制调速系统

为了克服磁链开环矢量控制系统中，电机磁链开环控制的缺点，做到磁链恒定，可以采用转速闭环、磁链闭环控制的矢量控制策略，也即直接矢量控制。本节主要介绍转速闭环、磁链闭环控制的异步电动机矢量控制调速系统的仿真。

9.6.1　基本原理

异步电动机转速闭环、磁链闭环的矢量控制调速系统的原理图如图 9-45 所示，调速系统中主电路由直流电源、采用电流滞环控制的逆变模块和三相交流异步电动机组成。给定转速与电机实测转速进行差值运算后经过 PI 转速调节器(ASR)得到电机转矩给定信号，电机给定转矩与实际计算得到的转矩进行差值运算后，经过 PI 转矩调节器(ATR)得到表示转矩分量的电流给定信号；电机给定磁链与实际计算得到的磁链进行差值运算后，经过 PI 磁链调节器(AψR)得到表示磁场分量的电流给定信号。两路电流信号经过坐标变换模块得到三相静止坐标系下的三相电流给定信号，三相给定电流信号与电机实测的电流信号进行差值计算后，通过电流滞环跟踪 PWM 控制模块得到 IGBT 逆变器模块的驱动信号。其中坐标变换中需要用到电机转子位置角度信号，该信号由电机磁链值、实测转速值、表示转矩分量的电流信号以及电机参数计算得到。

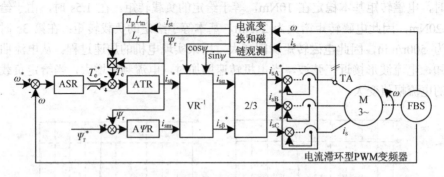

图 9-45　转速闭环、磁链闭环的矢量控制调速系统原理图

9.6.2　系统仿真模型与参数设置

转速闭环、磁链闭环的矢量控制调速系统仿真模型如图 9-46 所示，包括直流电压源模块、三相 IGBT 逆变模块、异步电机模块、电机测量模块、电动机负载转矩给定、设定转速给定模块、转速 PI 调节器模块、转矩 PI 调节器模块、磁链 PI 调节器模块、实际电机磁链和电机转子位置角度计算模块、实际电机转矩计算模块、两相给定电流到三相给定电流之间的坐标变换模块，以及电流滞环跟踪 PWM 控制模块等。

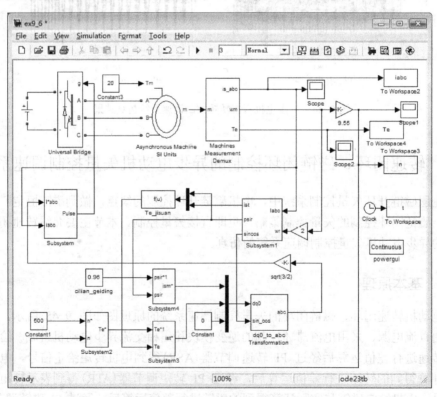

图 9-46　转速闭环、磁链闭环的矢量控制调速系统仿真模型

仿真模型中主电路由直流电压源、IGBT 逆变模块以及异步电机组成。控制电路中给定转速信号和实测转速信号经过 PI 转速调节器后得到给定转矩信号，由给定转矩信号和实际电机

转矩值经过 PI 转矩调节器后得到 i^*_{st} 给定电流信号，由给定磁链信号和实际电机磁链值经过 PI 磁链调节器后得到 i^*_{sm} 给定电流信号。给定的 i^*_{st} 和 i^*_{sm} 电流信号经过两相旋转到三相静止的坐标变换模块后得到给定的三相电流信号，该给定电流信号与实测电机电流信号经过电流滞环跟踪 PWM 控制模块后，得到 IGBT 逆变模块中开关器件的驱动信号。同时通过实测的电机三相电流和电机转速值，通过计算可以得到实际电机磁链值和电机转子位置角，该转子位置角度值用于坐标变换模块。

1. 主电路模型参数设置

（1）在 Simulink 环境下打开电力系统模块集（SimPowerSystems），将直流电压源模块（SimPowerSystems/Electrical Sources/DC Voltage Source）复制到图 9-33 中，直流电压源幅值"Amplitude"设置为 540V，其他选项参数默认。

（2）打开通用电桥模块 Universal Bridge，参数设置与 9.2 节中相同。

（3）异步电机模块和电机测量模块参数设置与 9.4 节中相同。

2. 控制电路模型参数设置

（1）转速 PI 调节器模块组成如图 9-47 所示，包括加减模块 Sum（Simulink/Math Operations/Sum）、PI 转速控制器模块 Discrete PI Controller（SimPower Systems/Extra Library/Discrete Control Blocks/Discrete PI Controller）等，打开 PI 转速控制器模块，比例系数设置为"5"，积分系数设置为"8"，输出上下限分别设置为"100"和"-100"，其他参数采用默认设置。

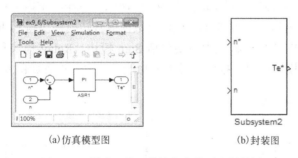

(a) 仿真模型图　　　　(b) 封装图

图 9-47　转速调节器模块仿真模型和封装图

（2）转矩 PI 调节器模块的组成与转速调节器模块类似，只需把转速信号变换为转矩信号即可。其中 PI 转矩控制器模块 Discrete PI Controller 参数设置中，比例系数 K_p 设置为"4.5"，积分系数 K_i 设置为"8"，输出上下限分别设置为"40"和"-40"，其他参数采用默认设置。

（3）磁链 PI 调节器中 PI 控制器模块 Discrete PI Controller 参数设置中，比例系数 K_p 设置为"1.8"，积分系数 K_i 设置为"10"，输出上下限分别设置为"7"和"-7"，其他参数采用默认设置。

（4）电机磁链和转子位置角度计算模块如图 9-48 所示。其中三相电流经过三相静止坐标到两相旋转坐标变换模块后，乘以系数 $\sqrt{3/2}$，得到表示磁链分量的电流信号 i_{sm} 和表示转矩分量的电流信号 i_{st}，坐标变换模块 abc_to_dq0 Transformation 的路径为（SimPower Systems/Extra Library/Discrete Measurements/abc_to_dq0 Transformation）。得到的 i_{sm} 电流信号乘以电机互感 L_m=0.1241H，再经过传递函数模块 Transfer Fcn 得到电机实际磁链信号，传递函数模块中 0.172 为转子时间常数，由 L_r/R_r 计算得到，其中 L_r=0.1271H 为电机转子电感，电机转子电阻值 R_r=0.7402Ω。电机电角速度值通过函数模块 Fcn 计算得到，函数模块 Fcn 中的计算表达式为

0.1241*u(1)/(u)2)*0.172+1e-3），u(1)为转矩分量电流信号 i_{st}，u(2)为电机实际磁链信号。得到电角速度信号后进行积分可以得到角度值，同时可以得到角度的正弦和余弦值。

（5）电机转矩值通过函数模块 Fcn 计算得到，函数模块 Fcn 中的计算表达式为 2*0.1241*u(1)*u(2)/0.1271，u(1)为电机实际磁链信号，u(2)为转矩分量电流信号 i_{st}，2 为电机极对数，0.1241 为电机互感值，0.1271 为电机转子电感。

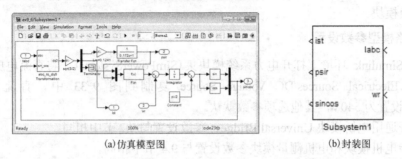

(a)仿真模型图　　　　　　　　(b)封装图

图 9-48　电机磁链和转子位置角度模块仿真模型和封装图

（6）两相给定电流到三相电流之间坐标变换模块 dq0_to_abc Transformation（SimPowerSystems/Extra Library/Discrete Measurements/dq0_to_abc Transformation），该模块输入信号为电机两相旋转坐标系下的 dq 轴电流和由电机转子位置角度计算模块得到的位置角的正余弦信号值，输出为三相静止坐标系下的电流。

（7）电流滞环跟踪 PWM 控制模块如图 9-49 所示，三相给定电流信号和电机实际电流信号经过比较，得到误差值后，经过 Relay 模块及数据信号转换模块得到 IGBT 逆变模块的驱动信号。电流滞环跟踪 PWM 仿真模型中主要包括 Sum 模块、Relay 模块和 Subsystem 模块等。仿真模型中 Subsystem 模块实现数据信号转换的功能，其内部设置如图 9-50 所示。

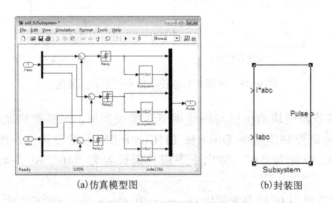

(a)仿真模型图　　　　　　　　(b)封装图

图 9-49　电流滞环跟踪 PWM 控制模块仿真模型和封装图

(a)仿真模型图　　　　　　　　(b)封装图

图 9-50　数据信号转换模块仿真模型和封装图

3. 系统仿真参数设置

仿真模型中算法选择为 ode23tb，仿真时间设置为 3.0s，异步电动机负载转矩设置为 20Nm，给定转速为 500r/min，电机转子磁链给定值为 0.96Wb。仿真模型中接入示波器模块可以实时观察仿真结果，同时采用 simout 模块可以将仿真数据存入工作空间中，便于后续对仿真结果的处理。

9.6.3 仿真结果分析

可以通过示波器模块观察仿真结果或者通过"plot"语句得到仿真结果曲线。得到电机转速的仿真结果曲线，其他电机电流和电磁转矩的曲线都可以用类似语句得到。最后得到的仿真结果如图 9-51 所示。

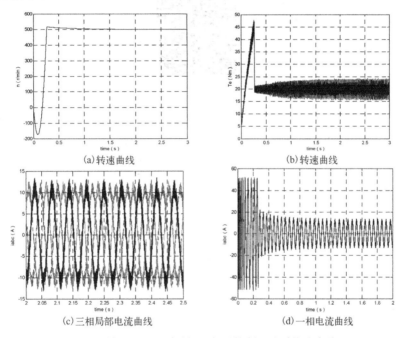

图 9-51 转速闭环、磁链闭环矢量控制调速系统仿真结果

从仿真结果可以看出，电机转速大致在 1.2s 时稳定在给定转速 500r/min，由电磁转矩曲线仿真结果可知，电机启动时电磁转矩大于给定的负载转矩 20Nm，用来实现电机的加速启动过程，当电机转速稳定在给定转速 500r/min 时，电磁转矩基本稳定在 20Nm，等于给定的负载转矩，从电流曲线的仿真结果中可知，电流波形接近正弦波，三相电流波形对称，从而使得电机电磁转矩脉动较小。

小 结

本章主要介绍了 MATLAB 在交流调速系统中的应用，如利用 MATLAB 实现转速闭环控制的交流异步电动机变压调速系统、转速开环的交流异步电动机恒压频比控制调速系统、转速闭环转差频率控制的变压变频调速系统、转速闭环及磁链开环控制的异步电动机矢量控制调速系统、异步电动机直接转矩控制调速系统和转速闭环及磁链闭环控制的异步电动机矢量控制调速系统的仿真等。

习 题

9-1 电压源型变频器输出电压是方波,输出电流是近似正弦波;电流源变频器输出电流是方波,输出电压是近似正弦波。在变频调速系统中,负载电动机希望得到的是正弦波电压还是正弦波电流?

9-2 转速闭环转差频率控制的变频调速系统能够仿照直流电动机双闭环系统进行控制,但是其动静态性能却不能完全达到直流双闭环系统的水平,为什么?

9-3 在矢量控制系统中,计算转子磁链的模型有哪两种?在两种计算模型中磁链定向的精度受哪些参数的影响?

9-4 按定子磁链控制的直接转矩控制系统与按转子磁链控制的矢量控制系统在控制方法上有什么异同?

本章习题答案可扫描二维码。

第 10 章　MATLAB 在电力系统中的应用

随着电力工业的发展，电力系统的容量越来越大，系统越来越复杂，许多大型的电力系统实验很难进行。这种情况下，对电力系统进行数字仿真就显得十分必要。在 MATLAB 中，Simulink 环境下的电力系统模块集(SimPowerSystems)中的 Powergui 模块，为电力系统仿真提供了专门的图形用户分析界面。本章将介绍如何在 MATLAB 的 Simulink 环境下，利用电力系统参数设置图形用户界面(Powergui)对电力系统进行潮流计算、故障分析、稳定性分析、继电保护、高压直流输电及柔性输电技术的仿真分析。

10.1　电力系统潮流计算

电力系统潮流计算是电力系统分析中的一项最基本计算。它根据给定运行条件及系统接线方式确定电力系统的稳态运行状态，主要是各节点电压幅值和角度、各元件中通过的有功和无功功率及设备的电压损失和功率损耗等。潮流计算的结果是评价系统运行方式和系统规划设计方案合理性、安全可靠性及经济性的依据，也是电力系统故障分析及稳定计算的基础。

Simulink 中的 Powergui 模块为电力系统仿真提供了专门的图形用户分析界面。本节中介绍如何利用电力图形用户分析界面(Powergui)对简单电网进行潮流分析。

10.1.1　简单电力系统潮流计算仿真模型构建

Simulink 环境下的 SimPowerSystems 为用户提供了相当丰富的电力系统元器件模型，如标准同步发电机、变压器、线路、负荷、母线等。在进行潮流计算时，首先要根据原始数据和节点类型(PQ 节点、PV 节点及平衡节点)对模块进行选择，这是非常重要的，不同的模块可能导致运算结果出现差异。

本节将以如图 10-1 所示的 2 机 5 节点电力系统为例，介绍如何利用 Powergui 对简单电力系统潮流进行仿真。在 Simulink 环境下根据图 10-1 所示的电力系统，搭建的仿真模型如图 10-2 所示。

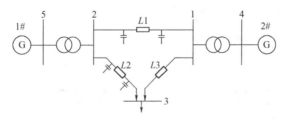

图 10-1　2 机 5 节点电力系统

10.1.2　模型参数的设置

以下仅介绍图 10-2 中的主要模块参数的设置及其提取路径，如无特别说明其他模块的参数通常采用默认设置。

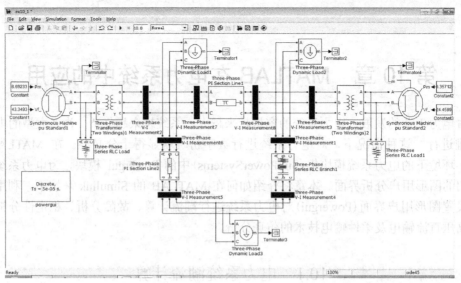

图 10-2　2 机 5 节点电力系统潮流计算的 Simulink 仿真模型

（1）首先在 Simulink 环境下打开电力系统模块集(SimPowerSystems)，并将其电机模块库(Machines)中的标准同步电机模块(Synchronous Machine pu Standard)复制到图 10-2 中。然后利用鼠标打开同步发电机模块(SimPowerSystems/Machines/Synchronous Machine pu Standard)的参数对话框，将其"Nom. power, L-L volt., freq."对话框中的值修改为[100e6，10500，50]，即将同步发电机模块的额定功率设为 100MVA、额定电压设为 10.5kV、频率设为 50Hz，将其"Reactances"对话框中的值修改为[1.206，0.286，0.245，0.512，0.256，0.19]，"Time constants"对话框中的值修改为[4.36，0.0782，0.0453]，"Initial conditions"对话框中的值修改为[0，-251.504，35.0824，35.0824，35.0824，109.243，-10.7566，-130.757，43.3493]，其他选项参数默认，如图 10-3 所示。

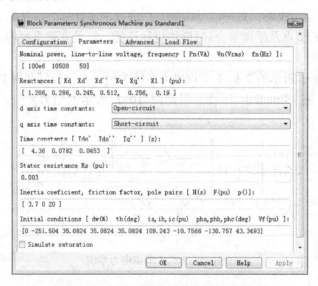

图 10-3　标准同步电机模块的参数设置

（2）打开三相双绕组变压器模块(SimPowerSystems/Elements/Three-phase Transformer (Two Windings))的参数对话框，将其参数(Parameters)页面中的"Nominal power and frequency"对话框中的值修改为[150e6，50]，"Winding 1 parameters"对话框中的值修改为[10.5e3，0.0003，

0]，"Winding 2 parameters"对话框中的值修改为[242e3，0.0003，0.018]，即将变压器模块的额定功率设为150MVA，频率设为50Hz，低压侧额定电压设为10.5kV，高压侧额定电压设为242kV，将"Magnetizaion resistance Rm"对话框中的值修改为[5000]，"Magnetizaion inductance Lm"对话框中的值修改为[5000]，其他选项参数默认，如图10-4所示。

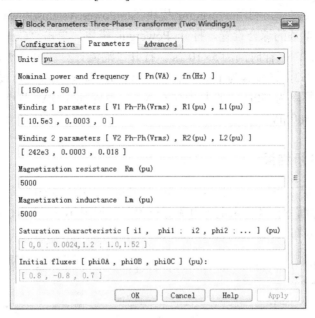

图10-4 三相双绕组变压器的参数设置

（3）无论是三相"Ⅱ"形线路模块(SimPowerSystems/Elements/Three Phase PI Section Line)还是三相串联RLC支路模块(SimPowerSystems/Elements/Three Series RLC Branch)，其参数均为有名值。将其参数(Parameters)页面中的频率设为50Hz，"Positive- and zero-sequence resistances"对话框中的值修改为[0.08，0.021]，"Positive- and zero-sequence inductances"对话框中的值修改为[1.154e-3，3.886e-8]，"Positive- and zero-sequence capacitances"对话框中的值修改为[1.3e-7，6.962e-10]，线路长度设为100km。

（4）选择带有测量元件的母线模型，用三相电压电流测量元件"Three-Phase V-I Measurement"(SimPowerSystems/Measurements/ Three-Phase V-I Measurement)来模拟系统中的母线。将其参数(Parameters)页面中的"Voltage measurement"和"Current measurement"对话框下面的"Use a label"选中，并命名其相应的"Signal label"，如在"Three-PhaseV-I Measurement1"模块命名其为"M1_Vabc"和"M1_Iabc"。

（5）系统中负荷Three-Phase Dynamic Load1、Load2、Load3 (SimPowerSystems/Measurements/ Three-Phase Dynamic Load)所接母线均为PQ节点，要求负载有恒定功率的输出(输入)。将其参数(Parameters)页面中的"Nominal L-L voltage and frequency"对话框中的值均修改为[242e3，50]，将Load1中"Active and reactive power at initial voltage"对话框中的值修改为[2e+08，1e+08]，"Initial positive-sequence voltage Vo"对话框中的值修改为[0.632461，-172.414]，将Load2中"Active and reactive power at initial voltage"对话框中的值修改为[1.10128e-26，2.25222e-24]，"Initial positive-sequence voltage Vo"对话框中的值修改为[0.712957，-6.21783]，将Load3中"Active and reactive power at initial voltage"对话框中的值修改为[-1.29147e-07，1.64382e-07]，"Initial positive-sequence voltage Vo"对话框中的值修改为[1.47832e-16，-127.428]，将"Parameters [np nq]"均设置为[0，0]，"Minimum voltage

Vmin"设置为[0.7],其他选项参数默认。

三相串联 RLC 负荷(SimPowerSystems/Elements/Three Series RLC Load)的参数设置为:线电压 1000V,频率 50Hz,有功功率 5MW,感性无功功率和容性无功功率均为 0。其中的初始电压,在运行 Powergui 模块时自动获取。

(6) 在完成以上设置后,利用 Powergui 模块(SimPowerSystems/Powergui)进行仿真类型、节点类型、初始值等参数的综合设置。打开 Powergui 模块,单击"Configure parameters"设置仿真类型"Discrete",采样时间为 5×10^{-5}s。打开"潮流计算和电机初始化"窗口,在电机显示栏中选择发电机 G2,设置其为平衡节点"Swing bus",输出线电压设置为 11025V,电机 a 相电压相角为 0,频率为 50Hz。选择发电机 G1,设置其为 PV 节点,输出线电压设置为 11025V,有功功率为 500MW。

10.1.3 仿真分析结果

在完成所有的设置工作后,单击菜单"Simulation"下的"Start"命令,运行仿真模型。在 Powergui 模块主界面下打开稳态电压电流分析窗口,如图 10-5 所示,将会看到各个三相母线上电压降落及电流分布。

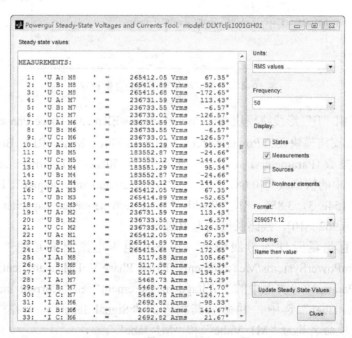

图 10-5 稳态电压电流分析结果

10.2 电力系统故障分析

电力系统故障分析主要是研究电力系统中由于故障所引起的电磁暂态过程,搞清楚暂态发生的原因、发展过程及结果,从而为防止电力系统故障、减小故障损失提供必要的数据支持。

10.2.1 无穷大功率电源供电系统三相短路仿真实例

短路是电力系统的基本问题之一。在发电厂、变电站以及整个电力系统的设计和运行工作中，都必须以短路计算的结果作为依据。为此，对短路问题的仿真计算是非常必要的。

如图 10-6 所示为发生三相短路的电路，假设电路中电源为无穷大功率电源。所谓无穷大功率电源是指容量无限大，内阻抗为零的电源，实际中是没有无穷大功率电源的，它只是一个相对概念，往往是以供电电源的内阻抗与短路回路总阻抗的相对大小来判断，当供电电源的内阻抗小于短路回路总阻抗的 10% 时，则可以认为供电电源为无穷大功率电源。无穷大功率电源的端电压和频率在短路后的暂态过程中保持不变，在分析此电路暂态过程时，不需要考虑电源内部的电磁暂态过程。

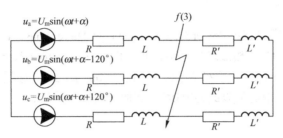

图 10-6　无穷大功率电源供电的三相电路突然短路

1. 无穷大功率电源供电系统仿真模型构建

假设无穷大功率电源供电系统如图 10-7 所示，在 0.04s 时刻变压器低压母线发生三相短路故障，仿真其短路电流周期分量幅值和冲激电流的大小。

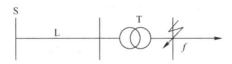

图 10-7　无穷大功率电源供电系统

其对应的 Simulink 仿真模型如图 10-8 所示。

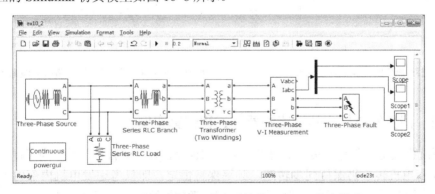

图 10-8　无穷大功率电源供电系统的 Simulink 仿真模型

2. 主要模型参数的设置

以下仅介绍图 10-8 中的主要模块参数的设置及其提取路径，如无特别说明其他模块的参数通常采用默认设置。

（1）打开三相电源模块(SimPowerSystems/Eletrical Sources/ Three-Phase Source)的参数对话框，将其参数(Parameters)页面中的 "Phase-to-phase rms voltage" 对话框中的值修改为 [35e3]，频率设置为 50Hz，将 "Specify impedance using short-circuit level" 对话框的对勾去

掉，分别设置"Source resistance"和"Source inductance"为[0.0008]和[0.000023]，"Base voltage"修改为[35e3]，其他选项参数默认。

（2）打开三相双绕组变压器模块的参数对话框，将其配置(Configuration)页面中的"Winding 1 connection"和"Winding 2 connection"对话框中均修改为[Y]，将其参数(Parameters)页面中的值修改为如图10-9所示。

（3）三相串联RLC支路模块(SimPowerSystems/Elements/Three Series RLC Branch)的参数对话框中，将"Branch type"设置为[RL]，将"Resistance R"和"Inductance L"对话框中的值分别修改为[10]和[0.08]。

（4）打开三相故障模块(SimPowerSystems/Elements/Three-Phase Fault)的参数对话框，将其参数页面中的 A、B、C 三相故障均选中，将"Fault resistances Ron"对话框中的值修改为[0.0001]，将"Ground Fault"对勾去掉，"Transition status"对话框中的值修改为[1]，"Transition times"对话框中的值修改为[0.04]，其他选项参数默认。

3. 仿真结果及分析

通过模型窗口菜单中的"Simulation Configuration Parameters"命令打开仿真参数设置对话框，选择可变步长的ode23t算法，仿真起始时间设置为0，终止时间设置为0.2s，其他参数采用默认设置。运行仿真，在 0.04s 时刻变压器低压侧发生三相短路，三相短路电流波形如图10-10所示。

图10-9 三相双绕组变压器的参数设置

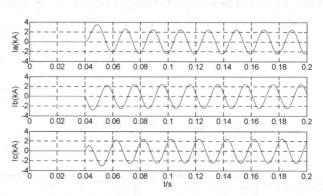

图10-10 变压器低压侧三相短路电流波形图

10.2.2 同步发电机突然短路的暂态过程仿真实例

电力系统中发生短路时，实际上同步电机内部也存在复杂的暂态过程。为了便于分析，假定：（1）同步电机转子仍保持同步转速，频率保持恒定，即只考虑发电机内部的电磁暂态过程。（2）发生短路后励磁电压始终保持不变，即不考虑短路后发电机端电压降低引起强行励磁的作用。（3）短路发生在发电机出线端口。

1. 同步发电机突然发生三相短路仿真模型构建

建立 Simulink 仿真模型如图10-11所示。

2. 主要模块参数的设置

以下仅介绍图10-11中的主要模块参数的设置及其提取路径，如无特别说明其他模块的参数通常采用默认设置。

（1）同步发电机模块参数设置如图10-12所示。

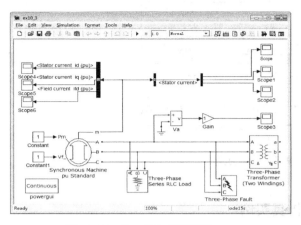

图10-11　Simulink仿真模型

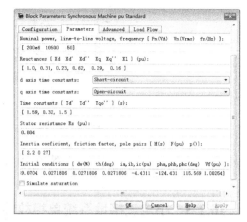

图10-12　同步发电机模块的参数设置

（2）打开三相双绕组变压器模块的参数对话框，将其配置（Configuration）页面中的"Winding 1 connection"和"Winding 2 connection"对话框中的值分别修改为[Delta（D1）]和[Yg]，将其参数（Parameters）页面"Nominal power and frequency"对话框中的值修改为[200e6, 50]，"Winding 1 parameters"对话框中的值修改为[10.5e3, 0.0022, 0.06]，"Winding 2 parameters"对话框中的值修改为[110e3, 0.0022, 0.06]，其他选项参数默认。

（3）打开三相故障模块的参数对话框，将其参数页面中的 A、B、C 三相故障均选中，"Fault resistances Ron"对话框中的值修改为[0.001]，将"Ground Fault"选中，"Ground resistance Rg"对话框中的值修改为[0.001]，"Transition status"对话框中的值修改为[1]，"Transition times"对话框中的值修改为[0.025]，其他选项参数默认。

（4）打开 Powergui 模块，单击"Configure parameters"设置仿真类型"Discrete"，采样时间为 5×10^{-5}s。单击电机初始化窗口，设定同步发电机为平衡节点"Swing bus"，输出线电压为10500V。

通过模型窗口菜单中的"Simulation Configuration Parameters"命令打开仿真参数设置对话框，选择ode15s算法，仿真起始时间设置为0，终止时间设置为1s，其他参数采用默认设置。

3．仿真结果及分析

发电机端突然三相短路时的定子电流仿真波形如图10-13所示。0.025s时发生三相短路故障，短路后定子电流的d轴和q轴分量i_d、i_q以及励磁电流i_f的仿真波形如图10-14所示。

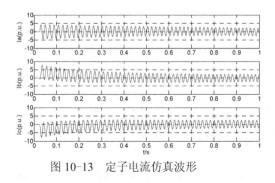

图10-13　定子电流仿真波形

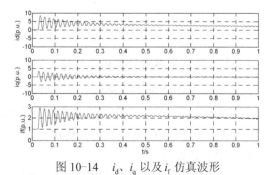

图10-14　i_d、i_q以及i_f仿真波形

设置在 0.025s 时发生 BC 两相短路故障，开始仿真，得到发电机端突然两相短路时的三相定子电流仿真波形如图10-15所示。

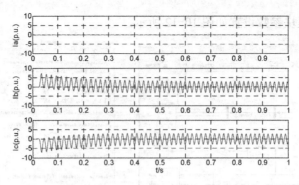

图 10-15 三相定子电流仿真波形

10.2.3 小电流接地系统单相故障仿真实例

1. 小电流接地系统单相故障特点简介

对于如图 10-16 所示的中性点不接地系统，其发生单相接地时的故障特点如下：

（1）全系统都将出现零序电流。

（2）在非故障的元件上有零序电流，其数值等于本身的对地电容电流，电容电流的实际方向为由母线流向线路。

（3）在故障线路上，零序电流为全系统非故障元件对地电容电流之总和，数值一般较大，电容电流的实际方向为由线路流向母线。

对于如图 10-17 所示的中性点经消弧线圈接地系统，正常情况下，由于中性点 N 与大地之间的消弧线圈无电流通过，消弧线圈不起作用；当接地故障发生后，中性点将出现零序电压，在这个电压的作用下，将有感性电流通过消弧线圈并注入发生接地故障的电力系统，从而抵消在接地点流过的电容性接地电流，消除或者减轻接地电弧电流的危害。需要说明的是，经消弧线圈补偿后，接地点将不再有容性电弧电流或者只有很小的电容性电流通过，但是接地确实发生了，接地故障可能依然存在，其结果是接地相电压降低而非接地相电压依然很高，长期接地运行依然是不允许的。

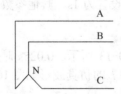

图 10-16 中性点不接地系统

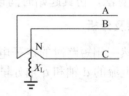

图 10-17 中性点经消弧线圈接地系统

2. 小电流接地系统仿真模型构建

（1）中性点不接地系统的仿真模型构建

利用 Simulink 建立一个 10kV 中性点不接地系统的仿真模型，如图 10-18 所示。

以下仅介绍图 10-18 中的主要模块参数的设置及其提取路径，如无特别说明其他模块的参数通常采用默认设置。

① 在仿真模型中，电源采用"Three-phase source"模型，输出电压为 10.5kV，内部接线方式为 Y 形连接。

② 模型中共有 4 条 10kV 输电线路 Three-Phase PI Section Line1-Line4，均采用"Three-phase PI Section Line"模型，线路的长度分别为 120km、180km、1km、130km，频率设置为 50Hz，其他参数采用默认设置。

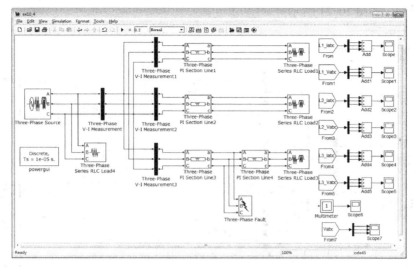

图 10-18　10kV 中性点不接地系统的仿真模型

③ 负荷 1～3 均采用"Three-phase PI Series RLC Load"模型，负荷有功功率(Active power P)分别为 1MW、0.4MW、3MW，其他参数设置相同均为："Nominal phase-to-phase voltage Vn"对话框中的值修改为[10000]，"Inductive reactive power QL"对话框中的值修改为[0.4e6]，"Capacitive reactive power Qc"对话框中的值修改为[0]。

④ 每一线路的始端都设三相电压电流测量模块"Three-phase V-I Measurement"，相当于电压、电流互感器作用，将其参数(Parameters)页面中的"Voltage measurement"和"Current measurement"对话框下面的"Use a label"选中，并命名其相应的"Signal label"，如在"Three-PhaseV-I Measurement1"模块命名其为"L1_Vabc"和"L1_Iabc"，其他参数采用默认设置。

⑤ 打开三相故障模块的参数对话框，将其参数页面中的 A 相故障选中，"Fault resistances Ron"对话框中的值修改为[0.001]，将"Ground Fault"选中，"Ground resistance Rg"对话框中的值修改为[0.001]，"Transition status"对话框中的值修改为[1, 0]，"Transition times"对话框中的值修改为[0.04, 1]，其他选项参数默认。

系统的零序电压 $3\dot{U}_0$ 及线路始端的零序电流 $3\dot{I}_0$ 采用图 10-19 所示方式得到。故障点的接地电流 i_D 可以采用图 10-20 所示方式得到。

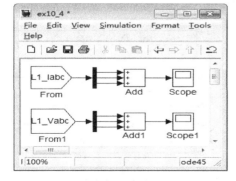 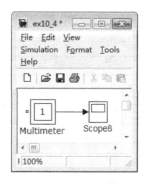

图 10-19　零序电压及线路始端零序电流测量方法　　图 10-20　故障点的接地电流 i_D 测量方法

（2）中性点经消弧线圈接地系统的仿真模型构建

在图 10-18 所示基础上，在电源的中性点接入一个电感线圈，构建中性点经消弧线圈接地系统的仿真模型，如图 10-21 所示。

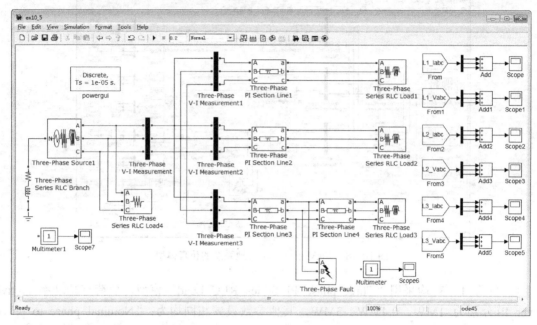

图 10-21 中性点经消弧线圈接地系统的仿真模型

消弧线圈采用"Three-Phase Series RLC Branch"模型，打开其参数对话框，将其参数页面中的"Branch type"对话框中的值修改为[RL]，将"Resistance"和"Inductance"对话框中的值分别修改为[35]和[0.9]，"Measurements"对话框中的值修改为[Branch currents]。

3．仿真结果及分析

打开 Powergui 模块，单击"Configure parameters"设置仿真类型"Discrete"，采样时间为 5×10^{-5}s。系统在 0.06s 时发生 A 相金属性单相接地。

（1）中性点不接地系统的仿真结果

系统三相对地电压波形如图 10-22 所示，系统三相线电压波形如图 10-23 所示，中性点不接地系统零序电压 $3\dot{U}_0$、零序电流 $3\dot{I}_0$、故障点的接地电流 $\dot{I}_D$ 波形如图 10-24 所示。

从图中可见，系统在 0.06s 时发生 A 相接地故障后，A 相对地电压变为零，BC 对地电压升高为线电压，系统三相线电压仍保持对称。

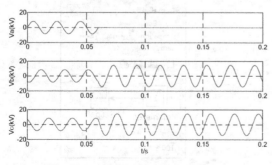

图 10-22 系统三相对地电压波形

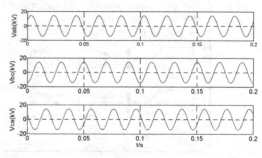

图 10-23 系统三相线电压波形

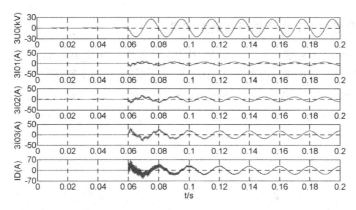

图 10-24　中性点不接地系统零序电压、零序电流、故障点的接地电流波形

(2) 中性点经消弧线圈接地系统的仿真结果

中性点经消弧线圈接地系统的零序电压 $3\dot{U}_0$、零序电流 $3\dot{I}_0$、消弧线圈电流 $\dot{I}_L$、故障点的接地电流 i_D 波形，如图 10-25 所示。

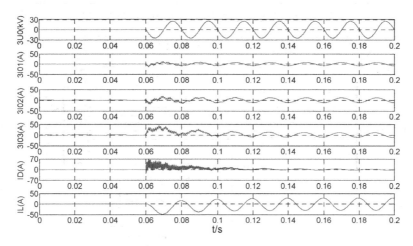

图 10-25　中性点经消弧线圈接地系统的零序电压、零序电流、消弧线圈电流、故障点的接地电流波形

10.3　电力系统稳定性分析

电力系统稳定性是电力系统在某一正常运行状态下受到某种干扰后，经过一定的时间恢复到原来的运行状态或者过渡到一个新的稳定运行状态的能力。

电力系统的稳定性分为静态稳定性和暂态稳定性。本节将分别对这两种情况进行仿真。

10.3.1　简单电力系统的暂态稳定性仿真实例

电力系统遭受大干扰后，由于发电机转子上机械转矩与电磁转矩不平衡，使同步电机转子间相对位置发生变化，即发电机电势间相对角度发生变化，从而引起系统中电流、电压和电磁功率的变化。电力系统暂态稳定就是研究电力系统在某一运行方式，遭受大干扰后，并联运行的同步发电机间是否仍能保持同步运行、负荷是否仍能正常运行的问题。在各种大干扰中以短路故障最为严重，所以通常都以此来检验系统的暂态稳定性。本节将以含两台水轮发电机组的输电系统为例，介绍利用 MATLAB 仿真分析简单电力系统暂态稳定性的方法。

1. 简单电力系统的暂态稳定性仿真模型构建

打开 SimPowerSystems 库的 demo 子库中的模型文件 power_svc_pss，可以得到相似模型。对原始模型参数进行进一步调整得到如图 10-26 所示的电力系统暂态稳定性分析的仿真模型。单击进入"涡轮和调速器"（Turbine & Regulators）子系统，其模型如图 10-27 所示。

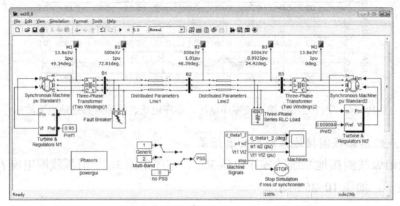

图 10-26　电力系统暂态稳定性 Simulink 仿真模型

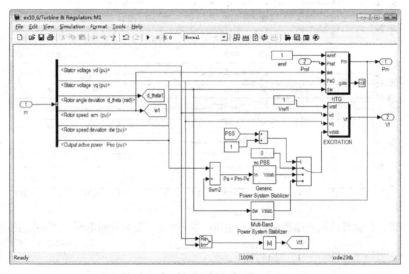

图 10-27　"涡轮和调速器"子系统结构

2. 主要模型参数的设置

分布参数线路 Line1 和 Line2 参数相同，均采用"Distributed Parameters Line"模块（SimPowerSystems/Elements/Distributed Parameters Line）。打开线路模块的参数对话框，将其参数页面中的频率设置为 50Hz，线路长度为 350km，"Resistance per unit length"对话框中的值修改为[0.01755，0.2758]，"Inductance per unit length"对话框中的值修改为[0.8737e-3，3.220e-3]，"Capacitance per unit length"对话框中的值修改为[13.33e-9，8.297e-9]。

3. 仿真结果及分析

设置三相故障模块在 0.1s 时发生 a 相接地故障，0.21s 时清除故障。分别对投入普通 PSS（Power System Stabilizer 电力系统稳定器）、投入多频 PSS、退出 PSS 三种情况进行暂态仿真。将这三种情况下的仿真结果叠加比较，转子间相角差波形如图 10-28 所示，电机 M1 转速波形如图 10-29 所示。

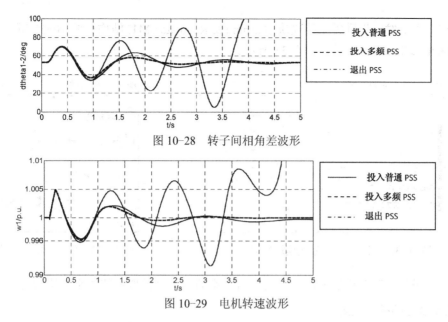

图 10-28 转子间相角差波形

图 10-29 电机转速波形

从图中可见,在发生单相接地故障后,未安装 PSS 时,转子相角差在 3.9s 时超过 90°,并且振荡失稳,因此系统是暂态不稳定的。普通 PSS 和多频段 PSS 下,最大转角差均未超过 70°。在 4.5s 时,相角差在 55°左右重新达到平衡,因此系统具有暂态稳定性。

10.3.2 简单电力系统的静态稳定性仿真实例

电力系统经常处于小扰动之中,如负载投切及负荷波动等。当扰动消失,系统经过过渡过程后若趋于恢复扰动前的运行状况,则称此系统在小扰动下是静态稳定的。本节以单机无穷大系统为例,仿真分析电力系统的静态稳定性中的功角稳定。

1. 简单电力系统的静态稳定性仿真模型构建

如图 10-30 所示的单机无穷大系统,其静态稳定性仿真模型如图 10-31 所示。

图 10-30 单机无穷大系统

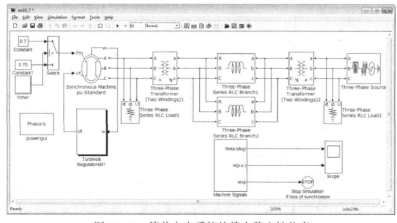

图 10-31 简单电力系统的静态稳定性仿真

仿真模型中的发电机励磁系统模块(Turbine & RegulatorsM1)结构如图 10-32 所示,信号采集模块(MachineSignals)结构如图 10-33 所示。

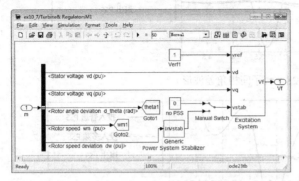
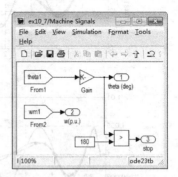

图 10-32　发电机励磁系统模块结构　　　　　图 10-33　信号采集模块结构

利用时间模块、开关模块控制发电机机械功率的变化来模拟系统的小干扰信号。

2．主要模型的参数设置

以下仅介绍图 10-31 中的主要模块参数的设置及其提取路径,模型中其余模块参数可参考前面模型中相同模块的参数设置,频率为 50Hz。

（1）打开时间模块(SimPowerSystems/Extra Library/Control Blocks/Timer),将其参数(Parameters)页面中的"Time"对话框中的值修改为[0, 30],将"Amplitude"对话框中的值修改为[-1, 1]。

（2）打开励磁系统模块(SimPowerSystems/Machines/Excitation System),将其参数(Parameters)页面中的"Regulator gain and time constant"对话框中的值修改为[8,0.06],将"Exciter"对话框中的值修改为[0.02, 0.22],"Damping filter gain and time constant"对话框中的值修改为[0.041, 0.05],"Regulator output limits and gain"对话框中的值修改为[0,5,0],"Initial values of terminal voltage and field voltage"对话框中的值修改为[1.1, 1.9],其他选项参数默认。

（3）信号采集模块(MachineSignals)中的增益(Gain)模块参数设置为[180/pi]。

3．简单电力系统的静态稳定性仿真结果

利用时间模块,在发电机有功功率为 0.75pu 时,取小干扰信号模拟系统的阶跃为 0.7pu,运行仿真可得发电机功角、转速随时间变化曲线如图 10-34 所示。

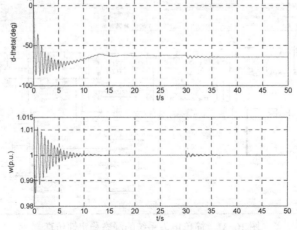

图 10-34　发电机功角、转速随时间变化曲线

从图中可见，在第 30s 时，发电机的有功功率由 0.75pu 阶跃为 0.7pu，发电机功率角及转速发生了微小波动，在 37s 左右重新恢复稳定，因此该系统能够保持静态稳定性。

10.4 电力系统继电保护

电力系统中首要的是采取各种措施消除或减少发生故障的可能性，这就是继电保护。继电保护是保证电力系统安全、稳定、可靠运行的必要措施。本节将介绍电力系统中主要设备的继电保护的仿真技术。

10.4.1 电网相间短路的方向电流保护及仿真

1. 方向电流保护的作用原理

随着电力工业的发展和用户对供电可靠性要求的提高，现代电力系统实际上都是由多个电源组成的复杂网络。图 10-35 所示为一个双侧电源网络。

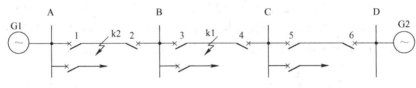

图 10-35 双侧电源网络

在这样的电网中，由于两侧都有电源，因此为了切除故障线路，必须在线路两端装设断路器和保护装置。然而在这样的电网中，采用一般的电流保护是满足不了选择性要求的。例如，当 k1 点发生短路时，由电源 G1 供给的短路电流通过位于 B 母线两侧的保护 2 和保护 3，为使保护有选择性地切除故障，要求保护 3 的时限 t_3 小于保护 2 的时限 t_2；而当 k2 点发生短路时，由电源 G2 供给的短路电流通过位于 B 母线两侧的保护 2 和保护 3，为使保护有选择性地切除故障，要求保护 2 的时限 t_2 小于保护 3 的时限 t_3。显然，这两个要求是相互矛盾的，保护是无法实现的。为了解决这种电网的保护，需要寻求新的保护原理。

可进一步分析在 k1 点和 k2 点发生短路时流过保护 2 和保护 3 的功率方向。如果在保护 2 和保护 3 上再加功率方向闭锁元件，该元件只当短路功率方向由母线流向线路时动作，而当短路功率方向由线路流向母线时不动作，从而使继电保护的动作具有一定的方向性，也就解决了电流保护的选择性问题。

在双侧电源网络上的电流保护装设方向元件以后，就可以把它们拆开看成两个单侧电源网络的保护了。例如图 10-36 中，1~6 均为方向性过电流保护，其规定的动作方向如图中箭头所示。在图 10-36 中，保护 1、3、5 为一组，保护 2、4、6 为另一组。各同方向保护间的时限配合仍按阶梯原则来整定，两组方向保护之间不要求有配合关系。当 k1 点短路时，保护 1、3、4、6 因短路功率由母线流向线路，故能够启动，保护 3、4 因动作时限最短而动作，跳开断路器 3、4，将故障线路切除，保护 1 和保护 6 返回，保证了动作的选择性。

具有方向性的过电流保护的单相原理接线如图 10-37 所示，主要由方向元件、电流元件和时间元件组成，方向元件和电流元件必须都动作之后，才能去启动时间元件，再经过预定和延时后动作于跳闸。

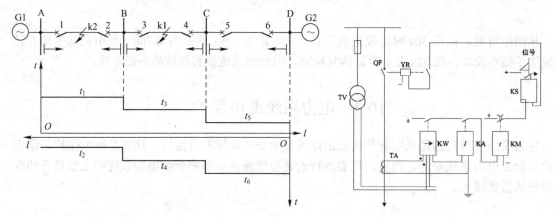

图 10-36 双侧电源方向性过电流保护的时限特性　　图 10-37 具有方向性的过电流保护的单相原理接线

2. 电网相间短路的方向电流保护的建模与仿真

（1）功率方向元件的建模与仿真

1）电力系统的仿真模型

如图 10-38 所示的双侧电源电力系统，电源 $\dot{E}_\mathrm{M} = 220\angle 30°\mathrm{kV}$，$\dot{E}_\mathrm{N} = 210\angle 30°\mathrm{kV}$，为了简化仿真，设置两个电源的内阻相等，且阻抗角与线路相同，$Z_\mathrm{s\cdot M} = Z_\mathrm{s\cdot N} = 0.226\angle 73.13°\Omega$；线路 MN 长度为 50km，采用 LGJ-240/40 型架空线路，单位正序阻抗 $z_1 = 0.451\angle 73.13°\Omega/\mathrm{km}$。

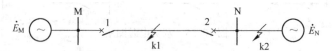

图 10-38 双侧电源电力系统

根据以上参数，建立电力系统的 Simulink 仿真模型，如图 10-39 所示。

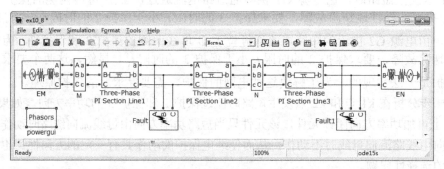

图 10-39 电力系统的 Simulink 仿真模型

在图 10-39 中，电源 E_M、E_N 采用"Three-Phase Source"模型，其参数设置如图 10-40 所示；线路 MN 选用"Three-Phase PI Section Line"模型。为了设置故障点，将线路 MN 分成两段，在仿真模型中，Line1=30km、Line2=20km、Line3=30km，线路其余参数设置相同为："Positive-and zero-sequence resistances"对话框中的值修改为[0.131, 0.393]，"Positive-and zero-sequence inductances"对话框中的值修改为[1.375e-3, 4.125e-3]，"Positive- and zero-sequence capacitances"对话框中的值修改为[0.1e-10, 0.1e-10]。

系统中的母线 M、N 用三相电压电流测量模块"Three-Phase VI Measurement"来仿真，其将测量到的电压、电流信号转变成 Simulink 信号。在 Simulink 中，电压电流测量模块输出信号的正方向为"从 ABC 到 abc"，而对于继电保护来说，确定的正方向为"从母线到线路"，所以在建立模型时应特别注意。

2）功率方向元件的仿真模型

在图 10-38 中，保护 1 处的功率方向元件仿真模型如图 10-41 所示。采用三个已封装成子系统的功率方向元件 K1、K2、K3 按"90°接线"方式分别接于三相。若线路阻抗角 $\varphi_k = 73.1°$，则功率方向继电器的内角为 $\alpha = 90° - \varphi_k = 16.9°$，可得功率方向元件的动作范围为 $-106.9° \sim 73.1°$。

$$90° > \arg \frac{\dot{U}_r \mathrm{e}^{-\mathrm{j}(90° - \varphi_k)}}{\dot{I}_r} > -90°$$

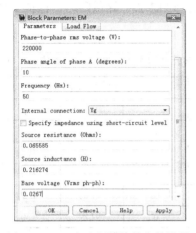

图 10-40　三相电源模块的参数设置

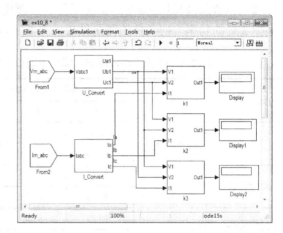

图 10-41　采用"90°接线"的功率方向元件仿真模型

相位显示器模块可以实时查看各元件的相位比较结果。应该注意的是，为了计算方便，在仿真中，所需要的各个电压、电流输出信号应为复数形式，然而当 Powergui 模块设置在"相位仿真模式"时，三相电压电流测量模块 UM、UN 的输出信号却为幅值和相角[单位为(°)]分离的方式，因此特设计了"U-convert"、"I-convert"子系统来获得复数形式的三相电压和电流。子系统"U-convert"的构成如图 10-42 所示，子系统"I-convert"的结构与其相同。

打开功率方向元件模块，可以看到采用"90°接线"时功率方向元件的组成，如图 10-43 所示。在模块中应用了数学运算模块组的"倒数"、"叉乘"和"复数转换"等模块。

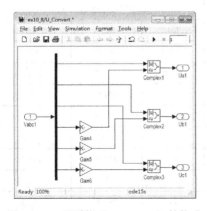

图 10-42　子系统"U-convert"的构成

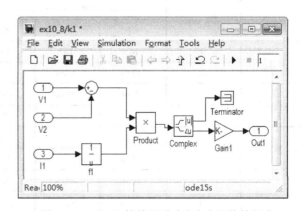

图 10-43　"90°接线"时功率方向元件的组成

3）方向性过电压保护仿真实例

在图 10-39 所示的仿真模型中，将故障模块 Fault 设置为在 $t=0.5\mathrm{s}$ 到 $t=2.5\mathrm{s}$ 时发生过渡电

阻为 0 的三相短路(即图 10-38 中的 k1 点发生三相短路故障,在故障仿真模块中,过渡电阻设置为 0 会出现错误,故可将过渡电阻设置为 0.01),故障模块 Fault 设置为不动作(设置故障起始时间大于仿真总时间即可)。运行仿真,当 k1 点发生三相短路故障时,保护 1 的功率方向元件测量角度均为-16.95°、保护 2 的功率方向元件测量角度为-16.99°,都在动作范围-106.9°~73.1°内,所以功率方向元件能够正确动作。

运行仿真,得保护 1 处三个功率方向元件的测量角度分别为 9.50°、-27.35°、-97.79°,三个功率方向元件均能动作;保护 2 处三个功率方向元件的测量角度分别为 18.08°、-20.35°、73.58°,故只有两个功率方向元件能动作。

通过修改故障模块 Fault 的故障类型和过渡电阻值,可以得到 k1 点短路故障时,保护 1 处和保护 2 处的功率方向元件的测量结果,见表 10-1。

表 10-1　k1 点短路故障时,保护 1 处和保护 2 处功率方向元件的测量结果　　　　[单位:(°)]

故障类型	过渡电阻	保护 1 处功率方向元件		故障类型	过渡电阻	保护 2 处功率方向元件	
		K1	K2			K1	K2
三相短路	0	-16.95	-16.95	三相短路	0	-16.95	-16.95
	10	-61.93	-61.93		10	-61.93	-61.93
AB 相短路	0	9.50	-27.35	AB 相短路	0	9.50	-27.35
	10	-17.04	-42.72		10	-17.04	-42.72
BC 相短路	0	-97.79	9.50	BC 相短路	0	-97.79	9.50
	10	-127.1	-17.04		10	-127.1	-17.04
AC 相短路	0	-27.35	-97.79	AC 相短路	0	-27.35	-97.79
	10	-42.72	-127.1		10	-42.72	-127.1

在图 10-39 所示的仿真模型中,将故障模块 Fault 设置为不动作,修改故障模块 Fault1 的故障类型和过渡电阻值,故障时间设置为从 t=0.5s 到 t=2.5s(图 10-39 中的 k2 点发生短路故障)。运行仿真,得保护 1 处和保护 2 处的功率方向元件的测量结果,见表 10-2。

表 10-2　k2 点短路故障时,保护 1 处和保护 2 处功率方向元件的测量结果　　　　[单位:(°)]

故障类型	过渡电阻	保护 1 处功率方向元件			保护 2 处功率方向元件		
		K1	K2	K3	K4	K5	K6
三相短路	0	-16.9	-16.9	-16.9	163.0	163.0	163.0
	10	-47.61	-47.61	-47.61	108.8	108.8	108.8
AB 相短路	0	-3.39	-20.46	-49.04	-175.5	151.0	130.9
	10	-28.79	-37.05	-82.08	155.3	133.3	73.78
BC 相短路	0	-49.04	-3.39	-20.48	130.9	-175.5	151.0
	10	-82.68	-28.79	-37.05	73.78	155.3	133.3
AC 相短路	0	-20.46	-49.04	-3.39	151.0	130.9	-175.5
	10	-37.05	-82.68	-28.79	133.3	73.78	155.3

从表 10-2 中可见,当在 k2 点发生短路故障时,对于保护 1 来说,仍为正方向,所以其相应的功率方向元件的测量结果仍在动作范围内;但对于保护 2 来说,其为反方向,所以相应的功率方向元件的测量结果超出了动作范围,不应动作。

(2) 分支电路对限时电流速断保护的影响仿真

1) 电力系统的仿真模型

如图 10-44 所示 110kV 电力系统，电源 E_A 最大、最小系统阻抗分别为 $Z_{s.A.max} = 20\Omega$，$Z_{s.A.min} = 15\Omega$；电源 E_B 最大、最小系统阻抗分别为 $Z_{s.B.max} = 25\Omega$，$Z_{s.B.min} = 20\Omega$，线路阻抗为 $Z_{AB} = 40\Omega$，$Z_{BC} = 50\Omega$。

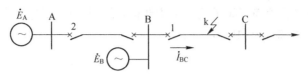

图 10-44 电力系统接线

根据以上参数，建立电力系统的 Simulink 仿真模型，如图 10-45 所示。

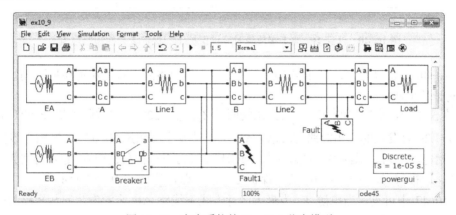

图 10-45 电力系统的 Simulink 仿真模型

在图 10-45 中，电源 E_A、E_B 采用"Three-phase Source"模型，输出电压设为系统的平均电压 115kV，线路 AB、BC 均选用"Three-phase Series RLC"模型。由于本次仿真的重点是研究分支电路对限时电流速断保护的影响及分支系数的计算，所以为了简化仿真模型中的参数设置，电源的系统阻抗和线路的阻抗均用电阻来模拟，这样做对仿真结果没有影响。线路 AB(Line1)的参数设置为：将"Branch type"对话框中的值修改为[R]，"Resistance R"对话框中的值修改为[40]。

在图 10-45 中，电源 E_B 出口串联了一个断路器模型，这样可以方便地比较在不同情况下的仿真结果。

2) 保护 2 限时电流速断保护的整定计算

按照已知条件，当电源 E_A 为最大系统阻抗 $Z_{s.A.max} = 20\Omega$、电源 E_B 为最小系统阻抗 $Z_{s.B.min} = 20\Omega$ 时，线路 BC 末端的三相短路电流为

$$Z_\Sigma = (Z_{s.A.min} + Z_{AB}) // Z_{s.B.max} = [(20+40)//20]\Omega = 15\Omega$$

$$I_{kC.max} = \frac{E}{\sqrt{3}(Z_\Sigma + Z_{BC})} = \frac{115 \times 10^3}{\sqrt{3} \times (15+50)}A = 1021A$$

保护 1 的瞬时电流速断整定值为

$$I'_{act.1} = K'_{rel} I_{kC.max} = 1.25 \times 1021A = 1276A$$

当不考虑分支电路(在此仿真中为助增电流)影响时，线路 AB 保护 2 处的限时电流速断整定值为

$$I''_{\text{act.2}} = K''_{\text{rel}} I'_{\text{act.1}} = 1.1 \times 1276\text{A} = 1404\text{A}$$

3）仿真结果及分析

在图 10-45 所示的仿真模型中，设置电源 E_A 为最大系统阻抗 $Z_{\text{s.A.max}} = 20\Omega$、电源 E_B 为最小系统阻抗 $Z_{\text{s.B.min}} = 20\Omega$，故障模块 Fault 设置为在 $t=0.6\text{s}$ 到 $t=1.2\text{s}$ 时发生三相短路(在线路 BC 的末端发生三相短路故障)。断路器设置在 $t=0\text{s}$ 时闭合(助增电源 E_B 投入运行)，故障模块 Fault1 设置为不动作(设置故障起始时间大于仿真总时间即可)。运行仿真，得到故障时流过保护 1 和保护 2 处的短路电流如图 10-46 所示。

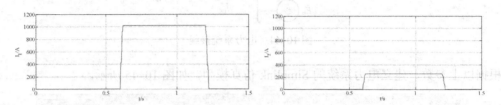

图 10-46 线路 BC 的末端故障时流过保护 1 和保护 2 处的短路电流

从图 10-46 中可以看出，当线路 BC 末端发生三相短路故障时，流过保护 1 的短路电流为 1021A，与计算值相同。

在仿真模型中，设置电源 E_A 为最大系统阻抗 $Z_{\text{s.A.max}} = 20\Omega$，将故障模块 Fault1 设置为在 $t=0.6\text{s}$ 到 $t=1.2\text{s}$ 时发生的三相短路(在线路 AB 的末端发生三相短路故障)。断路器设置在 $t=0\text{s}$ 时闭合(助增电源 E_B 投入运行)，故障模块 Fault1 设置为不动作(设置故障起始时间大于仿真总时间即可)。运行仿真，得到故障时流过保护 2 处的短路电流如图 10-47 所示。

从图 10-47 中可见，当电源 E_A 为最大运行方式下线路 AB 末端发生三相短路故障时，流过保护 2 的短路电流值只有 1106A，而保护 2 处的限时电流速断整定值为 1404A，显然限时电流速断不能动作。

因此，当保护安装地点与短路点之间有分支电路时，在整定计算时就必须考虑分支系数。在本仿真模型下，由图 10-46 得到的数据并参照下式可得分支系数(此处计算的是最小分支系数)：

$$K_{\text{br}} = \frac{\text{故障线路流过的短路电流}}{\text{保护所在线路上流过的短路电流}} = \frac{1404}{351} = 4$$

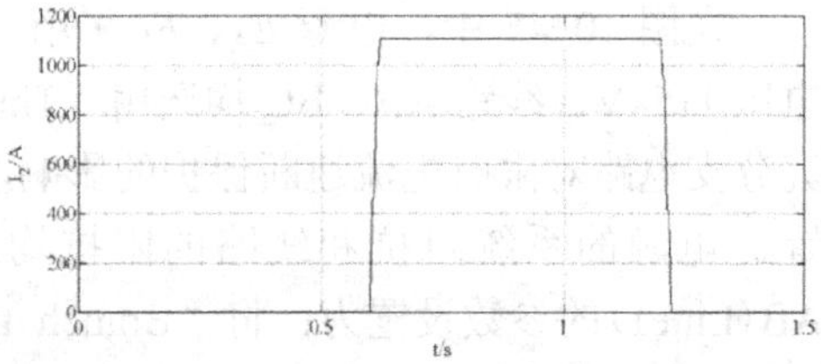

图 10-47 线路 AB 的末端故障时流过保护 2 处的短路电流

若只用仿真电路的阻抗参数，则可以按下式计算分支系数：

$$K_{\text{br}} = 1 + \frac{Z_{\text{s.A.min}} + Z_{\text{AB}}}{Z_{\text{s.B.max}}} = 1 + \frac{20+40}{20} = 4$$

此时，线路 AB 保护 2 处的限时电流速断整定值应为

$$I''_{\text{act.2}} = \frac{K''_{\text{rel}}}{K_{\text{br}}} I'_{\text{act.1}} = \frac{1.1}{4} \times 1276 = 351\text{A}$$

由图 10-45 得到的线路 AB 的末端发生三相短路故障时流过保护 2 的短路电流值，可计算出限时电流速断的灵敏度为

$$K_{\text{sen}} = \frac{0.866 \times 1106}{351} = 2.72 > 1.3$$

可见此时保护 2 处的限时电流速断灵敏度满足要求。

10.4.2 电网的距离保护及仿真

1. 距离保护的作用原理

（1）距离保护的基本概念

简单来说，距离保护装置是一种由阻抗继电器完成电压、电流的比值测量，根据比值的大小来判断故障的远近，并根据故障的远近距离确定动作时间的一种保护装置。通常将比值称为阻抗继电器的测量阻抗，即 $Z_k = \dot{U}_k / \dot{I}_k$。距离保护作用原理如图 10-48 所示。

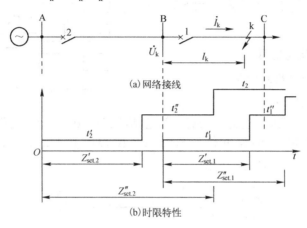

图 10-48 距离保护作用原理

如图 10-48(a)所示网络，在正常运行时，加在阻抗继电器上的电压为额定电压 $\dot{U}_N$，电流为负荷电流 $\dot{I}_L$，此时测量阻抗就是负荷阻抗，即

$$Z_k = Z_L = \dot{U}_N / \dot{I}_L \tag{10-1}$$

当图 10-48(a)中的 k 点发生短路时，加在阻抗继电器的电压为母线电压的残压 $\dot{U}_k$，电流为短路电流 $\dot{I}_k$，阻抗继电器的一次测量阻抗就是短路阻抗，即

$$Z_k = \dot{U}_k / \dot{I}_k = \dot{I}_k z l_k / \dot{I}_k = z l_k \tag{10-2}$$

式中，z 为线路 BC 的单位阻抗；l_k 为短路点到保护安装处之间的距离。

由于 $U_k < U_N$，$I_k \gg I_L$，因此 $Z_k \ll Z_L$，故利用阻抗继电器的测量阻抗可以区分故障与正常运行，并且能够判断故障的远近。

（2）距离保护的时限特性

距离保护的动作时间与短路点及保护安装处之间距离的关系为：$t = f(l)$，称为距离保护的时限特性。距离保护广泛采用具有三段动作范围的阶梯时限特性，如图 10-48(b)所示，并分别称为距离保护的 I、II、III 段。

距离 I 段为瞬时动作，为保证选择性，其动作阻抗的整定值应躲开线路末端短路时的测量阻抗。于是保护 2 的 I 段整定值为

$$Z'_{\text{set.2}} = K'_{\text{re1}} Z_{AB} \tag{10-3}$$

同理，保护 1 的 I 段整定值为

$$Z'_{\text{set.1}} = K'_{\text{re1}} Z_{BC} \tag{10-4}$$

式中，K'_{re1} 为距离 I 段的可靠系数，一般为 0.8~0.9。

距离 II 段的整定与时限电流速断相似，即应使其不超过下一条线路距离 I 段的保护范围，同时带有高出一个 Δt 的时限，以保证选择性。在图 10-48 中，保护 2 的距离 II 段整定值为

$$Z''_{set.2} = K''_{re1}(Z_{AB} + Z'_{set.1}) \tag{10-5}$$

式中，K''_{re1} 为距离Ⅱ段可靠系数，一般取 0.8。

距离Ⅰ段和距离Ⅱ段的联合工作构成本线路的主保护。

距离Ⅲ段的整定与过电流保护相似，其启动阻抗按躲开正常运行时的最小负荷阻抗来选择。距离Ⅲ段除了作为本线路的近后备保护外，还要作为相邻线路的远后备保护。

（3）距离保护的组成

三段式距离保护的组成框图如图 10-49 所示，由启动元件、测量元件（Z，Z'，Z''）与时间元件（t，t'，t''）三部分组成。

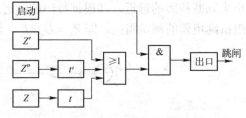

图 10-49　三段式距离保护的组成框图

2. 距离保护的建模与仿真

（1）阻抗继电器的建模与仿真

1）电力系统的仿真模型

为了对方向阻抗继电器的特性进行仿真，首先选取如图 10-50 所示的单电源电网，其电源电压为 220kV，线路 L 长度 100km，单位正序阻抗 $z_1 = (0.131 + j0.432)\Omega/km$，负荷为 90MW，对应的 Simulink 仿真模型如图 10-51 所示。

图 10-50　方向阻抗继电器仿真所用的电力系统接线

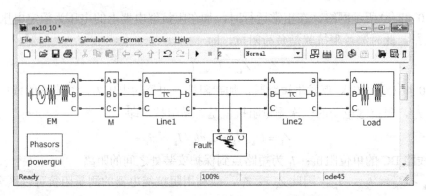

图 10-51　电力系统的 Simulink 仿真模型

2）主要模块参数的设置

在图 10-51 中，电源采用"Three-Phase-Source"模型，电源 E_M 的参数设置（忽略电源阻抗）："Phase-to-phase rms voltage"对话框中的值修改为[220e3]，"Phase angle of phase A (degrees)"中的值修改为[0]，将"Specify impedance using short-circuit level"对勾去掉，"Source resistance"和"Source inductance"对话框中的值均修改为[0.1e-10]。

输电线路的总长 100km，仿真模块采用"Three Phase PI Section Line"分布参数模型，为了便于设置故障位置，将线路分为 Line1 和 Line2 两段，长度分别为 70km 和 30km，其余参数设置相同（为了便于分析此处忽略了线路电容影响）。将"Positive-and zero-sequence resistances"对话框中的值修改为[0.131, 0.393]，"Positive-and zero-sequence inductances"对话框中的值修改为[1.375e-3, 4.125e-3]，"Positive-and zero-sequence capacitances"对话框中的值修改为[0.1e-10, 0.1e-10]。

(2)"0°接线"的方向阻抗继电器模块构造

采用"0°接线"的方向阻抗继电器模块如图 10-52 所示。图中三个阻抗继电器 K1、K2、K3 分别接于三相。继电器模块已封装为子系统,对应于继电器的动作方程式

$$270° \geqslant \arg \frac{\dot{U}_k}{\dot{U}_k - \dot{I}_k Z_{set}} \geqslant 90°$$

相位显示器模块可以实时查看各继电器的三相相位。应该注意的是,为了计算方便,在仿真中,各个电压、电流输出信号应为复数形式,然而当 Powergui 模块设置在"相位仿真方式"下时,三相电压电流测量模块"U_M"的输出信号却为幅值与相角[单位为(°)]分离方式,因此特设计了"U-convert","I-convert"子系统来获得复数形式的三相电压和电流。子系统"U_convert"的构成如图 10-53 所示,子系统"I_Convert"的结构与其相同。

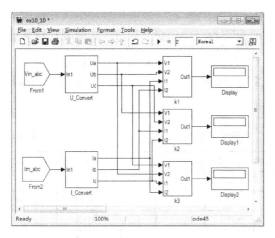

图 10-52 采用"0°接线"的方向阻抗继电器模块

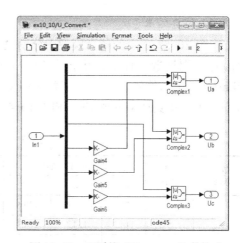

图 10-53 子系统"U-convert"的构成

双击已封装好的继电器模块,设置整定阻抗界面,如图 10-54 所示。本仿真输入是距离保护 I 段的整定值,保护区为线路全长的 85%。

打开继电器模块,可以看到"0°接线"时用相位比较方式构成方向阻抗继电器的内部结构,如图 10-55 所示。在模块中应用了数学运算模块组的"求和"、"增益"、"叉乘"、"复数转换"等模块。

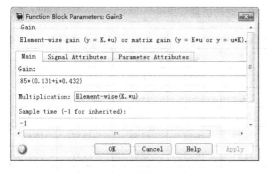

图 10-54 设置整定阻抗界面

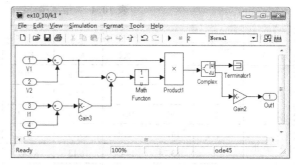

图 10-55 "0°接线"继电器模块的内部结构

(3)"带零序补偿的接线"的方向阻抗继电器模块构造

利用 Simulink 对采用"带零线补偿的接线"方向阻抗继电器的仿真模块与采用"0°接线"时的构成大体相仿,如图 10-56 所示。继电器模块的内部结构如图 10-57 所示。

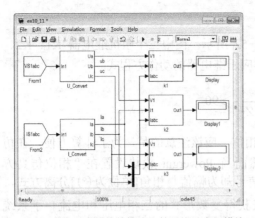

图 10-56 "带零序补偿的接线"的阻抗继电器模块　　图 10-57 "带零序补偿的接线"继电器模块内部结构

（4）仿真结果

在图 10-57 所示的仿真模型中分别设置三相短路、AB 相短路、A 相接地短路故障类型，故障点分别选取为保护范围内部的正方向出口出 3km 处、70km 处（近保护范围末端）和 95km（保护范围外部）三个点，过渡电阻从 0 变化到 10Ω（步长为 5Ω），各相阻抗继电器的相位 [单位(°)]，仿真结果见表 10-3 和表 10-4。

表 10-3 "0°接线"时的仿真结果　　　　　　　　　　　　　　　　[单位(°)]

故障类型	过渡电阻/Ω	正方向出口故障			近保护范围末端故障			保护范围外部故障		
		K1	K2	K3	K1	K2	K3	K1	K2	K3
三相短路	0	179.6	179.6	179.6	179.9	179.9	179.9	0.119	0.119	0.119
	5	114.3	114.3	114.3	131.7	131.7	131.7	31.69	31.69	31.69
	10	101.7	101.7	101.7	100.2	100.2	100.2	39.37	39.37	39.37
A、B 相短路	0	179.6	−117.5	116.7	179.9	−22.42	54.0	0.119	−9.095	42.0
	5	114.3	176.5	52.85	131.7	−18.06	49.34	31.69	−7.205	39.87
	10	101.7	158.7	42.94	100.2	−12.5	45.2	39.37	−4.33	37.78
A 相接地	0	−148.4	16.13	146.5	−2.295	16.13	30.74	2.997	16.13	21.76
	5	148.9	16.13	86.15	0.528	16.13	31.99	4.205	16.13	22.76
	10	126.5	16.13	69.85	3.376	16.13	32.58	5.433	16.13	23.51

表 10-4 "带零序补偿的接线"时的仿真结果　　　　　　　　　　　[单位(°)]

故障类型	过渡电阻/Ω	正方向出口故障			近保护范围末端故障			保护范围外部故障		
		K1	K2	K3	K1	K2	K3	K1	K2	K3
三相短路	0	179.6	179.6	179.6	179.9	179.9	179.9	0.1	0.1	0.1
	5	114.3	114.3	114.3	131.7	131.7	131.7	31.69	31.69	31.69
	10	101.7	101.7	101.7	100.2	100.2	100.2	39.97	39.97	39.97
A、B 相短路	0	148.9	−149.5	16.13	97.13	−70.17	16.13	63.58	−32.54	16.13
	5	83.74	144.9	16.13	83.89	−61.47	16.13	58.91	−23.32	16.13
	10	72.19	131.0	16.13	74.0	−36.28	16.13	54.78	−13.38	16.13
A 相接地	0	179.5	57.78	−57.68	−175.9	38.36	−16.24	−146.8	35.44	−9.209
	5	124.7	8.905	−105.5	167.8	35.55	−17.6	140.7	33.66	−9.88
	10	72.19	131.0	16.13	152.0	32.98	−18.47	102.7	31.98	−10。3

从表 10-3 中所列的仿真结果中可以看出,当正方向出口发生过渡电阻为 0Ω 的三相短路时,三个阻抗继电器的测量阻抗均为 179.6°,与理论值 180°相差很小,三个阻抗继电器均会动作。而当正方向出口发生过渡电阻为 0°的 AB 两相短路时,只有接于 AB 相的阻抗继电器 K1 的测量阻抗为 179.6°,满足动作条件,而 K2、K3 不满足动作条件,这与理论分析是相符合的。从表 10-4 所列的仿真结果中也可以得出同样的结论。另外,本仿真模型也验证了单侧电源电路上过渡电阻对阻抗继电器的影响,请读者自行分析。

3. 电力系统振荡的仿真

(1)电力系统的仿真模型

对双侧电源的电力系统进行仿真,建立其对应的 Simulink 仿真模型,如图 10-58 所示。在仿真模型中,它们的参数设置如下:

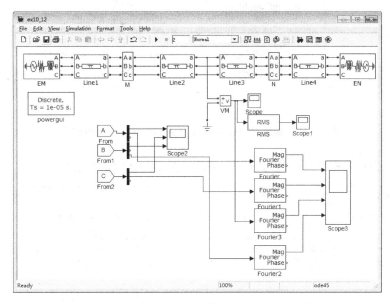

图 10-58 电力系统振荡的 Simulink 仿真模型

电源 $\dot{E}_\text{M} = 220\angle 0°\text{kV}$,$\dot{E}_\text{N} = 220\angle 0°\text{kV}$,为了简化仿真,设置两个电源的内阻相等,且阻抗角与线路相同,$Z_s = Z_{s.M} = Z_{s.N} = 0.226\angle 73.13°\Omega$;线路采用 LGJ-240/40 型架空线路,单位正序阻抗 $z_1 = 0.451\angle 73.13°\Omega/\text{km}$,为了便于观察振荡中心的电压,将线路分成四段,在仿真模型中,Line1=5km,Line2=44.5km,Line3=39.5km,Line4=10km。

(2)仿真与分析

当电力系统发生振荡时,两侧电网的频率将不相同,因此在仿真模型中设置 $f_\text{M} = 50\text{Hz}$,$f_\text{N} = 51\text{Hz}$,显然此时振荡周期为 1s。系统的总阻抗为

$$Z_\Sigma = Z_{s.M} + Z_{s.N} + Z_{\text{Line}1} + Z_{\text{Line}2} + Z_{\text{Line}3} + Z_{\text{Line}4} = 45.1\angle 73.13°\Omega$$

得振荡电流

$$I = \frac{\Delta E}{|Z_\Sigma|} = \frac{2E_\text{M}}{|Z_\Sigma|}\sin\frac{\delta}{2} = 5.63\sin\frac{\delta}{2}\text{kA}$$

当 $\delta = 180°$ 时,振荡电流达到最大值,为 5.63kA。

在 Powergui 中选择离散算法,仿真的总时间设为 2s。运行仿真,得母线 M、N 处的 A 相电压、电流的波形如图 10-59 所示。

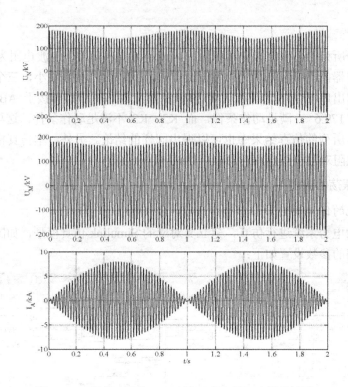

图 10-59　振荡时母线 M、N 处 A 相电压、电流的波形

为了验证电力系统振荡与短路的区别,搭建如图 10-60 的仿真模型。

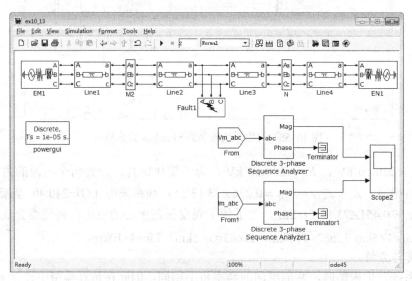

图 10-60　验证电力系统发生振荡和短路时区别的 Simulink 仿真模型

通过故障模块,设置系统在 1s 时发生 AB 两相短路故障,进行仿真,得母线 M 处的负序电压、电流波形如图 10-61 所示。

从图 10-61 中可以看出,在 0～1s 时系统只有振荡,所以母线 M 处的负序电压、电流为零(注意:在仿真波形是会看到有很小的负序电压和电流,这是采用离散仿真算法而造成的);在 1～2s 时发生两相短路故障(相当于在振荡过程中发生不对称故障),此时系统中的负序分量就非常大。

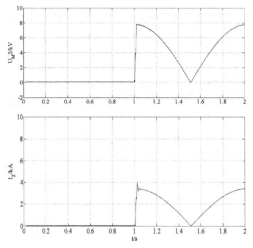

图 10-61　系统振荡时又发生两相短路的负序电压、电流波形

10.4.3　输电线路的纵联保护与仿真

1. 输电线路纵联保护的基本原理

输电线路的纵联保护随着所采用的通道不同,在装置原理、结构、性能等方面有很大的区别。下面以最简单的导引线纵联差动保护来介绍输电线纵联保护的基本原理。

导引线纵联差动保护是总线保护中最简单的一种,又常简称为纵联差动保护,它是利用辅助导线或称为"导引线"作为通信通道的纵联电流差动保护的。如图 10-62 所示,在线路的 M 和 N 两侧装设特性和电流比完全相同的电流互感器,两侧电流互感器的一次回路的正极性均置于靠近分母的一侧,二次回路的同极性端子连接,差动继电器 KD 侧并联接在电流互感器的二次端子上。

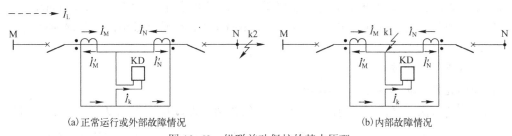

(a) 正常运行或外部故障情况　　　　　　　　(b) 内部故障情况

图 10-62　纵联差动保护的基本原理

2. 纵联保护的建模与仿真

(1) 电力系统的仿真模型

双侧电源电力系统如图 10-63 所示。电源 $\dot{E}_M = 115\angle 10° \text{kV}$,$\dot{E}_M = 105\angle 0° \text{kV}$;为了简化仿真,设置两个电源的内阻相等,且阻抗角与线路相同,$Z_s = Z_{s.M} = Z_{s.N} = 0.226\angle 73.13° \Omega$;线路 MN 长度为 50km,采用 LGJ-240/40 型架空线路,单位正序阻抗 $z_1 = 0.451\angle 73.13° \Omega/\text{km}$,保护 1 和保护 2 处电流互感器的电流比为 600/5。

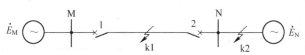

图 10-63　双侧电源电力系统

根据以上参数，建立电力系统的 Simulink 仿真模型，如图 10-64 所示。

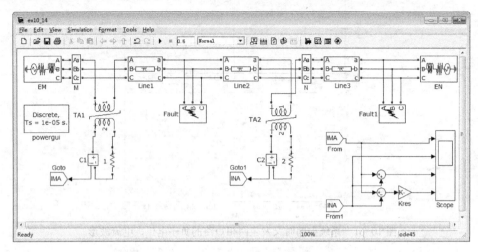

图 10-64　电力系统的 Simulink 仿真模型

在 10-64 中，电源 E_M、E_N 采用"Three-Phase-source"模型，线路 MN 选用"Three-Phase PI Section Line"模型。为了设置故障点，将线路 MN 分成两段，在仿真模型中，Line1=30km，Line2=20km。

保护 1 和保护 2 处电流互感器采用"Saturable Transformer"模块，为了简化仿真，只在 A 相设置互感器模块。模块的参数设置为双绕组且两侧电压比为 1：120（电流比为 600/5），将"Nominal power and frequency"对话框的值修改为[50,50]，"Winding 1 parameters"对话框的值修改为[1, 0.002, 0.08]，"Winding 2 parameters"对话框的值修改为[120, 0.002, 0.08]。通过设置模型的"Saturation characteristic"参数值，使两侧互感器的特性不完全相同，以仿真不平衡电流的情况。保护 1 处电流互感器 TA1 的参数设置为："Saturation characteristic"对话框的值为[0,0; 0.0024,1.2;1.0,1.52]，保护 2 处电流互感器 TA2 的参数设置为："Saturation characteristic"对话框的值修改为[0,0; 0.0024,1.3;1.0,1.75]。在图 10-64 中，保护 2 处电流互感器的接线方式是为了考虑同名端问题。

（2）电流差动元件仿真模型

电流差动元件的动作特性如图 10-65 所示。

差动电流 $I_d = \left| \dot{I}_M + \dot{I}_N \right|$，即两侧电流相量和的幅值；制动电流 $I_{res} = K_{res} \left| \dot{I}_M - \dot{I}_N \right|$，即两侧电流相量差的幅值乘以制动系数。对于图 10-63 中线路 MN 的 A 相电流差动元件仿真模型如图 10-66 所示，图中制动系数 K_{res} 取 0.5。

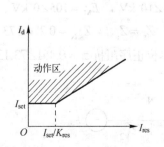

图 10-65　电流差动元件动作特性

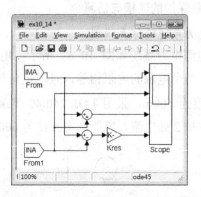

图 10-66　A 相电流差动元件的仿真模型

（3）仿真结果及分析

在图 10-64 所示的仿真模型中，将故障模块 Fault 设置为在 $t=0.1s$ 到 $t=0.3s$ 时发生过渡电阻为 0 的三相短路（图 10-63 中的 k1 点发生三相短路故障，在故障仿真模块中，过渡电阻设置为 0 时会出现错误，故将过渡电阻设置为 0.01），故障模块 Fault1 设置为不动作（设置故障起始时间大于仿真总时间即可）。运行仿真，可得 k1 发生三相短路故障时，电流互感器二次电流以及差动电流、制动电流的波形如图 10-67 所示。从图中可以明显看出，差动电流远大于制动电流，保护能够可靠动作。读者可以改变 k1 故障点的位置，来观察差动电流和制动电流的变化情况，只要故障点位于保护区内，保护就会可靠动作。

在图 10-64 所示的仿真模型中，将模型 Line3 的长度设为 0.01km，故障模块 Fault 设置为不动作，修改故障模块 Fault1 的故障类型为过渡电阻为 0 的三相短路，故障时间设置为 $t=0.1s$ 到 $t=0.3s$（图 10-63 中的 k2 点发生短路故障，此处为纵联差动保护区的外部故障）。运行仿真，电流互感器二次电流以及差动电流、制动电流的波形如图 10-68 所示。从图中可以明显看出，差动电流小于制动电流，保护可靠不动作。

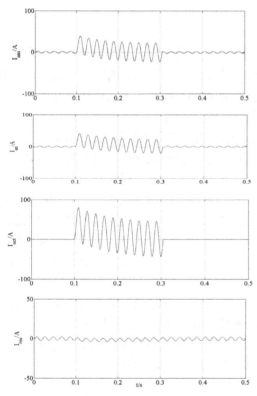

图 10-67　k1 点发生三相短路故障时，电流互感器二次电流以及差动电流、制动电流的波形

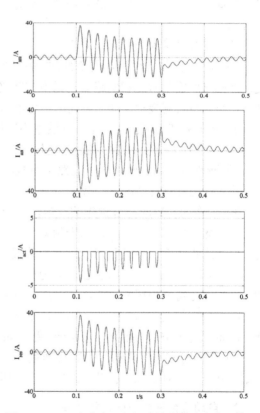

图 10-68　k2 点发生三相短路故障时，电流互感器二次电流以及差动电流、制动电流的波形

从图 10-68 中可见，当 k2 点发生短路故障时流过纵联差动保护的是最大外部短路电流。在理论上，此时差动电流应为零，但由于两侧电流互感器特性的差异，使差动回路中流过最大不平衡电流 $I_{unb.max}$，在本仿真参数下，k2 点发生故障时，短路电流 $I_{kmax}=2546A$，利用下式计算得

$$I_{unb.max} = K_{er}K_{st}I_{kmax}/n_{TA} = 0.1 \times 0.5 \times 2546/120 A = 1.06 A$$

而从仿真中得到的不平衡电流的数值为 0.85A，比最大不平衡电流小。

10.4.4 自动重合闸与仿真

1. 自动重合闸的作用及基本要求

（1）自动重合闸的作用

电力系统的实际运行经验表明，在输电网中发生的故障大多是"瞬时性"的，如雷击过电压引起的绝缘子表面闪络，树枝落在导线上引起的短路，大风时的短路碰线，通过鸟类的身体放电等。发生此类故障时，继电保护若能迅速使断路器跳开电源，故障点的电弧即可熄灭，绝缘强度重新恢复，原来引起故障的树枝、鸟类等也被电弧烧掉而消失。这时若重新合上断路器，往往能恢复供电。因此，常称这类故障为瞬时性故障。

对于瞬时性故障，在线路被断路器断开后再重新合一次闸就能恢复供电，从而可减少停电时间，提高供电的可靠性。重新合上断路器的工作可由运行人员手动操作进行，但手动操作造成的停电时间太长，用户电动机多数可能已经停止运行，因此，这种手动重合闸的效果并不明显。为此，在电力系统中广泛采用了自动重合闸装置，当断路器跳闸后，它能自动将断路器重新合闸。

（2）对自动重合闸的基本要求

1）动作迅速。为了尽可能缩短电源中断的时间，在满足故障点电弧熄灭并使周围介质恢复绝缘强度所需的时间和断路器消弧室与断路器的传动机构准备好再次动作所必需的时间的条件下，自动重合闸装置的动作时间应尽可能短。重合闸的动作时间，一般采用0.5～1s。

2）在下列情况下，自动重合闸装置不应该动作。

① 由运行人员手动操作或通过遥控装置将断路器断开时，自动重合闸装置不应动作。

② 断路器手动合闸，由于线路上有故障，而随即被继电保护跳开时，自动重合闸装置不应动作。因为在这种情况下，故障多属于永久性故障，再合一次也不可能成功。

3）动作的次数应符合预先的规定。不允许自动重合闸装置任意多次重合，其动作的次数应符合预先规定。例如，一次重合闸就只能重合一次，当重合于永久性故障而断路器再次跳闸后，就不应再重合。在任何情况下，如装置本身元件损坏，继电器拒动等，都不应使断路器错误地多次重合到永久性故障上去。因为如果重合闸多次重合于永久性故障，将使系统多次遭受冲击，同时还可能损坏断路器，从而扩大事故。

4）动作后应能自动复归。自动重合闸装置成功动作一次后应能自动复归，为下一次动作做好准备。对于10kV及以下电压的线路，如有人值班时，也可采用手动复归方式。

5）用不对应原则启动。一般自动重合闸可采用控制开关位置与断路器位置不对应原则启动重合闸装置，对于综合自动重合闸，宜采用不对应原则和保护同时启动。

2. 自动重合闸中故障选相仿真

选相元件是实现单相重合闸的关键元件，选相元件是否能正确动作，将决定单相重合闸的成败，因此，对选相元件类型要认真选择。本节以序电流选相为例来介绍相应的仿真方法。

（1）选相原理

选相元件，首先要根据零序电流 $\dot{I}_{A0}$ 与负序电流 $\dot{I}_{A2}$ 之间的相位关系确定选相的分区，如图10-69所示。

当 $-60° < \arg\dfrac{\dot{I}_{A0}}{\dot{I}_{A2}} < 60°$ 时，选 A 区；当 $60° < \arg\dfrac{\dot{I}_{A0}}{\dot{I}_{A2}} < 180°$

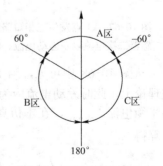

图10-69 序电流选相的分区

时，选 B 区；当 $180° < \arg\dfrac{\dot{I}_{A0}}{\dot{I}_{A2}} < 300°$ 时，选 C 区。

发生接地故障时，序电流的相量关系如图 10-70 所示。

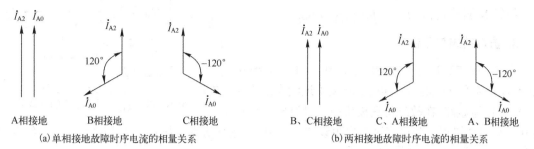

(a) 单相接地故障时序电流的相量关系　　(b) 两相接地故障时序电流的相量关系

图 10-70　接地故障时序电流的相量关系

单相接地时，故障相的 $\dot{I}_0$ 与 $\dot{I}_2$ 同相位。A 相接地时，$\dot{I}_{A0}$ 与 $\dot{I}_{A2}$ 同相；B 相接地时，$\dot{I}_{A0}$ 与相 $\dot{I}_{A2}$ 差 $120°$；AB 相间接地故障时，$\dot{I}_{A0}$ 与 $\dot{I}_{A2}$ 相差 $-120°$。

两相接地故障时，$\dot{I}_0$ 与 $\dot{I}_2$ 同相位。BC 相间接地故障时，$\dot{I}_{A0}$ 与 $\dot{I}_{A2}$ 同相；CA 相间接地故障时，$\dot{I}_{A0}$ 与 $\dot{I}_{A2}$ 相差 $120°$；AB 相间接地故障时，$\dot{I}_{A0}$ 与 $\dot{I}_{A2}$ 相差 $-120°$。

（2）建立仿真模型

双侧电源电力系统如图 10-71 所示，电源 $\dot{E}_M = 220\angle 10° \text{ kV}$，$\dot{E}_N = 210\angle 0° \text{ kV}$，为了简化仿真，设置两个电源的内阻相等，且阻抗角与线路相同，$Z_s = Z_{s.M} = Z_{s.N} = 0.226\angle 73.13° \Omega$；线路 MN 长度为 100km，采用 LGJ-240/40 型架空线路，单位正序阻抗 $z_1 = 0.451\angle 73.13° \Omega/\text{km}$。

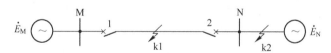

图 10-71　双侧电源电力系统

根据以上参数，建立电力系统的 Simulink 仿真模型，如图 10-72 所示。

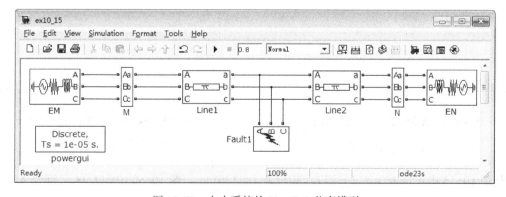

图 10-72　电力系统的 Simulink 仿真模型

在图 10-72 中，电源 E_M、E_N 采用"Three-Phase Source"模型，其"Internal connection"属性设置为 Y_g，线路 MN 选用"Three-Phase PI Section Line"模型。为了设置故障点，将线路 MN 分成两段，在仿真模型中，Line1=30km、Line2=70km。

三相电压电流测量模块 U_M、U_N 将在线路两侧测量到的电压、电流信号转变为 Simulink 信号，相当于电压、电流互感器的作用。模块输出的信号分别为"Vabc_M"、"Iabc_M"，U_N 模块的输出信号分别为"Vabc_N"、"Iabc_N"。

母线 M 侧的 $\dot{I}_{A0}$、$\dot{I}_{A2}$ 的获取方法如图 10-73 所示。母线 N 侧的 $\dot{I}_{A0}$、$\dot{I}_{A2}$ 的获取方法相同。

3. 仿真结果与分析

在图 10-72 所示的仿真模型中，将故障模块 Fault 设置为在 t=0.4s 到 t=0.7s 时发生过渡电阻为 0 的 A 相接地短路(在故障仿真模块中，过渡电阻设置

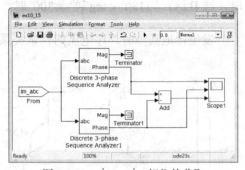

图 10-73 $\dot{I}_{A0}$、$\dot{I}_{A2}$ 相位的获取

为 0 时会出现错误，故可将过渡电阻设置为 0.01)，运行仿真，得到当 A 相接地时，母线 M 侧的 $\dot{I}_{A0}$、$\dot{I}_{A2}$ 的相位，如图 10-74 所示。

从图 10-73 中可以看出，$\dot{I}_{A0}$ 和 $\dot{I}_{A2}$ 同相，在图 10-69 中的 A 区，符合 A 相接地时的序分量特征。

在图 10-72 所示的仿真模型中，将故障模块 Fault 设置为在 t=0.4s 到 t=0.7s 时发生过渡电阻为 0 的 AC 相接地短路，运行仿真，得母线 M 侧的 $\dot{I}_{A0}$、$\dot{I}_{A2}$ 的相位，如图 10-75 所示。

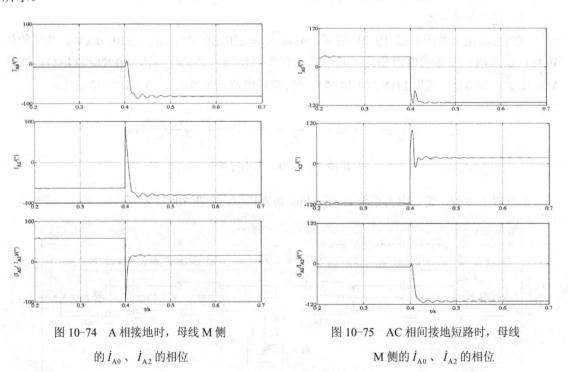

图 10-74 A 相接地时，母线 M 侧的 $\dot{I}_{A0}$、$\dot{I}_{A2}$ 的相位

图 10-75 AC 相间接地短路时，母线 M 侧的 $\dot{I}_{A0}$、$\dot{I}_{A2}$ 的相位

从图 10-75 中可以看出，$\dot{I}_{A0}$ 和 $\dot{I}_{A2}$ 相位差为 –120°，在图 10-69 中的 C 区，符合 AC 相接地短路时的序分量特征。

当两相经过渡电阻接地时，以 AC 两相接地为例，此时 $\dot{I}_{A0}$ 与 $\dot{I}_{A2}$ 的相位差就不是 –120°，有时相位差不是进入图 10-69 中的 C 区而是进入到 A 区。将故障模块 Fault 设置为在 t=0.4s 到 t=0.7s 时发生过渡电阻为 20Ω 的 AC 相间接地短路，运行仿真，得母线 M 侧的 $\dot{I}_{A0}$、$\dot{I}_{A2}$ 的相位，如图 10-76 所示。

10.4.5 电力变压器的继电保护仿真

1. 变压器的故障、不正常运行状态及保护配置

变压器的故障可分为油箱内部故障和油箱外部故障两种。油箱内部的故障有绕组的相间短路、匝间短路、直接接地系统侧的绕组接地短路等。这些故障都是十分危险的，因为故障点的电弧不仅会烧坏绕组的绝缘和铁心，而且还能引起绝缘物质的剧烈汽化，从而使油箱发生爆炸。油箱外部的故障主要是套管和引出线上发生相间短路和接地短路。

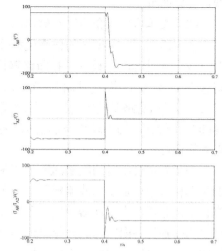

图 10-76 AC 相间经 20Ω 过渡电阻接地短路时，母线 M 侧的 i_{A0}、i_{A2} 的相位

变压器的不正常运行状态有过负荷、外部相间短路引起的过电流、外部接地短路引起的过电流和中性点过电压、漏油等原因而引起的油面降低、绕组过电压或频率降低引起的过励磁等。

2. 变压器保护的建模与仿真

（1）变压器仿真模型的构建

假设一个具有双侧电源的双绕组变压器电力系统如图 10-77 所示，对应 Simulink 仿真模型如图 10-78 所示。

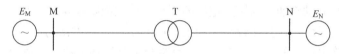

图 10-77 具有双侧电源的双绕组变压器简单电力系统接线

在图 10-78 中，电源采用"Three-Phase Source"模型，电源 E_N 与电源 E_M 的电压设为[35e3]，频率 50Hz，电源 E_N 相位 0°，电源 E_M 相位 10°，其他设置均为默认值。

变压器 T 采用"Three-Phase transformer(Two Windings)"模型，并选中"饱和铁心"(Saturable core)。为了简化仿真，变压器两侧的绕组接线方式均设置为 Y 连接，电压等级也同为 35kV。将"Nominal power and frequency"对话框中的值修改为[50e6, 50]，"Winding 1 parameters"对话框中的值修改为[35e3, 0.002, 0.08]，"Winding 2 parameters"对话框中的值修改为[35e3, 0.002, 0.08]，其他设置均为默认值。

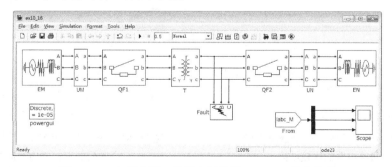

图 10-78 双侧电源双绕组变压器的 Simulink 仿真模型

三相断路器模块 QF1 和 QF2 分别用来控制变压器的输入，故障模块 Fault1 和 Fault2 分别用来仿真变压器保护区内故障和区外故障。在仿真时，主要是改变它们的切换时间，其他采用

默认设置即可。

(2) 变压器空载合闸时励磁涌流的仿真

在利用图 10-78 所示的仿真模型分析三相变压器空载合闸过程时,设置三相断路器模块 QF1 的切换时间为 0s,仿真时间为 0.5s,仿真算法为 ode23t。三相断路器模块 QF2、故障模块 Fault1 和 Fault2 在仿真中均不动作(设置其切换时间大于仿真时间即可)。

为了观察合闸时的励磁涌流,在图 10-78 所示的仿真模型中增加了示波器模块,为了对励磁涌流进行谐波分析,在示波器模块的参数设置页面中,将 "History" 界面中的 "Save data to workscape" 选中,并将 "Limit data points to last" 取消选中。

将电源 E_M 的 A 相初相位设为 0°,运行仿真,得空载合闸后三相励磁涌流的波形如图 10-79 所示。

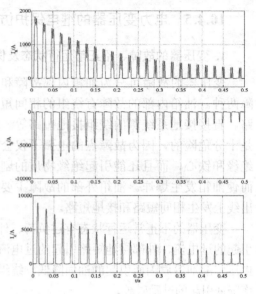

图 10-79　空载合闸后的三相励磁涌流的波形

从图 10-79 所示的仿真结果可以明显观察到励磁涌流的以下特点:

① 包含有很大成分的非周期分量,往往使涌流偏向于时间轴的一侧。

② 包含有大量的高次谐波。

③ 波形之间出现间断。

为了比较合闸时的励磁涌流与短路电流的大小,设置故障模块 Fault1,使电路在 0.2~0.4s 间发生三相短路,运行仿真,其比较结果如图 10-80 所示。在本次仿真中,A 相空载合闸时的励磁涌流峰值比短路电流要稍小,而 B、C 相空载合闸时的励磁涌流峰值要比短路电流大。

变压器接法改为 Y d11 连接,电源 E_M 的 A 相初相位设为 0°,运行仿真,得到空载合闸后三相励磁涌流的波形如图 10-81 所示。

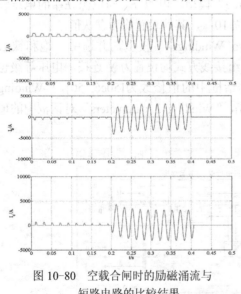

图 10-80　空载合闸时的励磁涌流与
短路电路的比较结果

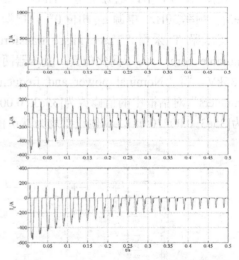

图 10-81　变压器采用 Y d11 连接时的空载
合闸后的三相励磁涌流的波形

3. 变压器比率制动特性纵联差动保护的仿真

在图 10-78 的基础上将变压器改为采用 Y d11 连接且不考虑饱和特性,增加外部故障模块 Fault2,得到新的仿真模型如图 10-82 所示。在建立模型时,请注意三相电压电流测量模块 U_M

和 U_N 的方向。

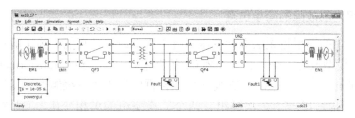

图 10-82 变压器采用 Y d11 连接时的 Simulink 仿真模型

比率制动特性纵差保护的动作电流 I_{act}、制动电流 I_{res} 的运算及示波器模块如图 10-83 所示。

在图 10-83 中，只绘出了 A 相动作电流与制动电流的仿真模块，其中：

$$I_{act} = \left| \frac{\dot{I}_{a\_M} - \dot{I}_{b\_M}}{\sqrt{3}} + \dot{I}_{a\_N} \right| \quad (10-6)$$

$$I_{res} = \frac{1}{2} \left| \frac{\dot{I}_{a\_M} - \dot{I}_{b\_M}}{\sqrt{3}} - \dot{I}_{a\_N} \right| \quad (10-7)$$

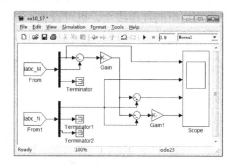

图 10-83 动作电流、制动电流运算及示波器模块

应当注意的是，为了简化并突出主要问题，本仿真没有考虑变压器两侧电流互感器的电流比，在实际仿真中应加以考虑。

设置三相断路器模块 QF1、QF2 切换时间均为 0s，并设置故障模块 Fault1，使电路在 0.2~0.4s 间发生三相短路，故障模块 Fault2 不动作，运行仿真，得变压器保护区内故障时的电流波形，如图 10-84 所示。

从图 10-84 中可以明显看出，动作电流远大于制动电流，保护能够可靠动作。

设置故障模块 Fault2，使电路在 0.2~0.4s 间发生三相短路，故障模块 Fault1 不动作，运行仿真，得变压器保护区外故障时的电流波形，如图 10-85 所示。

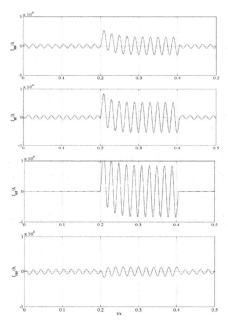

图 10-84 变压器保护区内故障时的电流波形

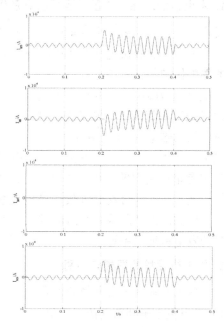

图 10-85 变压器保护区外故障时的电流波形

从图 10-85 中可以明显看出，制动电流远大于差动电流，保护制动，可靠不动作。

4. 变压器绕组内部故障的简单仿真

利用图 10-78 中的模型是无法进行变压器绕组内部故障仿真的。为了解决这一问题，可将图中的三相变压器模型改为三个单相变压器(本仿真采用 Saturable Transformer 模型，根据需要也可采用 Linear Transformer 模型)，在变压器属性框中选中"三绕组变压器"(Three windings Transformer)，从而构造出一个一次绕组、两个二次绕组的单相变压器(两个二次绕组首尾相连，当作一个二次绕组用)。一次、二次绕组可按三相变压器的连接组标号进行连接，二次绕组的额定电压、电阻和电感的参数可灵活调整，以便进行变压器内部故障的仿真，故障点可设置于两个二次绕组的连接线上，也可设置于绕组首端。新的 Simulink 仿真模型如图 10-86 所示。

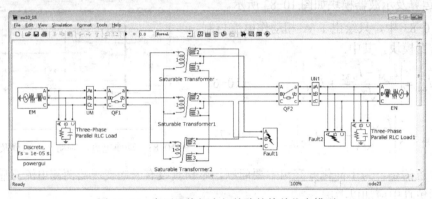

图 10-86　变压器绕组内部故障的简单仿真模型

经过这样处理后，就可以进行变压器绕组内部的单相接地、两相短路、两相接地短路、三相短路等故障的简单仿真。

10.4.6　发电机的继电保护与仿真

1. 发电机的故障、不正常运行状态及保护配置

发电机是电力系统中十分重要而且价格昂贵的设备，它的安全运行对保证电力系统的正常运行和电能质量起着决定性的作用，因此应该针对各种不同的故障和不正常运行状态装设性能完善的继电保护装置。

发电机的故障类型主要有定子绕组相间短路、定子绕组一相同一支路和不同支路的匝间短路、定子绕组单相接地、转子绕组(励磁回路)一点和两点接地、低励磁(励磁电流低于静稳极限所对应的励磁电流)和失磁等。

发电机的不正常运行状态主要有：由于外部短路引起的定子绕组过电流；由于负荷超过发电机额定容量而引起的三相对称过负荷；由于外部不对称短路或不对称负荷(如单相负荷，非全相运行等)而引起的发电机负序过电流和过负荷；由于突然甩负荷而引起的定子绕组过电压；由于励磁回路故障或强励时间过长而引起的转子绕组过负荷；由于汽轮机主汽门突然关闭而引起的发电机逆功率等。

2. 发电机保护的建模与仿真

(1) 发电机纵联差动保护的仿真

1) 发电机定子回路的仿真模型

在 Simulink 的 SimpowerSystems 库中提供了多种同步电机的模型，如标幺制单位下同步电机的简化模型(Simplified Synchronous Machine pu Units)和同步电机的基本模型(Synchronous Machine pu Fundamental)。然而这些模型都已被 Simulink 进行了封装,用户无法在其内部设置短路、接地等故障。为了解决这个问题,下面建立如图 10-87 所示发电机定子回路故障的 Simulink 仿真模型。

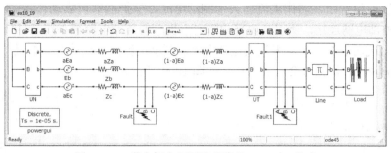

图 10-87 发电机定子回路故障的 Simulink 仿真

在图 10-87 中,发电机的相电动势 E_A、E_B、E_C 采用"AC Voltage Source"(SimPower Systems/Eletrical Sources/ AC Voltage Source)模型,E_A 的参数设置为:将"Peak amplitud"对话框中的值修改为[0.9*6060*1.414],其电压有效值为 6060V(对应额定电压为 10.5kv 的发电机),相位设置为 0°。E_B 的相位设置为-120°、E_C 的相位设置为 120°,其他设置与 E_A 相同。

发电机每相的阻抗选用"Series RLC Branch"模型来仿真,发电机 Z_B 的参数设置:"Branch type"对话框中的值修改为[RL],"Resistance"和"Inductance"对话框中的值分别为 [10]和[1e-3]。为了在不同的地点设置短路故障,可以按需要用多个"Series RLC Branch"模型串联来仿真一相的阻抗值。

三相电压电流测量模块 U_T、U_N 将发电机两侧测量到的电压、电流信号转变成 Simulink 信号,相当于电压、电流互感器的作用。U_T 为机端,其输出的信号分别为"Vabc_T"、"Iabc_T",U_N 为中性点侧。

为了简化仿真,发电机的外部只接了一段采用"Three Phase PI Section Line"模型的线路和一个采用"Three Phase RLC Load"模型的负荷,修改相应电压等级和频率,其他参数采用默认值。

2)纵联差动保护仿真模型

发电机的纵联差动保护动作特性如图 10-88 所示。假设两侧的电流互感器的电流比为 1,则动作电流为 $I_{act}=|\dot{I}_{N1}+\dot{I}_{T1}|$,即两侧电流相量和的幅值;制动电流为 $I_{res}=0.5|\dot{I}_{N1}-\dot{I}_{T1}|$,即两侧电流相量差的幅值乘以 0.5。发电机 A 相电流纵联差动保护元件的仿真模型如图 10-89 所示。B、C 相电流纵联差动保护元件仿真模型与 A 相的建立方式相同。

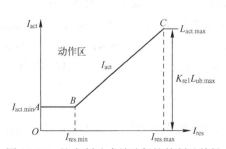

图 10-88 比率制动式差动保护的制动特性

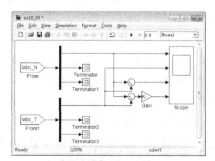

图 10-89 A 相电流纵联差动保护元件的仿真模型

3)仿真结果及分析

在图 10-87 所示的仿真模型中,将故障模块 Fault 设置为在 t=0.2s 到 t=0.6s 时发生过渡电阻为 0 的 A、C 两相短路(在故障仿真模块中,过渡电阻设置为 0 时会出现错误,故可将过渡电阻设置为 0.01),故障模块 Fault 设置为不动作(设置故障起始时间大于仿真总时间即可)。运行仿真,得到当发电机内部发生 A、C 两相短路故障时,发电机端和中性点两侧 A 相电流以及动作电流、制动电流的波形,如图 10-90 所示。

从图中可以明显看出,动作电流远大于制动电流,保护能够可靠动作(在本仿真中,由于发电机没有与外部电网连接,所以当内部故障时,机端的故障电流很小)。也可以改变 A 相和 C 相的两部分阻抗所占的比例,来观察差动电流和制动电流的变化情况。通过仿真得知,只要故障点位于保护区内,保护就会可靠动作,如图 10-91 所示。

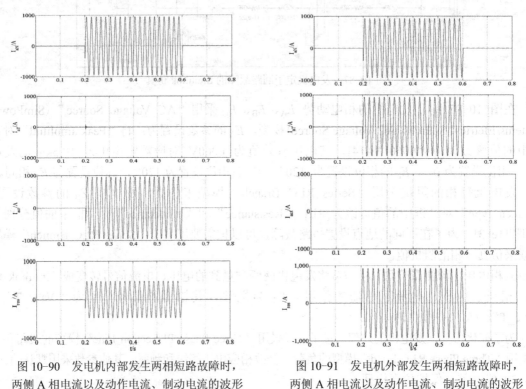

图 10-90　发电机内部发生两相短路故障时,两侧 A 相电流以及动作电流、制动电流的波形

图 10-91　发电机外部发生两相短路故障时,两侧 A 相电流以及动作电流、制动电流的波形

(2) 基于零序分量的发电机定子单相接地保护仿真

1) 用于接地保护的发电机定子回路的仿真模型

在图 10-87 所示发电机定子回路故障仿真模型基础上增加发电机绕组每相对地电容 C_0,得到用于接地保护的发电机定子回路的 Simulink 仿真模型,如图 10-92 所示。该模型将 C 相的电动势与阻抗分成了两部分,以仿真 C 相的接地故障。若仿真 A 相或 B 相的接地故障,则仿照此模型建立即可。发电机绕组每相对地电容 C_0 用 "Three Phase Series RLC Branch" 模型,其参数设置为:将 "Branch type" 对话框中的值修改为[C], "Capacitance C(F)" 对话框中的值修改为[20e-9]。发电机端的电压、零序电压及零序电流的获取采用如图 10-92 所示的方式,在图中给出了两种获取零序电流的方法。

2) 零序分量的计算

设当发电机 C 相绕组内部发生故障时 $\alpha = 0.9$(即由中性点到故障点的匝数占全部绕组匝数的 90%),则在发电机端的零序电压为

$$\dot{U}_0 = (\dot{U}_A + \dot{U}_B + \dot{U}_C)/3 = -\alpha \dot{E}_C \tag{10-8}$$

零序电压的有效值为　　　　　　$U_0 = \alpha E_C = 0.9 \times 6060\text{V} = 5454\text{V}$

此时流过发电机端的零序电流应为发电机以外网络的总对地电容电流，其每相零序电流值为

$$I_0 = \alpha E_C \omega C_{0S} \qquad (10-9)$$

式中，C_{0S} 为发电机以外网络每相对地电容值。

所以，零序电流的有效值为

$$I_0 = 0.9 \times 6060 \times 314 \times 7.751 \times 10^{-9} \times 20\text{A} = 0.265\text{A}$$

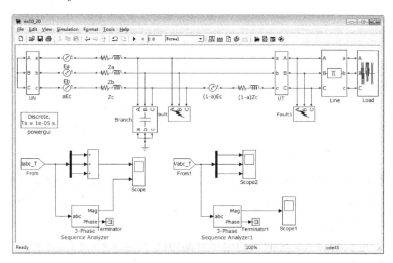

图 10-92　用于接地保护的发电机定子回路的 Simulink 仿真模型

当在发电机外部发生单相接地故障时，流过发电机端的零序电流为发电机本身的总对地电容电流，其每相零序电流值为

$$I_0 = E_C \omega C_{0G} \qquad (10-10)$$

式中，C_{0G} 为发电机每相对地电容值。

所以，零序电流的有效值为

$$I_0 = 6060 \times 314 \times 10^{-9} \times 20\text{A} = 0.038\text{A}$$

3）仿真与分析

在图 10-92 所示的仿真模型中，将故障模块 Fault 设置为在 $t=0.2$s 时发生过渡电阻为 0 的 C 相接地故障，故障模块 Fault1 设置为不动作。运行仿真，得到当发电机内部发生 C 相接地故障时发电机端的三相电压波形，如图 10-93 所示。

从图 10-93 中可以明显看出，当发电机内部发生 C 相接地故障时，发电机端的 A、B 两相的电压升高，C 相的电压约为 $U_C = (1-\alpha)E_C = 0.1 \times 6060\text{V} = 606\text{V}$。

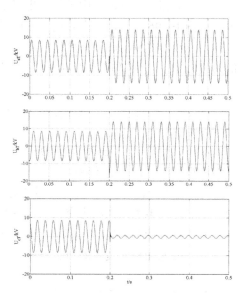

图 10-93　内部发生单相接地时，发电机端的三相电压波形

从示波器"Scope2"中可得发电机端的零序电压幅值，如图 10-94 所示。

将得到的零序电压幅值除以 $\sqrt{2}$，得有效值为 5451V，与计算值基本相等。

将故障模块 Fault1 设置为在 $t=0.2$s 时发生过渡电阻为 0 的 C 相接地故障，故障模块 Fault 设置为不动作。运行仿真，得到当发电机外部发生 C 相接地故障时发电机端的三相电压波形，如图 10-95 所示。

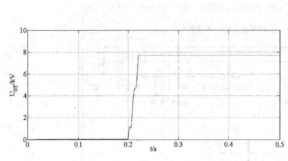

图 10-94 内部发生单相接地时，发电机端的零序电压幅值

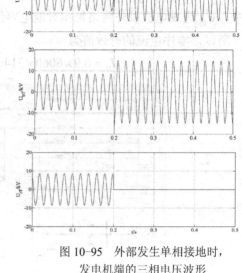

图 10-95 外部发生单相接地时，发电机端的三相电压波形

从图 10-95 中可以明显看出，当发电机外部发生 C 相接地故障时，发电机端的 A、B 两相的电压升高为线电压，C 相的电压变为 0V。

从示波器"Scope2"中可得发电机端的零序电压幅值，如图 10-96 所示，其有效值为 6052V。

从示波器"Scope1"中可得发电机端的零序电流幅值为 0.056A，即有效值为 0.0396A，与计算值相等。

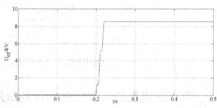

图 10-96 外部发生单相接地时，发电机端的零序电压幅值

10.5 高压直流输电及柔性输电

高压直流输电(High Voltage Direct Current，HVDC)与交流输电相比，当输电距离较长时，其经济性将明显优于交流输电。当 n 个大规模区域电力系统连网时，采用直流线路或者"背靠背"是目前技术条件下比较通行的做法。目前，高压直流输电已越来越多地应用于电力系统中，使得现代电力系统成为交直流混联系统。

本节将介绍 HVDC 的仿真以及在 HVDC 系统中广泛应用的 SVC 的仿真。限于篇幅，其他各种滤波及无功补偿装置的仿真从略。

10.5.1 高压直流输电系统

1. 高压直流输电系统的基本结构与工作原理

高压直流输电(HVDC)系统由换流站和直流线路组成。根据直流导线的正负极性，HVDC 分为单极系统、双极系统和同极系统。单极大地回流直流输电系统的基本结构如图 10-97 所示，主要组成设备如下：

（1）换流变压器，一次绕组与交流电力系统相连，作用是将交流电压变为桥阀所需电压。换流变压器的直流侧通常为三角形或星形中性点不接地连接，这样直流线路可以有独立于交流系统的电压参考点。

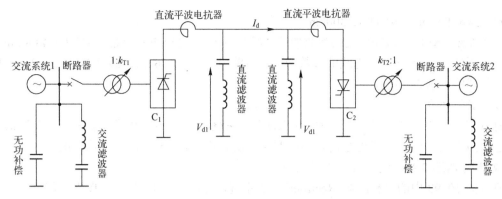

图 10-97　单极大地回流直流输电系统的基本结构

（2）换流器 C_1、C_2，由晶闸管组成，用做整流和逆变，实现交流电与直流电之间的转换。换流器一般采用三相桥式（有单、双桥两类）线路，每桥有 6 个桥臂（即 6 脉冲换流器），如天生桥-广州±500kV HVDC 系统晶闸管块的额定电压为 8kV，用 78 个块串联组成阀体。

（3）滤波器，交流侧滤波器一般装在换流变压器的交流侧母线上。对单桥用单调谐滤波器吸收 5、7、11 次（$6n±1$ 次）谐波，用高通滤波器吸收高次谐波；对双桥用 11、13 次（$12n±1$ 次）谐波滤波器及高通滤波器。直流侧滤波器一般装在直流线路两端，用有源滤波器广频谱消除谐波，单桥时吸收 $6n$ 次谐波，双桥时吸收 $12n$ 次谐波。

（4）无功补偿装置，换流器在运行时需要从交流系统吸收大量无功功率，在稳态时吸收的无功功率约为直流线路输送有功功率的 50%，因此，在换流器附近应有无功补偿装置为其提供无功电源。通常由静电电容器（包括滤波器电容器）和静止无功补偿器供给。

（5）直流平波电抗器，减小直流电压、电流的波动，受扰时抑制直流电流的上升速度。

2. 高压直流输电系统的仿真模型描述

根据图 10-97 中直流输电系统的基本结构图并参考 MATLAB 的例程 power_hvdc12pulse，本节建立了一个单极 12 脉冲的 HVDC 仿真模型，如图 10-98 所示。

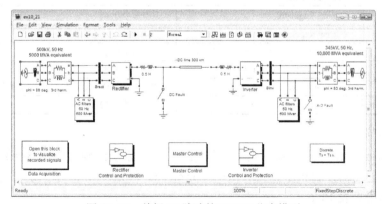

图 10-98　单极 12 脉冲的 HVDC 仿真模型

在图 10-98 的仿真模型中，通过 1000MW（500kV，2kA）的直流输电线路从一个 500kV、5000MVA、50Hz 的电力系统 EM 向另一个 330kV、10000MVA、50Hz 的电力系统 EN 输送电力。整流桥和逆变桥均由两个通用 6 脉冲桥搭建而成。交流滤波器直接接在交流母线上，它包括 11 次、13 次和更高次谐波等单调支路，总共提供 600MVar 的容量。

（1）线路的参数

直流输电线路的参数如下：线路电阻 $R = 0.015\Omega/\text{km}$；线路电感 $L = 0.792\text{mH/km}$；线路

电容 $C=14.4\text{nF/km}$;线路长度300km。

电力系统 EM 侧交流输电线的参数如下:线路电阻 $R=26.07\Omega$;线路电感 $L=48.86\text{mH}$。

电力系统 EN 侧交流输电线的参数如下:线路电阻 $R=6.205\Omega$;线路电感 $L=13.96\text{mH}$;平波电抗器的电感 $L=0.5\text{H}$。

(2) 整流环节

打开图 10-98 中的"整流环节(Rectifier)"子系统,如图 10-99 所示。其中,变压器使用三相三绕组变压器模块,接线方式为 Y0-Y-△ 形连接,变换器变压器的抽头用一次绕组电压的倍数(整流器选0.90,逆变器选0.96)来表示。

打开图 10-99 中的"整流器(Rectifier)"子系统,如图 10-100 所示。图中,整流器是由两个通用桥模块串联而成的12脉冲变换器。

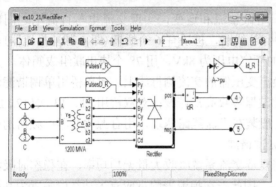 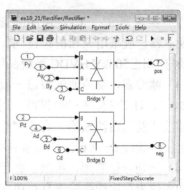

图 10-99 整流环节子系统结构　　　　图 10-100 整流器子系统结构

整流器的控制和保护由"整流器控制和保护(Rectifier Control and Protection)"子系统来实现。该子系统包含的模块及作用见表 10-5。

表 10-5 整流器控制和保护子系统包含的模块及作用

模块名称		作　用
Rectifier Controller	Voltage Regulator	电压调节,计算触发角 α_r
	Gamma Regulator	计算熄弧角 α_g
	Current Regulator	电流调节,计算触发角 α_i
	Voltage Dependent Current Order Limiter	根据直流电压值改变参考电流值
Rectifier Protections	Low AC Voltage Detection	直流侧故障和交流侧故障检测
	DC fault Protection	判断直流侧是否发生故障,启动必要的动作清除故障
12-Pulse Firing Control		产生同步的12个触发脉冲

(3) 逆变环节

"逆变环节(Inverter)"子系统结构和"整流环节"子系统结构相似,不再赘述。逆变器的控制和保护由"逆变器控制和保护(Inverter Control and Protection)"子系统来完成。该子系统包含的模块及作用见表 10-6。

表 10-6 逆变器控制和保护子系统包含的模块及作用

模块名称		作　用
Inverter Current/Voltage/Gamma Controller		逆变侧电压、电流、熄弧角调节,与整流侧系统相同
Inverter Protection	Low AC Voltage Detection	交流侧故障检测
	Commutation Failure Prevention Control	减弱电压跌落导致的换相失败
12-Pulse Firing Control		产生同步的12个触发脉冲
Gamma Measurement		熄弧角测量

(4) 滤波器子系统

从交流侧看，HVDC 变换器相当于谐波电流源；从直流侧看，HVDC 变换器相当于谐波电压源。交流侧和直流侧包含的谐波次数由变换器的脉冲路数 p 决定，分别为 $kp\pm1$（交流侧）和 kp（直流侧）次谐波，其中 k 为任意整数。对于本节的仿真来说，脉冲为 12 路，因此交流侧谐波分量为 11 次、13 次、23 次……直流侧谐波分量为 12 次、24 次……

为了抑制交流侧谐波分量，在交流侧并联了交流滤波器。交流滤波器为交流谐波电流提供低阻抗并联通路。在基频下，交流滤波器还向整流器提供无功。打开图 10-98 中的"滤波器（AC filters）"子系统，如图 10-101 所示。可见，交流滤波器电路由 150Mvar 的无功补偿设备、高 Q 值（$Q=100$）的 11 次和 13 次单调谐滤波器、低 Q 值（$Q=3$）的减幅高通滤波器（24 次谐波以上）组成。

除了以上介绍的子系统以外，图 10-98 中"主控制（Master Control）"子系统用来产生电流参考信号并对直流侧功率输送的起始和结束时间进行设置。两个断路器模块分别用来模拟整流器直流侧故障和逆变器交流侧故障。整个系统在仿真过程中均被离散化，除了少数几个保护系统的采样时间为 1ms 或者 2ms 之外，大部分模块的采样时间为 50μs。

3. HVDC 系统的启停和阶跃响应仿真

仿真时，首先使系统进入稳态，之后对参考电流和参考电压进行一系列动作，见表 10-7，观察控制系统的动态响应特性。

表 10-7 系统控制参数随时间变化表

序 号	时刻/s	动 作
1	0	电压参考值为 1p.u.
2	0.02	变换器导通，电流增大到最小稳态电流参考值
3	0.4	电流按指定的斜率增大到设定值
4	0.7	参考电流值下降 0.2p.u.
5	0.8	参考电流值恢复到 1p.u.
6	1.0	参考电压由 1p.u.跌落到 0.9p.u.
7	1.1	参考电压恢复到 1p.u.
8	1.4	变换器关断
9	1.6	强迫设置触发延迟角到指定值
10	1.7	关断变换器

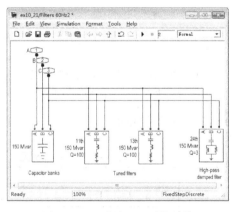

图 10-101 滤波器子系统结构

设置好各子系统的参数后，即可开始仿真。打开整流器和逆变器示波器，得到电压和电流波形如图 10-102 所示，为整流侧得到的相关波形，从上到下依次为以标幺值表示的直流侧线路电压、标幺值表示的直流侧线路电流和实际参考电流、以角度表示的第一个触发延迟角、整流器控制状态。图 10-103 所示为逆变侧得到的相关波形，从上到下依次为以标幺值表示的直流侧线路电压和直流侧参考电压、标幺值表示的直流侧线路电流和实际参考电流、以角度表示的第一个触发延迟角、逆变器控制状态、熄弧角参考值和最小熄弧角。

将表 10-7 和图 10-102 对应起来，可见其仿真的大致过程如下：

(1) 晶闸管在 0.02s 时导通，电流开始增大，在 0.3s 时达到最小稳态参考值 0.1p.u.，同时直流线路开始充电，使得直流电压为 1.0p.u.，整流器和逆变器均为电流控制状态。

(2) 在 0.4s 时，参考电流从 0.1p.u.斜线上升到 1.0p.u.(2kA)，0.58s 时直流电流达到稳定值，整流器为电流控制状态，逆变器为电压控制状态，直流侧电压维持在 1.0p.u.(500kV)。在稳定状态下，整流器的触发延迟角在 16.5°附近，逆变器的触发延迟角在 143°附近。逆变器子系统还对两个 6 脉冲桥的各个晶闸管的熄弧角进行测量，熄弧角参考值为 12°，稳态时，最小熄弧角在 22°附近。

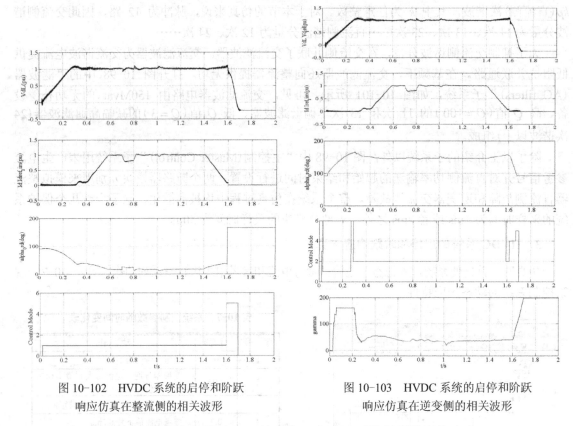

图 10-102 HVDC 系统的启停和阶跃响应仿真在整流侧的相关波形

图 10-103 HVDC 系统的启停和阶跃响应仿真在逆变侧的相关波形

（3）在 0.7s 时，参考电流出现-0.2p.u.的变化，在 0.8s 时恢复到设定值。

（4）在 1.0s 时，参考电流出现-0.1p.u.的偏移，在 1.1s 时恢复到设定值。从图 10-103 中可见系统的阶跃响应。此时逆变器的熄弧角仍然大于参考值。

（5）在 1.4s 时，触发信号关断，使得电流斜线下降到 0.1p.u.。

（6）在 1.6s 时，整流器侧的触发延迟角被强制设置为 166°，逆变器侧的触发延迟角被强制设置为 92°，使得直流线路放电。

（7）在 1.7s 时两个变换器均关断，变换器控制状态为 0。变换器控制状态及意义见表 10-8。

表 10-8 变换器控制状态及意义

状态	意义
0	关断
1	电流控制
2	电压控制
3	α 最小值限制
4	α 最大值限制
5	α 的设定值或者常数
6	γ 控制

10.5.2 静止无功补偿器

1. SVC 的基本结构与工作原理

静止无功补偿器(SVC)的构成形式有多种，但基本元件是晶闸管控制的电抗器（Thyristor Controlled Reactor，TCR）和晶闸管投切的电容器(Thyristor Switched Capacitor,

TSC)。图 10-104 所示为常用的 SVC 原理图,图中降压变压器是为了降低 SVC 造价,而引入的滤波器则是用来吸收 SVC 装置所产生的谐波电流的。

2. SVC 仿真模型构建

在 Simulink 环境下构建 SVC 仿真模型如图 10-105 所示。系统子模块 Signal Processing 的模型结构如图 10-106 所示。

3. 模型参数的设置

SVC 模块的参数设置如图 10-107 所示

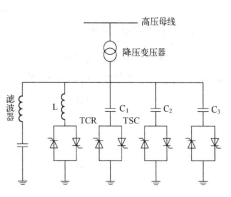

图 10-104　SVC 原理图

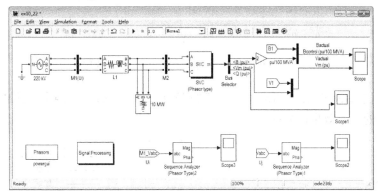

图 10-105　SVC 仿真模型图

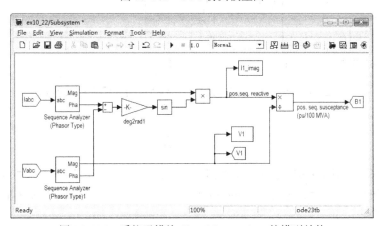

图 10-106　系统子模块 Signal Processing 的模型结构

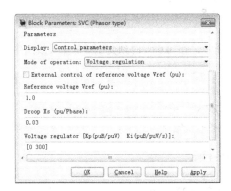 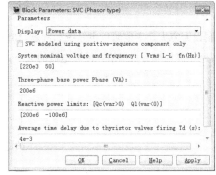

图 10-107　SVC 模块的参数设置

4. 仿真结果及分析

运行仿真，如图 10-108 所示。可见，在电压源电压发生变化时，SVC 装置输出的无功功率也随之变化，限制了母线电压的升高或降低。

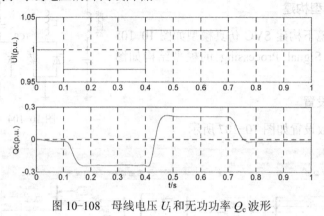

图 10-108　母线电压 U_i 和无功功率 Q_c 波形

进一步，通过加 SVC 装置和未加 SVC 装置的母线电压 U_j 随电源电压的变化来说明 SVC 装置对母线电压的控制效果，如图 10-109 所示。

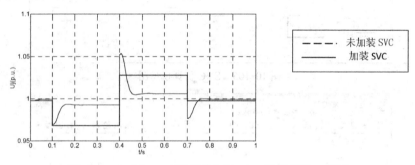

图 10-109　未加 SVC 装置和加装 SVC 装置后的 U_j 波形

小　　结

本章主要介绍了 MATLAB 在电力系统中的应用，如利用 MATLAB 实现电力系统的潮流计算、电力系统的故障分析、电力系统的稳定性分析、电力系统的继电保护和高压直流输电及柔性输电的仿真等。

习　　题

10-1　假设无穷大功率电源供电系统如图题 10-1 所示，在 0.08s 时刻变压器低压母线发生三相短路故障，仿真其短路电流周期分量幅值和冲激电流的大小。

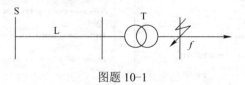

图题 10-1

10-2　如图题 10-2 所示的双侧电源电力系统，电源 $\dot{E}_M = 220\angle 30°\,\text{kV}$，$\dot{E}_N = 210\angle 0°\,\text{kV}$，为了简化仿真

设置两个电源的内阻相等，且阻抗角与线路相同，$Z_{s.M} = Z_{s.N} = 0.226\angle 73.13°\,\Omega$；线路 MN 长度为 100km，采用 LGJ-240/40 型架空线路，单位正序阻抗 $z_1 = 0.451\angle 73.13°\,\Omega/\text{km}$。根据以上参数，建立电力系统的 Simulink 仿真模型。

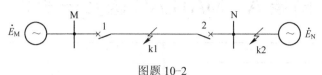

图题 10-2

10-3 双侧电源电力系统如图题 10-3 所示，电源 $\dot{E}_M = 115\angle 10°\,\text{kV}$，$\dot{E}_N = 105\angle 0°\,\text{kV}$，为了简化仿真，设置两个电源的内阻相等，且阻抗角与线路相同，$Z_s = Z_{s.M} = Z_{s.N} = 0.226\angle 73.13°\,\Omega$；线路 MN 长度为 150km，采用 LGJ-240/40 型架空线路，单位正序阻抗 $z_1 = 0.451\angle 73.13°\,\Omega/\text{km}$，保护 1 和保护 2 处电流互感的电流比为 600/5。根据以上参数，建立电力系统的 Simulink 仿真模型。

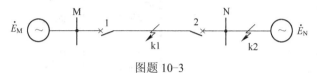

图题 10-3

本章习题答案扫描二维码。

附录 A MATLAB 函数一览表

函 数 名	功 能	函 数 名	功 能
+	加	all( )	测试向量中所有元素是否为真
−	减	alim( )	透明比例
*	矩阵乘	allchild( )	获取所有子对象
.*	向量乘	alpha( )	透明模式
^	矩阵乘方	alphamap( )	透明查看表
.^	向量乘方	amod( )	模拟带通信号调制
\	矩阵左除	amodce( )	模拟基带信号调制
/	矩阵右除	and( )	逻辑与
.\	向量左除	angle( )	相位函数
./	向量右除	ans	缺省的计算结果变量
:	向量生成或子阵提取	any( )	测试向量中是否有真元素
( )	下标运算或参数定义	apkconst( )	绘制 ASK-PSK 信号星座图
[ ]	矩阵生成或空矩阵	appcoef2( )	提取二维信号小波分解的近似分量
{ }	定义传递函数阵	area( )	区域填充
.	结构字体获取符	arithdeco( )	算术解码
…	续行标志	arithenco( )	对一符号序列进行算术编码
,	分行符（该行结果显示）	asec( )	反正割函数
;	分行符（该行结果不显示）	asech( )	反双曲正割函数
%	注释标志	asin( )	反正弦函数
!	操作系统命令提示符	asinh( )	反双曲正弦函数
'	矩阵转置	atan( )	反正切函数
.'	向量转置	atan2( )	四个象限内反正切函数
=	赋值运算	atanh( )	反双曲正切函数
==	关系运算之相等	auread( )	读.au 文件
~=	关系运算之不等	auwrite( )	写.au 文件
<	关系运算之小于	awgn( )	将高斯噪声叠加到信号上
<=	关系运算之小于等于	axes( )	坐标轴标度设置
>	关系运算之大于	axlimdlg( )	坐标轴设限对话框
>=	关系运算之大于等于		B
&	逻辑运算之与	bar( )	条形图绘制
|	逻辑运算之或	bar3( )	3 维条形图绘制
~	逻辑运算之非	bar3h( )	3 维水平条形图绘制
	A	barh( )	水平条形图绘制
abs( )	绝对值或幅值函数	bartlett( )	Bartlett 窗
acos( )	反余弦函数	bchdeco( )	BCH 解码器
acosh( )	反双曲余弦函数	bchpoly( )	产生 BCH 码的参数或生成多项式
acot( )	反余切函数	besselap( )	Bessel 模拟低通滤波器原型设计
acoth( )	反双曲余切函数	besself( )	Bessel 模拟滤波器设计
acsc( )	反余割函数	besselh( )	bessel 函数(hankel 函数)
acsch( )	反双曲余割函数	besseli( )	改进的第一类 bessel 函数
addpath	增加一条搜索路径	besselj( )	第一类 bessel 函数
ademod( )	模拟带通信号解调	besselk( )	改进的第二类 bessel 函数
ademodce( )	模拟基带信号解调	bessely( )	第二类 bessel 函数
airy( )	airy 函数	beta( )	beta 函数
align( )	坐标轴与用户接口控制的对齐工具	betainc( )	非完全的 beta 函数

函 数 名	功 能	函 数 名	功 能
betaln( )	beta 对数函数	cell( )	单元数组生成
bi2de( )	二进制向量转换为十进制	cell2struct( )	单元数组转换成结构数组
bitand( )	位求与	celldisp( )	显示单元数组内容
bitcmp( )	位求补	cellplot( )	单元数组内容的图形显示
biterr( )	计算误比特数和误比特率	char( )	生成字符串
bitget( )	位获取	cheb1ap( )	Chevbyshev1 型模拟低通滤波器原型
bitmax( )	求最大无符号浮点整数	cheb1ord( )	Chebyshev 1 型滤波器阶数的选择
bitor( )	位求或	cheb2ap( )	Chevbyshev2 型模拟低通滤波器原型
bitset( )	位设置	cheb2ord( )	Chebyshev 2 型滤波器阶数的选择
bitshift( )	位移动	chebwin( )	Chebyshev 窗
bitxor( )	位异或	cheby1( )	Chebyshev 1 型滤波器设计（通带波纹）
blackman( )	Blackman 窗	cheby2( )	Chebyshev 2 型滤波器设计（阻带波纹）
blanks( )	设置一个由空格组成的字符串	colordef( )	颜色默认设置
blkproc( )	对图像进行分块处理	colstyle( )	用字符串说明颜色和风格
bone( )	带有蓝色调的灰度的调色板	comet( )	慧星状轨迹绘制
box( )	坐标轴盒状显示	comet3( )	三维慧星状轨迹绘制
boxcar( )	矩形窗	compan( )	生成伴随矩阵
break	中断循环执行的语句	compand( )	μ 律或 A 律压扩编码
brighten( )	图形亮度调整	compass( )	罗盘图
btndown( )	组按钮中按钮按下	compose( )	符号表达式的符合运算
btngroup( )	组按钮生成	computer	运行 MATLAB 的机器类型
btnpress( )	组按钮中按钮按下管理	cond( )	求矩阵的条件数
btnstate( )	查询组按钮中按钮状态	condest( )	估算‖*‖ 范数
btnup( )	组按钮中的按钮弹起	coneplot( )	三维流管图
builtin( )	执行 MATLAB 内建的函数	conj( )	共轭复数函数
buttap( )	Butterworth 模拟低通滤波器原型设计	contour( )	等高线绘制
butter( )	Butterworth 滤波器设计	contour3( )	三维等高线绘制
buttord( )	Butterworth 型滤波器阶数的选择	contourc( )	等高线绘图计算
	C	contourf( )	等高线填充绘制
camlight( )	创建和设置光线的位置	contrast( )	灰度对比度设置
campos( )	相机位置	conv( )	卷积与多项式乘法
camproj( )	相机投影	conv2( )	二维卷积
camtarget( )	相机目标	convenc( )	卷积编码
camup( )	相机抬升向量	cool( )	以天蓝粉色为基色的调色板
camva( )	相机视角	copper( )	线性铜色调的调色板
capture( )	屏幕抓取	copyobj( )	图形对象拷贝
cart2pol( )	笛卡尔坐标到极坐标转换	corrcoef( )	相关系数计算
cart2sph( )	笛卡尔坐标到球面坐标转换	cos( )	余弦函数
case	与 Swith 结合实现多路转移	cosh( )	双曲余弦函数
cat( )	数组连接	cot( )	余切函数
caxis( )	坐标轴伪彩色设置	coth( )	双曲余切函数
cbedit( )	回调函数编辑器	cov( )	协方差计算
cceps( )	倒谱分析和最小相位最构	cplxpair( )	依共轭复数对重新排序
cd	改变当前工作目录	cputime	所用的 CPU 时间
cdf2rdf( )	复块对角阵到实块对角阵转换	cremez( )	非线性等波纹 FIR 滤波器设计
cedit	设置命令行编辑与回调的函数	cross( )	矩阵的叉积
ceil( )	沿+∞方向取整	csc( )	余割函数

函 数 名	功 能	函 数 名	功 能
chirp( )	产生扫描频率余弦	dbtype	列出带命令行标号的 m 文件
chol( )	Cholesky 分解	dbup	改变局部工作空间内容
cla( )	清除当前坐标轴	dct( )	一维离散余弦变换
clabel( )	等高线高程标志	dct2( )	二维离散余弦变换
class( )	生成一个类对象	dctmtx( )	对图像进行压缩重构
clc	清除命令窗口显示	ddeadv( )	设置 DDE 连接
clear	删除内存中的变量与函数	ddeexec( )	发送要执行的串
clf	清除当前图形窗口	ddeinit( )	DDE 初始化
clock	时钟	ddemod( )	数字带通信号解调
close( )	关闭图形窗口	ddemodce( )	数字基带信号解调
clruprop( )	清除用户自定义属性	ddepoke( )	发送数据
cntourslice( )	切片面板中的等值线	ddereq( )	接受数据
cohere( )	相干函数平方幅值估计	ddeterm( )	DDE 终止
collect( )	合并符号表达式的同类项	ddeunadv( )	释放 DDE 连接
colmmd( )	列最小度排序	de2bi( )	十进制向量转换为二进制
colorbar( )	颜色条设置	deblank( )	删除结尾空格
colormap( )	调色板设置	dec2hex( )	十进制到十六进制的转换
colperm( )	由非零元素的个数来排序各列	decimate( )	降低序列的采样频率
convmtx( )	有限域向量的卷积矩阵	decode( )	纠错码解码
cosets( )	有限域陪集计算	deconv( )	因式分解与多项式乘法
csch( )	双曲余割函数	delete	删除文件
csd( )	互功率谱密度估计	demo	运行 MATLAB 演示程序
csvread( )	将文本文件数据读入 MATLAB 工作区	demod( )	通信仿真中的解调
csvwrite( )	将 MATLAB 工作区变量写入文本文件	demodmap( )	解调模拟信号星座图映射到数字信号
cumprod( )	向量累积	det( )	求矩阵的行列式
cumsum( )	向量累加	detcoef2( )	提取二维信号小波分解的细节分量
curl( )	向量场的卷曲和角速率	determ( )	符号矩阵行列式运算
cyclgen( )	产生循环码的生成矩阵和校验矩阵	detrend( )	去除线性趋势
cyclpoly( )	产生循环码的生成多项式	dftmtx( )	离散傅立叶变换矩阵
cylinder( )	圆柱体生成	diag( )	建立对角矩阵或获取对角向量
czt( )	Chirp z-变换	dialog( )	对话框生成
D		diary	将 Matlab 运行命令存盘
date( )	日期	diff( )	符号微分
datenum( )	日期(数字串格式)	diffuse( )	图象漫射处理
datestr( )	日期(字符串格式)	digits( )	设置可变精度
datevec( )	日期(年月日分离格式)	dir	列出当前目录的内容
dbclear	清除调试断点	diric( )	产生 Dirichlet 函数或周期 Sinc 函数
dbcont	调试继续执行	disp( )	显示矩阵或文本
dbdown	改变局部工作空间内容	dither( )	用抖动法转换图像
dblquad( )	双重积分	divergence( )	向量场的差异
dbmex	启动对 MEX 文件的调试	dlmread( )	将文本文件数据读入 MATLAB 工作区
dbquit	退出调试模式	dlmwrite( )	将 MATLAB 工作区变量写入文本文件
dbstack	列出函数调用关系	dmod( )	数字带通信号调制
dbstatus	列出所有断点的情况	dmperm( )	Dulmage-Mendelsohn 分解
dbstep	单步执行	dmodce( )	数字基带信号调制
dbstop	设置调试断点	doc( )	装入超文本文档

函 数 名	功 能	函 数 名	功 能
dot( )	矩阵的点积	exp( )	指数函数
double( )	转换成双精度型	expand( )	对符号表达式进行展开
dpcmdeco( )	差分脉冲调制解码	expint( )	指数积分函数
dpcmenco( )	差分脉冲调制编码	expm( )	矩阵指数函数
dpcmopt( )	训练序列对差分脉冲调制参数优化	eye( )	产生单位阵
dpss( )	Slepain 序列	eyediagram( )	产生眼图
dpssclear( )	去除数据库 Slepain 序列	ezcontour( )	简易等值线生成器
dpssdir( )	从数据库目录消去 Slepain 序列	ezcontourf( )	简易填充等值线生成器
dpssload( )	从数据库调入 Slepain 序列	ezgraph3( )	简易一般表面绘图器
dpsssave( )	Slepain 序列存入数据库	ezmesh( )	简易三维网格绘图器
drawnow( )	清除未决的图形对象事件	ezmeshc( )	简易三维网格图叠加等值线图生成器
dsolve( )	微分方程求解	ezplot( )	函数画图
dwt2( )	二维离散小波变换	ezplot3( )	简易三维参数曲线绘图器
dwtpet2( )	二维周期小波变换	ezpolar( )	简易极坐标绘图器
E		ezsurf( )	简易三维彩色绘图器
echo	显示文件中的 MATLAB 命令	ezsurfc( )	简易三维曲面叠加等值线图绘图器
edge( )	图像边缘提取	F	
edit	编辑 M 文件	factor( )	对符号表达式进行因式分解
edtext( )	坐标轴文本对象编辑	fclose( )	关闭文件
eig( )	求矩阵的特征值和特征向量	feather( )	羽状图形绘制
eigensys( )	符号矩阵的特征值与特征向量	feof( )	文件结尾检测
eigs( )	求稀疏矩阵特征值和特征向量	ferror( )	文件 I/O 错误查询
ellip( )	椭圆滤波器设计	feval( )	执行字符串指定的文件
ellipap( )	椭圆低通滤波器原型设计	fft( )	离散 Fourier 变换
ellipj( )	Jacobi 椭圆函数	fft2( )	二维离散 Fourier 变换
ellipke( )	完全椭圆积分	fftfilt( )	重叠相加法 FFT 滤波器实现
ellipord( )	椭圆滤波器阶次选择	fftshift( )	fft 与 fft2 输出重排
ellipsoid( )	创建椭球体	fgetl( )	读文本文件（无行结束符）
else	与 if 一起使用的转移语句	fgets( )	读文本文件（含行结束符）
elseif	与 if 一起使用的转移语句	fieldnames( )	获得结构的字段名
encode( )	纠错码编码	figure( )	生成图形窗口
end	结束控制语句块	fill( )	填充二维多边形
eomday( )	计算月末	fill3( )	三维多边形填充
eps	浮点数相对精度	filter( )	一维数字滤波
eq( )	等于	filter2( )	二维数字滤波
erf( )	误差函数	filtfilt( )	零相位数字滤波
erfc( )	互补误差函数	filtic( )	函数 filter 初始条件选择
erfcx( )	比例互补误差函数	find( )	查找非零元素的下标
erfinv( )	逆误差函数	findall( )	查找所有对象
error	显示信息和终止功能	findobj( )	查找对象
errorbar( )	误差条形图绘制	findstr( )	子串查找
errordlg( )	错误对话框	finverse( )	符号表达式的反函数运算
etime( )	所用时间函数	fir1( )	窗函数 FIR 滤波器设计（标准响应）
etree( )	给出矩阵的消元树	fir2( )	窗函数 FIR 滤波器设计（任意响应）
etreeplot( )	画消元树	fircls( )	多频带滤波的最小方差 FIR 滤波器设计
eval( )	符号表达式转换为数值表达式	fircls1( )	FIR 滤波器最小方差设计
exist( )	检测变量或文件是否定义	firs( )	最小线性相位滤波器设计

函 数 名	功 能	函 数 名	功 能
firrcos( )	升余弦 FIR 滤波器设计	get( )	获得对象属性
fix( )	舍去小数至最近整数	getappdata( )	获得结构的数据值
flag( )	以红白蓝黑为基色的调色板	getenv	获得环境参数
fliplr( )	按左右方向翻转矩阵元素	getfield( )	获得结构的字段值
flipud( )	按上下方向翻转矩阵元素	getframe( )	获取动画帧
floor( )	沿 $-\infty$ 方向取整	getptr( )	获得窗口指针
flops	浮点运算计数	getstatus( )	获取窗口中文本串状态
fmin( )	一元函数的极小值	getuprop( )	获取用户自定义属性
fmins( )	多元函数的极小值	gf( )	生成一个有限域数组
fminsearch( )	多元函数的极小值	gfadd( )	有限域的多项式加法
fminunc( )	多元函数的极小值	gfconv( )	有限域的多项式乘法
fopen( )	打开文件	gfcosets( )	有限域陪集计算
for	循环语句	gfdeconv( )	有限域的多项式除法
format	设置输出格式	gfdiv( )	有限域中除一个元素
fourierc( )	Fourier 变换	gffilter( )	有限域滤波计算
fplot( )	函数画图	gfhelp( )	生成适于有限域数组的操作表
fprintf( )	写格式化数据到文件	gflineq( )	有限域中解方程 ax=b
frame2im( )	将动画框转换为索引图片	gfminpol( )	寻找有限域的最小多项式
fread( )	读二进制流文件	gfmul( )	有限域乘法
freqs( )	模拟滤波器频率响应	gfpretty( )	按传统方式显示多项式
freqspace( )	频率响应的频率空间设置	gfprimck( )	检测多项式是否为本原多项式
freqz( )	数字滤波器频率响应	gfprimdf( )	产生有限域的本原多项式
frewind( )	文件指针回绕	gfprimfd( )	找出有限域中的本原多项式
fscanf( )	从文件读格式化数据	gfrank( )	在有限域中计算一个矩阵的秩
fseek( )	设置文件指针位置	gfrepcov( )	改变有限域中多项式的表示方法
fsolve( )	非线性方程组求解	gfroots( )	在有限域中计算多项式的根
fspecial( )	生成滤波时所用的模板	gfsub( )	有限域除法
ftell( )	获得文件指针位置	gftable( )	创建一个文件以便加快有限域计算
full( )	稀疏矩阵转换为常规矩阵	gftrunc( )	将多项式的表示方式化为最简
function	MATLAB 函数定义关键词	gftuple( )	简化或转换有限域中的元素表示方法
funm( )	矩阵任意函数	gfweight( )	计算线性分组码的最小距离
fwrite( )	写二进制流文件	ginput( )	获取鼠标输入
fzero( )	一元函数的零点值	global	定义全局变量
G		gplot( )	绘制图论图形
gallery( )	生成一些小的测试矩阵	gradient( )	梯度计算
gamma( )	gamma 函数	gray( )	线性灰度的调色板
gammainc( )	非完全 gamma 函数	gray2ind( )	灰度图像或二值图像向索引图像转换
gammaln( )	Gamma 对数函数	graymon( )	灰度监视器图形默认设置
gauspuls( )	产生高斯调制正弦脉冲	grayslice( )	设定阈值将灰度图像转换为索引图像
gca( )	获得当前坐标轴句柄	grid( )	坐标网络线开关设置
gcbf( )	获得当前回调窗口的句柄	griddata( )	数据网络的插值生成
gcbo( )	获得当前回调对象的句柄	grpdelay( )	群延迟
gcd( )	最大公约数	gt( )	大于
gcf( )	获得当前图形的窗口句柄	gtext( )	在鼠标位置加文字说明
gco( )	获得当前对象的句柄	guide( )	GUI 设计工具
ge( )	大于等于	H	
gen2par( )	生成矩阵和校验矩阵的转换	hadamard( )	生成 hadamard 矩阵

函 数 名	功 能	函 数 名	功 能
hammgen( )	产生汉明码的生成矩阵和校验矩阵	imshow( )	图像显示函数
hamming( )	Hamming 窗	imsubtract( )	2 幅图像相减
hankel( )	生成 hankel 矩阵	imtool( )	图像显示函数
hanning( )	Hanning 窗	imview( )	图像显示函数
help	启动联机帮助	imwrite( )	保存图像到文件
helpdlg( )	帮助对话框	ind2gray( )	索引图像向灰度图像转换
hess( )	求 Hessenberg 矩阵	ind2rgb( )	索引图像向 RGB 图像转换
hex2dec( )	十六进制到十进制的转换	inf	无穷大
hex2num( )	十六进制到 IEEE 标准下浮点数的转换	inferiorto( )	建立类的层次关系
hidden( )	网络图的网络线开关设置	inline( )	建立一个内联对象
hilb( )	生成 hilbert 矩阵	input( )	请求输入
hilbert( )	希尔伯特（Hilbert）变换	inputdlg( )	输入对话框
hist( )	直方图绘制	inputname	输入参数名
histeq	直方图均衡化、规定化处理	int( )	符号积分
hold( )	设置当前图形保护模式	int2str( )	变整数为字符串
home	将光标移动到左上角位置	interp( )	整数倍提高采样频率
horner( )	转换成嵌套形式的符号表达式	interp1( )	一维插值（查表）
hot( )	以黑红黄白为基色的调色板	interp2( )	二维插值（查表）
hsv( )	色度饱和度亮度调色板	interp3( )	三维插值（查表）
hsv2rgb( )	不同颜色空间图像的转换	interpft( )	基于 Fourier 变换的一维插值
I		interpn( )	多维插值（查表）
i	复数中的虚单位	interpstreamspeed( )	内插源于速度的流线顶点
icceps( )	倒复时谱	intfilt( )	插值 FIR 滤波器设计
idct ( )	离散余弦逆变换	inv( )	矩阵求逆
idwt2( )	二维离散小波反变换	invfreqs( )	模拟滤波器拟合频率响应
idwtper2( )	二维周期小波反变换	invfreqz( )	离散滤波器拟合频率响应
if	条件转移语句	invhilb( )	生成逆 hilbert 矩阵
ifft( )	离散 Fourier 逆变换	ipermute( )	任意改变矩阵维数序列
ifft2( )	二维离散 Fourier 逆变换	isa( )	判断对象是否属于某一类
ifourierc( )	Fourier 反变换	isappdata( )	核对结构的数据是否存在
ilaplace( )	Laplace 变换	iscell( )	如果是单元数组则返回真
im2frame ( )	将索引图片转换为动画框	isempty( )	若参数为空矩阵，则结果为真
im2java( )	一般图像向 Java 图像转换	isfield( )	如果字段属于结构则返回真
imabsdiif( )	2 幅图像的绝对差	isglobal( )	若参数为全局变量，则为真
imadd( )	2 幅图像相加	ishold( )	若当前绘图状态为 ON，则结果为真
imadjust( )	灰度线性与非线性变换	isprimitive( )	检测有限域中的本原多项式
imag( )	求虚部函数	isieee	若有 IEEE 算术标准，则为真
image( )	创建图像对象	isinf( )	若参数为 inf，则结果为真
imagesc( )	数据比例化并图形显示	isletter( )	若字符串为字母组成，则为真
imcomplement( )	补足 1 幅图像	isnan( )	若参数为 NaN，则结果为真
imdivide( )	2 幅图像相除	isobject( )	如果是一个对象则返回真
imfinfo( )	获得图形文件信息	isocaps( )	等表面终端帽盖
imlincomb( )	2 幅图像的线性组合	isocolors( )	等表面和阴影颜色
immultiply( )	2 幅图像相乘	isonormals( )	等表面法向
imnoise( )	对 1 幅图像加入不同类型的噪声	isosurface( )	等表面提取器
impz( )	数字滤波器的脉冲响应	isreal( )	若参数 A 无虚部，则结果为真
imread( )	从文件读取图像	isspace( )	若参数为空格，则结果为真

函 数 名	功 能	函 数 名	功 能
issparse( )	若矩阵为稀疏,则结果为真	lp2hp( )	低通至高通模拟滤波器变换
isstr( )	若参数为字符串,则结果为真	lp2lp( )	低通至低通模拟滤波器变换
isstruct( )	如果是结构则返回真	lpc( )	线性预测系数
istrellis( )	检测输入是否为有效的格形结构	lscov( )	最小二乘方差
iztrans( )	Z 反变换	lt( )	小于
		lu( )	矩阵的 LU 三角分解
J		M	
j	复数中的虚数单位	magic( )	生成 magic 矩阵
jordan( )	符号矩阵约当标准型运算	makemenu( )	生成菜单结构
K		marcumq( )	产生 Marcum Q 函数
kaiser( )	Kaiser 窗	mask2shift( )	将向量转换为移位寄存器形式
kaiserord( )	用凯赛(Kaiser)窗估计 fir1 参数	material( )	材料反射模式
keyboard	启动键盘管理	matlabrc	启动主程序
kron( )	Kronecker 乘积函数	matlabroot	获得 MATLAB 的安装根目录
L		max( )	求向量中最大元素
labelrgb( )	标志图像向 RGB 图像转换	maxflat( )	通用数字 Butterworth 滤波器设计
laplace( )	Laplace 变换	mean( )	求向量中各元素均值
lasterr( )	查询上一条错误信息	medfilt1( )	一维中值滤波
lastwarn( )	查询上一条警告信息	medfilt2( )	二维中值滤波
latc2tf( )	格型滤波器转换为传递函数形式	median( )	求向量中中间元素
latcfilt( )	格型梯形滤波器实现	menu( )	菜单生成
lcm( )	最小公倍数	menubar( )	设置菜单条属性
le( )	小于等于	menuedit( )	菜单编辑器
legend( )	图形图例	mesh( )	三维网格图形绘制
legendre( )	Legendre 伴随函数	meshc( )	带等高线的三维网格绘制
length( )	查询向量的维数	meshgrid( )	构造三维图形用 xy 阵列
levinson( )	Levinson-Durbin 递归算法	meshz( )	带零平面的三维网格绘制
light( )	光源生成	methods( )	显示所有方法名
lightangle( )	光线的极坐标位置	min( )	求向量中最小元素
lighting( )	光照模式设置	minpily( )	寻找有限域的最小多项式
limit( )	符号极限	modmap( )	数字信号映射为模拟信号
line( )	线生成	modulate( )	通信仿真中的调制
linsolve( )	奇次线性代数方程组求解	more	控制命令窗口的输出页面
linspace( )	构造线性分布的向量	movie( )	播放动画帧
listdlg( )	列表选择对话框	moviein( )	初始化动画框内存
lloyds( )	训练序列结合 lloyd 算法优化标量量化	msgdlg( )	消息对话框
load	从文件中装入数据	N	
log( )	以 e 为底的对数,即自然对数	NaN	非数值常量(常有 0/0 或 Inf/Inf)获得
log10( )	以 10 为底的对数	nargchk( )	函数输入输出参数个数检验
log2( )	以 2 为底的对数	nargin	函数中参数输入个数
logical( )	将数字量转化为逻辑量	nargout	函数中输出变量个数
loglog( )	全对数二维坐标绘制	ndgrid( )	N 维数组生成
logm( )	矩阵对数函数	ndims( )	求矩阵维数
logspace( )	构造等对数分布的向量	ne( )	不等于
lookfor	搜索关键词的帮助	nextpow2( )	找出下一个 2 的指数
lower( )	字符串小写	nls( )	非负最小二乘
lp2bp( )	低通至带通模拟滤波器变换	nnz( )	稀疏矩阵的非零元素个数
lp2bs( )	低通至带阻模拟滤波器变换		

函 数 名	功 能	函 数 名	功 能
nonzeros( )	稀疏矩阵的非零元素	poly2rc( )	多项式系数转换为反射系数
norm( )	求矩阵的范数	poly2sym( )	将等价系数向量转换成它的符号多项式
normest( )	估算$\|*\|_2$范数	poly2str( )	将等价系数向量表示成它的符号多项式
not( )	逻辑非	poly2trellis( )	多项式转换为格形表示
now	当前日期与时间	polyder( )	多项式求导
null( )	右零空间	polyeig( )	多项式特征值
num2cell( )	将数值数组转换为单元数组	polyfit( )	数据的多项式拟合
num2str( )	变数值为字符串	polystap( )	稳定多项式
numden( )	提取分子与分母	polyval( )	多项式求值
numeric( )	符号表达式转换为数值表达式	polyvalm( )	多项式矩阵求值
nzmax( )	允许的非零元素空间	popupstr( )	获取弹出式菜单选中项的字符串
O		pow2( )	基2标量浮点数
oct2dec( )	八进制转换为十进制	ppval( )	分段多项式求值
ode23( )	微分方程数值解法	pretty( )	以简便方式显示符号表达式
ode45( )	微分方程数值解法	primpoly( )	找出有限域中的本原多项式
odefile( )	对文件定义的微分方程求解	print( )	打印图形或将图形存盘
odeget( )	获得微分方程求解的可选参数	printpreview( )	创建打印对话框
odeset( )	设置微分方程求解的可选参数	printdlg( )	打印对话框
ones( )	产生元素全部为1的矩阵	printopt( )	设置打印机为默认值
openfig( )	打开益友的拷贝	prism( )	光谱颜色表
orient( )	设置纸的方向	prod( )	对向量中各元素求积
or( )	逻辑或	prony( )	Prony算法的时域IIR滤波器设计
orth( )	正交空间	propedit( )	属性编辑器
otherwise	多路转移中的缺省执行部分	psd( )	功率谱密度估计
P		pulstran	产生脉冲串
pack	整理工作空间内存	Q	
pade( )	纯延迟系统的Pade近似	qaskdeco( )	矩形QASK星座图中的信号映射为数字信号
pagedlg( )	页位置对话框	qaskenco( )	数字信号映射为矩形QASK星座图中的信号
pareto( )	pareto图绘制	qr( )	矩阵QR分解
pascal( )	生成pascal矩阵	qrdelete( )	QR分解中删除一行
patch( )	创建阴影	qrinsert( )	QR分解中插入一行
path	设置或查询MATLAB路径	qrwrite( )	保存一段Quick Time电影文件
pause( )	暂停执行	quad( )	低阶数值积分法(Simpson法)
pcolor( )	伪色绘制	quadl( )	高阶数值积分法(Cotes法)
permute( )	任意改变矩阵维数序列	questdlg( )	请求对话框
pi	圆周率π	quit	退出MATLAB环境
pie( )	饼状图绘制	quiver( )	矢量图
pie3( )	三维饼图	quiver3( )	三维矢量图
pink( )	粉色色调的调色板	quantiz( )	产生量化序号和量化值
pinv( )	求伪逆矩阵	qz( )	QZ算法求矩阵特征值
plot( )	线性坐标图形绘制	R	
plot3( )	三维线或点型图绘制	rand( )	产生随机分布矩阵
plotedit( )	编辑和标注图形工具	randerr( )	产生随机无码图样
plotmatrix( )	散点图矩阵	randint( )	产生均匀分布的随机整数
pol2cart( )	极坐标到笛卡尔坐标转换	randn( )	产生正态分布矩阵
polar( )	极坐标图形绘制	randperm( )	产生随机置换向量
poly( )	求矩阵的特征多项式	randsrc( )	用预定义的字母表产生随机矩阵

函 数 名	功 能	函 数 名	功 能
rank( )	求矩阵的秩	rsencof( )	对一个 ASCII 文件进行 RS 编码
remez( )	Parks-McClellan 优化滤波器设计	rsgenpoly( )	产生 RS 码的生成多项式
remezord ( )	Parks-McCllan 优化滤波器阶估计		S
rat( )	有理逼近	save	将工作空间中的变量存盘
rats( )	有理输出	sawtooth( )	产生锯齿波或三角波
rcond( )	LINPACK 倒数条件估计	saxis( )	声音坐标轴处理
rc2poly( )	反射系数转换为多项式系数	scatter( )	散点图
rceps( )	实时谱和最小相位重构	scatter3( )	三维散点图
real( )	求实部函数	schur( )	Schur 分解
realmax	最大浮点数值	script	MATLAB 语句及文件信息
realmin	最小浮点数值	scatterplot( )	产生散列图
rectangle( )	创建矩阵	sec( )	正割函数
rectpuls( )	产生非周期矩形信号	sech( )	双曲正割函数
reducepatch( )	减少阴影表面个数	selectmove-resize( )	对象的选择、大小设置、拷贝
reducevolume( )	减少体积数据	semilogx( )	x 轴半对数坐标图形绘制
refresh( )	图形窗口刷新	semilogy( )	y 轴半对数坐标图形绘制
rem( )	求除法的余数	set( )	设置对象属性
remapfig( )	改变窗口中对象的位置	setappdata( )	设置结构的数据值
repmat( )	复制并排列矩阵元素	setfield( )	设置结构的字段值
resample( )	任意倍数改变采样速率	setptr( )	设置窗口指针
reset( )	重新设置对象属性	setstr( )	把 ASCII 码值变成字符串
reshape	改变矩阵维数	setstatus( )	设置窗口中文本串状态
residue( )	部分分式展开	setuprop( )	设置用户自定义属性
residuez( )	z-传递函数的部分分式展开	shading( )	设置渲染模式
return	返回调用函数	shg( )	显示图形窗口
rmfield( )	删除结构字段	shiftdim( )	矩阵维数序列的左移变换
rmpath	删除一条搜索路径	shrinkfaces( )	减少阴影表面大小
rmappdata( )	删除结构的数据值	sign( )	符号函数
rgbplot( )	灰色图	simple( )	对符号表达式进行化简
rgb2gray( )	彩色图到灰度图的转换	simplify( )	求解符号表达式的最简形式
rgb2hsv( )	不同颜色空间图像的转换	sin( )	正弦函数
rgb2ind( )	RGB 图像向索引图像转换	sinc( )	产生 sinc 函数
ribbon( )	带形图	singvals( )	符号矩阵奇异值运算
roots( )	求多项式的根	sinh( )	双曲正弦函数
rose( )	极坐标（角度）直方图绘制	size( )	查询矩阵的维数
rosser( )	典型的对称矩阵特征值测试	slice( )	切片图
rot90( )	将矩阵旋转 90 度	smooths( )	平滑三维数据
rotate( )	旋转指定了原点和方向的对象	solve( )	代数方程求解
rotate3d( )	设置三维旋转开关	sort( )	对向量中各元素排序
round( )	截取到最近的整数	sortrows( )	对矩阵中各行排序
rref( )	矩阵的行阶梯型实现	sos2ss( )	二阶级联转换为状态空间
rrefmovie( )	消元法解方程演示	sos2tf( )	二阶级联转换为传递函数
rsf2csf( )	实块对角阵到复块对角阵转换	sos2zp( )	二阶级联转换为零极点增益形式
rsdec( )	RS 解码器	sound( )	将向量转换成声音
rsenc( )	RS 编码器	spalloc( )	为非零元素定位存储空间
rsdecof( )	将 RS 编码的 ASCII 文件解码	sparse( )	常规矩阵转换为稀疏矩阵

函数名	功能	函数名	功能
spaugment( )	最小二乘算法形成	struct2cell( )	将结构数组转换为单元数组
specgram( )	频谱分析	sub( )	替换表达式的值
spconvert( )	由外部格式引入稀疏矩阵	subexpr( )	符号表达式的替换
spdiags( )	稀疏对角矩阵	subplot( )	将图形窗口分成几个区域
specular( )	设置镜面反射	subspace( )	子空间
speye( )	稀疏单位矩阵	sum( )	对向量中各元素求和
spfun( )	为非零元素定义处理函数	superiorto( )	建立类间的关系
sph2cart( )	球面坐标到笛卡尔坐标转换	surf( )	三维表面图形绘制
sphere( )	球体生成	surf2patch( )	将表面数据转换为阴影数据
spinmap( )	旋转色图	surface( )	表面生成
spones( )	用1代替非零元素	surfc( )	带等高线的三维表面绘制
spline( )	三次样条插值	surfl( )	带光照的三维表面绘制
spones( )	将零元素替换为1	surfnorm( )	曲面法线
spparms( )	设置稀疏矩阵参数	svd( )	奇异值分解
sprand( )	稀疏均匀分布随机矩阵	svds( )	稀疏矩阵奇异值分解
sprandn( )	稀疏正态分布随机矩阵	swith	与case结合实现多路转移
sprandsym( )	稀疏对称随机矩阵	symbfact( )	符号因子分解
sprank( )	计算结构秩	symmd( )	对称最小度排序
sprintf( )	数值的格式输出	symrcm( )	反向Cuthill-McKee排序
spy( )	绘制稀疏矩阵结构	symsum( )	符号序列求和
sqrt( )	平方根函数	sym( )	建立或转换符号表达式
sqrtm( )	矩阵平方根	sym2poly( )	将符号多项式转换成等价系数向量
squeeze( )	去除多维数组中的一维变量	symadd( )	符号加法
square( )	产生方波	symdiv( )	符号除法
ss2sos( )	状态空间转换为二阶级联形式	symmul( )	符号乘法
ss2tf( )	状态空间转换为传递函数	symerr( )	计算误码数和误码率
ss2zp( )	状态空间转换为零极点增益	sympow( )	符号幂运算
sscanf( )	数值的格式输入	symsub( )	符号减法
stairs( )	梯形图绘制	syms	建立符号表达式
std( )	对向量中各元素标准差	symvar( )	求符号变量
stem( )	针图	syndtable( )	产生故障解码器
stem3( )	三维火柴杆图	T	
str2mat( )	字符串转换成文本	tan( )	正切函数
str2num( )	变字符串为数值	tanh( )	双曲正切函数
strcmp( )	字符串比较	taylor( )	泰勒级展开
stmcb( )	Steiglitz-McBride迭代法求线性模型	tempdir	获得系统的缓存目录
stream2( )	二维流线图	tempname	获得一个缓存(temp)文件
stream3( )	三维流线图	text	在图形上加文字说明
streamline( )	二三维向量数据的流线图	textlabel( )	文本标签
streamparticles( )	流沙图	tf2latc( )	传递函数转换为格型滤波器
streamribbon( )	流带图	tf2ss( )	传递函数转换为状态空间
streamslice( )	切片面板中叠加流线图	tf2zp( )	传递函数转换为零极点增益
strings( )	MATLAB字符串函数说明	tfe( )	传递函数估计
strips( )	产生条图	tic	启动秒表计时器
strrep( )	子串替换	title( )	给图形加标题
strtok( )	标记查找	toc	读取秒表计时器
struct( )	将对象转换为结构数组	toeplitz( )	生成toeplitz矩阵

函数名	功能	函数名	功能
trace( )	求矩阵的迹	vpa( )	可变精度计算
trapz( )	梯形法求数值积分	**W**	
transpose( )	符号矩阵转置	waitbar( )	等待条显示
treeplot( )	画结构树	waitfor( )	中断执行
triang( )	三角窗	waitforbut-terpress( )	等待按钮输入
tril( )	取矩阵的下三角部分	warndlg( )	警告对话框
trimesh( )	网格图形的三角绘制	warning	显示警告信息
tripuls( )	产生非周期三角波	waterfall( )	瀑布型图形绘制
trisurf( )	表面图形的三角绘制	wavedec2( )	二维多层小波分解
triu( )	取矩阵的上三角部分	waverec2( )	二维信号的多层小波重构
textread( )	将文本文件数据读入 MATLAB 工作区	wavread( )	读 .wav 文件
textwrite( )	将 MATLAB 工作区变量写入文本文件	wavwrite( )	写 .wav 文件
type	列出 M 文件	wcodemat( )	对矩阵进行量化编码
U		weekday( )	星期函数
uicontextmenu( )	创建内容式菜单对象	wgn( )	产生高斯噪声
uicontrol( )	建立用户界面控制的函数	what	列出当前目录下的所有文件
uigetfile( )	标准的打开文件对话框	whatsnew	显示 MATLAB 的新特性
uimenu( )	创建下拉式菜单对象	which	找出函数与文件所在的目录
uint8( )	转换成无符号单字节整数	while	循环语句
uiputfile( )	标准的保存文件对话框	who/whos	列出工作空间中的变量名或详细情况
uiresume( )	继续执行	wiener2	对图像进行自适应滤波去噪
uisetcolor( )	颜色选择对话框	wilkinson( )	生成 wilkinson 特征值测试矩阵
uisetfont( )	字体选择对话框	wimenu( )	生成 windows 菜单项的子菜单
uiwait( )	中断执行	wklread( )	读一 Lotus 123 WK1 数据表
umtoggle( )	菜单对象选中状态切换	wklwrite( )	将一矩阵写入 Lotus 123 WK1 数据表
unicontrol( )	生成一个用户接口控制	wrcoef2( )	多层小波分解重构某一层的分解信号
unix	执行操作系统命令并返回结果	**X**	
unwrap( )	相角矫正	xlabel( )	给图形的 x 轴加文字说明
upfirdn( )	利用 fir 滤波器转换采样频率	xlgetrange( )	读 Excel 表格文件的数据
upper( )	字符串大写	xor( )	逻辑异或
upcoef2( )	由多层小波分解重构近似或细节分量	xcorr( )	互相关函数估计
upwlev2( )	二维小波分解的单层重构	xcorr2( )	二维互相关函数估计
V		xcov( )	互协方差函数估计
vander( )	生成 Vandermonde 矩阵	**Y**	
varargin	函数中输入的可选参数	ylabel( )	给图形的 y 轴加文字说明
varargout	函数中输出的可选参数	yulewalk( )	递归数字滤波器设计
vco( )	电压控制振荡器	**Z**	
vitdec( )	使用 Viterbi 算法卷积解码	zeros( )	产生零矩阵
version	显示 MATLAB 的版本号	zlabel( )	给图形的 z 轴加文字说明
vec2mat( )	向量转换为矩阵	zoom( )	二维图形缩放
view( )	设置视点	zp2sos( )	零极点增益形式转换为二阶级联形式
viewmtx( )	求视转换矩阵	zp2ss( )	零极点增益形式转换为状态空间
vissuite( )	可视组合	zp2tf( )	零极点增益转换为传递函数
volumebounds( )	为体积数据返回颜色限制	zplane( )	零极点图
voronoi( )	voronoi 图绘制	ztrans( )	Z 变换

附录 B MATLAB 函数分类索引

1. 常用命令函数

（1）管理用命：addpath; demo; doc; help; lasterr; lastwarn; lookfor; path; rmpath; type; version; what; whatsnew; which

（2）管理变量与工作空间用命令：clear; disp; length; load; pack; save; size; who; whos

（3）文件与操作系统处理命令：!; cd; delete; diary; dir; edit; getenv; matlabroot; tempdir; tempname; unix

（4）窗口控制命令：cedit; clc; echo; format; home; more

（5）特殊变量与常量：ans; computer; eps; flops; i; inf; inputname; j; NaN; nargin; nargout; pi; realmax; realmin; varargin; varargout

（6）时间与日期：clock; cputime; date; datenum; datestr; datevec; eomday; etime; now; tic; toc; weekday

（7）启动与退出命令：matlabrc; quit

2. 运算符与操作符函数

（1）运算符号与特殊字符：+; –; *; .*; ^; .^; \; /; .\; ./; :; ( ); [ ]; { }; . ; …; , ; ; ;%;!; '; .'; =

（2）关系与逻辑操作符：= =; ~=; <; <=; >; >=; &; |; ~

（3）关系运算函数：eq( ); ne( ); lt( ); gt( ); le( ); ge( )

（4）逻辑运算函数：and( );or( ); not( ); xor( ); any( ); all( )

（5）转换函数：logical( )

3. 测试与判断函数

（1）测试函数：isempty( ); isglobal( ); ishold( ); isieee; isinf( ); isletter( ); isnan( ); isreal( ); isspace( ); issparse( ); isstr( )

（2）判断函数：isa( ); exist( ); find( )

4. 语言结构与调试函数

（1）编程语言：builtin( );eval ( );feval( );function;global;nargchk( );script

（2）控制流程：break;case;else;elseif;end;error;for;if;otherwise;return;swith;warning;while

（3）交互输入：input( );keyboard;menu( );pause( );uicontrol( );uimenu( )

（4）面向对象编程：class( );double( );inferiorto( );inline( );isa( );superiorto( )

（5）调试：dbclear;dbcont;dbdown;dbmex;dbquit;dbstack;dbstatus;dbstep;dbstop;dbtype;dbup

5. 数学函数

（1）三角函数：sin( );asin( );sinh( );asinh( );cos( );acos( );cosh( );acosh( );tan( );atan( );tanh( ); atanh( );sec( );sech( );asec( );asech( );csc( );acsc( );csch( );acsch( );cot( );acot( );coth( ); acoth( );atan2( );

（2）指数对数函数：exp( ); pow2( );log10( );log2( );log( )

（3）复数函数：abs( ); imag( ); angle( ); real( );conj( )

（4）数值处理：fix( ); round( );floor( );rem( );ceil( );sign( )

（5）其他特殊数学函数：airy( ); besselh( ); besseli( ); besselj( ); besselk( ); bessely( ); beta( );

betainc( ); betaln( ); ellipj( ); ellipke( ) erf( ); erfc( ); erfcx( ); erfinv( ); expint( ); gamma( ); gammainc( ); gammaln( ); gcd( ); lcm( ); legendre( );rat( ); rats( ); sqrt( )

6. 矩阵函数

（1）常用矩阵函数：eye( );zeros( );ones( );rand( );randn( );diag( );compan( );magic( );hilb( ); invhilb( );gallery( );pascal( );toeplitz( );vander( ); wilkinson( ); linspace( ); logspace( )

（2）矩阵分析函数：cond( );condest( );cross( );det( );dot( );eig( );inv( ); norm( ); normest( ); rank( ); orth( ); rcond( ) ; trace( )

（3）矩阵转换函数：cdf2rdf( ); rref( ); rsf2rdf( ); reshape( )

（4）矩阵分解函数：: chol( );eig( );hess( );lu( );null( );qr( );qz( );tril( );triu( );schur( );svd( ); svds( )

（5）矩阵特征值函数：poly( )

（6）矩阵翻转函数：fliplr( );flipud( );rot90( )

（7）矩阵超越函数：expm( );logm( );sqrtm( );funm( )

（8）矩阵运算函数：cat( ) ; hadamard( ); hankel( ); kron( ); lscov( ); nnls( ); pinv( ); qrdelete( ); qrinsert( ) ; rosser( ); repmat( );reshape ; rrefmovie( ); subspace( )

7. 稀疏矩阵函数

（1）基本稀疏矩阵：spdiags( ); sprand( ); sprandn( );speye( );sprandsym( );spones( )

（2）稀疏矩阵转换：find( );sparse( );full( );spconvert( )

（3）处理非零元素：issparse( );spalloc( );nnz( );spfun( );nonzeros( );spones( );nzmax( )

（4）稀疏矩阵可视化：gplot( );spy( );etree( );etreeplot( );treeplot( )

（5）排序算法：colmmd( );randperm( );colperm( );symmd( );dmperm( );symrcm( )

（6）范数、条件数：condest( );normest( );sprank( )

（7）特征值与奇异值：eigs( );svds( )

（8）其他：spaugment( );symbfact( );spparms( )

8. 数值分析函数

（1）基本运算：cumprod( ); cumsum( ); prod( ); max( ); min( ); mean( ); median( ); sort( ); sortrows( ); std( ); sum( ) ;

（2）积分运算：trapz( );quad( );quad( )

（3）微分运算：gradient( ); diff( )

（4）方差处理：corrcoef( ); cov( ); subspace( )

（5）数值变换：abs( ); angle( );deconv( ); conv( );conv2( ); cplxpair( ); ifft( ); ifft2( ); nextpow2( ); fftshift( ); filter( ); filter2( ); fft( ); fft2( ); unwrap( )

9. 多项式运算与数据处理函数

（1）多项式处理：conv( ); deconv( ); poly( ); polyder( ); polyfit( ); polyval( ); polyvalm( ); polyeig( ); residue( ) ; roots( ) ; ppval( )

（2）数据插值与拟合：interp1( ); interp2( ); interp3( ); interft( ); interpn( ); interpft( ) ; spline( ); griddata( ); polyfit( ); meshgrid( )

10. 非线性数值方程函数

dblquad( ); ode113( ); ode15s( ); ode23( ); ode23s( ); ode45( ) ; fmin( ); fmins( ) ; fzero( );

odefile( ); odeset( ); odeget( ); fminserach( ); fminunc( )

11. 字符串处理函数

（1）字符串处理：strings( ); isstr( ); deblank( ); str2mat( ); strcmp( ); findstr( ); upper( ); lower( ); isletter( ); isspace( ); strrep( ); strtok( ) ;setstr( );eval( )

（2）字符串与数值转换：num2str( );str2num( );int2str( );sprintf( );sscanf( );blanks( )

（3）进制转换：hex2num( );dec2hex( );hex2dec( )

12. 符号工具箱函数

（1）符号表达式运算：sym( ); syms;numden( );symadd( );symsub( );symmul( );symdiv( ) sympow( ); compose( ); finverse( );symvar( ); numeric( ); eval( ); sym( ); poly2sym( ); sym2poly( );poly2str( );subexpr( );subs( );symsum( )

（2）符号可变精度运算：digits( ); vpa( )

（3）符号表达式的化简：pretty( ); collect( ); horner( ); factor( ); expand( ); simple( ); simplify( )

（4）符号矩阵的运算：transpose( ); det ( ); determ( ); inv( ); rank( ); eig( ); eigensys( ); svd( ); singvals( ); jordan( )

（5）符号微积分：limit( ); diff( ); int( ); taylor( )

（6）符号画图：ezplot( ); fplot( )

（7）符号方程求解：solve( );linsolve( ); fsolve( ); dsolve( )

（8）符号变换：laplace( );ilaplace( );ztrans( ); iztrans( ); fourier( );ifourier( )

13. 图形绘制函数

（1）基本二维图形：plot( );polar( );loglog( );semilogx( ); semilogy( )

（2）基本三维图形绘制：plot3( );mesh( );surf( ) ;fill3( )

（3）坐标轴控制：axis( );hold( );axes( );subplot( );box( );zoom( );grid( );caxis( ); cla( ); gca( );ishold( )

（4）图形注解：colorbar( );xlabel( );gtext( );ylabel( );text( );zlabel( );title( ); plotedit( ); legend( ); textlabel( )

（5）拷贝与打印：print( );orient( );printopt( )

（6）坐标转换：cart2pol( );cart2sph( );pol2cart( );sph2cart( )

14. 特殊图形函数

（1）特殊二维图形：area( ); feather( ); bar( ); fplot( ); barh( ); hist( ); pareto( ); polar( ); compass( ); pie( ); comet( ); rose( ); stem( ); errobar( ); stairs( ) ;fill( ) ; ezplot( ); ezpolar( ); plotmatrix( ); scatter( );errorbar( )

（2）等值线图形：contour( ); contourc( ); pcolor( ); contourf( ); contour3( ); quiver( ); voronoi( ); clabel( ) ; ezcuntour( ); ezcuntourf( )

（3）特殊三维图形：bar3( ); bar3h( );comet3( );ezgraph3( ); ezmesh( ); ezmeshc( ); ezplot3( );ezsurf( );ezsurfc( ); meshc( ); pie3( ); ribbon( ); scatter3( ); stem3( );slice( ); meshc( ); surf( ); surfc( ); meshz( ); trisurf( ); trimesh( ); quiver3( ); waterfall( )

（4）图像显示与文件 I/O 函数：brighten( ); colorbar( ); imwrite( ); contrast( ); colormap( ); imfinfo( ); imread; image( ); imagesc( ); gray( )

（5）实体模型函数：cylinder( );sphere( ) ;ellipsoid( );patch( );surf2patch( )

15. 图形处理函数

（1）图形窗口创建与控制：clf( );gcf( );close( );refresh( );figure( );shg( );openfig( )

（2）处理图形对象：axes( ); surface( ); figure( ); text( ); unicontrol( ) ; uimenu( ); line( ); light( )

（3）颜色函数：brighten( );hidden( );caxis( );shading( );colordef( );graymon( ); spinmap( );rgbplot( );colstyle( );ind2rgb( )

（4）三维光照模型：diffuse( );surfl( );lighting( );surfnorm( );specular( ) ;material( )

（5）三维视点控制：rotate3d( );viewmtx( );view( )

（6）标准调色板设置：bone( );hot( );cool( );hsv( );copper( );pink( );flag( );prism( );gray( )

（7）透明控制函数：alpha( ); alphamap( ); alim( )

（8）相机控制函数：campos( ); camtarget( ); camva( ); camup( ); camproj( ); camlight( );lightangle( )

（9）动画函数：capture( );movie( );getframe( ) ;moviein( ); rotate( ); frame2im( ); im2frame( )

（10）体积和向量函数：vissuite( ); isosurface( ); isonormals( ); isocaps( ); isocolors( );cntourslice( );slice( );streamline( );stream2( );stream3( );quiver3( );quiver( ); divergence( );curl( );coneplot( );coneplot( );streamribbon( );streamslice( );streamparticles( ); interpstreamspeed( );volumebounds( ); reducevolume( ); smooths( ); reducepatch( ); shrinkfaces( )

（11）其他：copyobj( );gcbo( );delete( );gco( );drawnow( );get( );findobj( );reset( );gebf( );set( )

16. 图像处理函数

（1）图像文件的读写：imread( ); imwrite( );

（2）图像显示：image( );imview( );imshow( );imtool( )

（3）图像颜色空间转换：rgb2gray( );rgb2hsv( );hsv2rgb( )

（4）图像边缘提取：edge( )

17. GUI 图形函数

（1）GUI 函数：ginput( ); selectmove-resize( );uiresume( ); uiwait( ); waitforbut-terpress( ); waitfor( )

（2）GUI 设计工具：align( );cbedit( );guide( );menuedit( );propedit( )

（3）基本图形界面对象函数：uicontrol( ); uimenu( ); uicontextmenu( )

（4）对话框：dialog( ); axlimdlg( ); errordlg( ); helpdlg( ); inputdlg( ); listdlg( ); msgdlg( );pagedlg( ); printdlg( ); printpreview( );questdlg( ); uigetfile( ); uiputfile( ); uisetcolor( ); uisetfont( );waitbar( ); warndlg( )

（5）菜单：makemenu( );menubar( );umtoggle( );wimenu( )

（6）组按钮：btndown( );btngroup( );btnpress( );btnstate( );btnup( )

（7）自定义窗口属性：clruprop( );getuprop( );setuprop( )

（8）图形对象句柄函数：gcf( ); gca( ); gco( ); gcbo( ); gcbf( );findobj( );

（9）其他应用：allchild( ); edtext( ); findall( ); getptr( ); getstatus( ); popupstr( ); remapfig( );setptr( );setstatus( );drawnow( );copyobj( );isappdata( );getappdata( );setappdata( );rmappdata( );set( );get( );reset( );delete( );figure( );axes( );line( );rectangle( );light( );text( );patch( );surface( );image( )

18. 声音处理

sound( );saxis( );auread( );auwrite( );wavread( );wavwrite( )

19. 文件输入输出函数

（1）基本文件输入输出：fclose( ); fopen( ); fread( ); fwrite( ); fgetl( ); fgets( ); fprintf( ); fscanf( ); feof( ); ferror( ); frewind( ); fseek( ); ftell( ); sprintf( ); sscanf( )

（2）特殊文件输入输出：imfinfo( ); imread( ); imwrite( ); qrwrite( ); wklread( ); wklwrite( ); xlgetrange( ); xlsetrange( );csvread( ); csvwrite( ); dlmread( ); dlmwrite( ); textread( ); textwrite( )

20. 位操作函数

bitand( ); bitcmp( ); bitget( ); bitmax( ); bitor( ); bitset( ); bitshift( ); bitxor( )

21. 复杂数据类型函数

（1）数据类型：char( ); double( ); inline( ); sparse( ); struct( ); uint8( )

（2）结构操作：fieldnames( ); getfield( ); isfield( ); isstruct( ); rmfield( ); setfield( ); struct( ); struct2cell( )

（3）多维数组的操作：cat( ); ipermute( ); ndims( ); ndgrid( ); permute( ); shiftdim( ); squeeze( )

（4）单元数组操作：cell( ); celldisp( ); cellplot( ); cell2struct( ); num2cell( ); struct2cell( ); iscell( )

（5）面向对象函数：class( ); isa( ); isobject( ); inferiorto( ); methods( ); struct( ); superiorto( )

22. 动态数据交换函数

ddeadv( ); ddeexec( ); ddeinit( ); ddepoke( ); ddereq( ); ddeterm( ); ddeunadv( )

23. 信号处理工具箱函数

（1）波形产生：chirp( ); diric( ); gauspuls( ); pulstran( ); rectpuls( ); sawtooth( ); sinc( ); square( ); strips( ); tripuls( )

（2）滤波器的分析与实现：abs( ); angle( ); conv( ); fftfilt( ); filter( ); filtfilt( ); filtic( ); freqs( ); freqspace( ); freqz( ); grpdelay( ); impz( ); latcfilt( ); unwrap( ); zplane( )

（3）线性系统分析：convmtx( ); latc2tf( ); poly2rc( ); rc2poly( ); residuez( ); sos2ss( ); sos2tf( ); sos2zp( ); ss2sos( ); ss2tf( ); ss2zp( ); tf2latc( ); tf2ss( ); tf2zp( ); zp2sos( ); zp2ss( ); zp2tf( )

（4）FIR 滤波器设计：cremez( );fir1( ); fir2( ); fircls( ); fircls1( ); firs( ); firrcos( ); intfilt( ); kaiserord( ); remez( ); remezord( )

（5）IIR 滤波器设计：besself( ); butter( ); cheby1( ); cheby2( ); ellip( ); maxflat( ); yulewalk( ); buttord( ); cheb1ord( ); cheb2ord( ); ellipord( )

（6）信号变换：czt( ); dct( ); dftmtx( ); fft( ); fft2( ); fftshift( ); hilbert( ); idct( ); ifft( ); ifft2( )

（7）统计信号处理和谱分析：cohere( ); corrcoef( ); cov( ); csd( ); pmem( ); pmtm( ); pmusic( ); psd( ); tfe( ); xcorr( ); xcorr2( ); xcov( )

（8）窗函数：bartlett( ); blackman( ); boxcar( ); chebwin( ); hamming( ); hanning( ); kaiser( ); triang( )

（9）参数化建模：invfreqs( ); invfreqz( ); levinson( ); lpc( ); prony( ); stmcb( )

（10）特殊操作：cceps( ); cplxpair( ); decimate( ); deconv( ); demod( ); detrend( ); dpss( ); dpssclear( ); dpssdir( ); dpssload( ); vco( ); dpsssave( ); icceps( ); interp( ); medfilt1( ); modulate( ); polystap( ); rceps( ); resample( ); specgram( ); upfirdn( )

（11）模拟低通滤波器原型设计：besselap( ); buttap( ); cheblap( ); cheb2ap( ); ellipap( )

（12）频率变换：lp2bp( ); lp2bs( ); lp2hp( ); lp2lp( )

参考文献

1. 陈杰编著. MATLAB 宝典（第 4 版）. 北京：电子工业出版社，2014
2. 李国勇，程永强主编. 计算机仿真技术与 CAD——基于 MATLAB 的控制系统（第 4 版）. 北京：电子工业出版社，2016
3. 李国勇，李鸿燕主编. 计算机仿真技术与 CAD——基于 MATLAB 的信息处理. 北京：电子工业出版社，2017
4. 洪乃刚等编著. 电力电子和电力拖动控制系统的 MATLAB 仿真. 北京：机械工业出版社，2006
5. 李国勇著. 智能控制与 MATLAB 在电控发动机中的应用. 北京：电子工业出版社，2007
6. 徐昕等. MATLAB 工具箱应用指南——控制工程篇. 北京：电子工业出版社，2000
7. 李国勇，李虹主编. 自动控制原理（第 2 版）. 北京：电子工业出版社，2014
8. 阮沈良，王永利，桑群芳编. MATLAB 程序设计. 北京：电子工业出版社，2005
9. 李国勇，李虹主编. 自动控制原理习题解答及仿真实验. 北京：电子工业出版社，2012
10. 王正林，刘明编著. 精通 MATLAB7. 北京：电子工业出版社，2007
11. 李国勇，李维民编著. 人工智能及其应用. 北京：电子工业出版社，2009
12. 姚俊等. Simulink 建模与仿真. 西安：西安电子科技大学出版社，2002
13. 李国勇，杨丽娟编著. 神经模糊预测控制及其 MATLAB 实现（第 3 版）. 北京：电子工业出版社，2013
14. 苏金明，黄国明，刘波编著. MATLAB 与外部程序接口. 北京：电子工业出版社，2004
15. 周又玲主编. MATLAB 在电气信息类专业中的应用. 北京：清华大学出版社，2011
16. 苏小林，赵巧娥编著. MATLAB 及其在电气工程中的应用. 北京：机械工业出版社，2015
17. 陈坚，康勇编著. 电力电子学（第 3 版）. 北京：高等教育出版社，2011
18. 王兆安，刘进军编著. 电力电子技术. 北京：机械工业出版社，2009
19. 周渊深编著. 电力电子技术与 MATLAB 仿真. 北京：中国电力出版社，2014
20. 李维波编著. MATLAB 在电气工程中的应用. 北京：中国电力出版社，2016
21. 阮毅，陈伯时主编. 电力拖动自动控制系统（第 4 版）. 北京：机械工业出版社，2009
22. 洪乃刚编著. 电力电子电机控制系统仿真技术. 北京：机械工业出版社，2013
23. 陈中编著. 基于 MATLAB 的电力电子技术和交直流调速系统仿真. 北京：清华大学出版社，2014
24. 张敬南，彭辉编著. 电力拖动控制系统与实践. 北京：清华大学出版社，2015
25. 于群，曹娜编著. 电力系统继电保护原理及仿真. 北京：机械工业出版社，2015
26. 于群，曹娜编著. MATLAB/Simulink 电力系统建模与仿真. 北京：机械工业出版社，2011
27. 王晶，翁国庆，张有兵编著. 电力系统的 MATLAB/Simulink 仿真与应用. 西安：西安电子科技大学出版社，2008